"十三五"高等职业教育规划教材

"互联网+"立体化教材

机械制造工艺与设备

Jixie Zhizao Gongyi yu Shebei

葛汉林　主　编

刘玉梅　高兴军　李雅峰　副主编

国防科技大学出版社

【内容简介】本书是为高职高专机械类专业编写的教材。

书中介绍了机械加工与设备的基础理论,车削、铣削和磨削加工,其他机床及其加工方法,机床夹具设计,机械加工工艺规程设计,典型零件加工,机械加工质量,机械装配工艺,数控机床及特种加工等内容。书中理论内容以够用为度,删减部分旧的、不常用的内容和一些理论性强的公式推导,对有关内容进行优化整合。在教材的知识结构方面做了合理安排,体现学以致用、应用为本,例题以实用为原则,以工程实际为背景,培养学生解决问题的能力。在难易程度上,取材精炼,说理深入浅出,尽量多用图、表来表达叙述性的内容,以讲清概念、强化应用为宗旨,以大多数高职高专学生所能接受的程度为限,引入了工程最新的工艺和技术,有利于学生扩大知识面。

本书适合高职高专教学使用,也可供相关技术人员参考。

图书在版编目(CIP)数据

机械制造工艺与设备/葛汉林主编. —长沙:国防科技大学出版社,2010.12(2019.8 重印)

ISBN 978-7-81099-835-2

Ⅰ.①机… Ⅱ.①葛… Ⅲ.①机械制造工艺—高等学校:高等学校—教材②机械制造—设备—高等学校:高等学校—教材 Ⅳ.①TH16

中国版本图书馆 CIP 数据核字(2010)第 254458 号

出版发行:国防科技大学出版社

网 址:http://www.gfkdcbs.com

责任编辑:文 慧 **特约编辑:**马子涵

印 刷 者:大厂回族自治县聚鑫印刷有限责任公司

开 本:787 mm×1 092 mm 1/16

印 张:17.75

字 数:438 千字

版 次:2019 年 8 月第 1 版第 7 次印刷

定 价:49.00 元

编 审 委 员 会

出 版 说 明

  高职高专教育作为我国高等教育的重要组成部分,承担着培养高素质技术、技能型人才的重任。近年来,在国家和社会的支持下,我国的高职高专教育取得了不小的成就,但随着我国经济的腾飞,高技能人才的缺乏越来越成为影响我国经济进一步快速健康发展的瓶颈。这一现状对于我国高职高专教育的改革和发展而言,既是挑战,更是机遇。

  要加快高职高专教育改革和发展的步伐,就必须对课程体系和教学模式等问题进行探索。在这个过程中,教材的建设与改革无疑起着至关重要的基础性作用,高质量的教材是培养高素质人才的保证。高职高专教材作为体现高职高专教育特色的知识载体和教学的基本工具,直接关系到高职高专教育能否为社会培养并输送符合要求的高技能人才。

  为促进高职高专教育的发展,加强教材建设,教育部在《关于全面提高高等职业教育教学质量的若干意见》中,提出了"重点建设好 3 000 种左右国家规划教材"的建议和要求,并对高职高专教材的修订提出了一定的标准。为了顺应当前我国高职高专教育的发展潮流,推动高职高专教材的建设,我们精心组织了一批具有丰富教学和科研经验的人员成立了编审委员会。

  编审委员会依据教育部制定的《高职高专教育基础课程教学基本要求》和《高职高专教育专业人才培养目标及规格》,调研了百余所具有代表性的高等职业技术学院和高等专科学校,广泛而深入地了解了高职高专的专业和课程设置,系统地研究了课程的体系结构,同时充分汲取各院校在探索培养应用型人才方面取得的成功经验,并在教材出版的各个环节设置专业的审定人员进行严格审查,从而确保了整套教材"突出行业需求,突出职业的核心能力"的特色。

  本套教材的编写遵循以下原则。

  (1)成立教材编审委员会,由编审委员会进行教材的规划与评审。

  (2)按照人才培养方案以及教学大纲的需要,严格遵循高职高专院校各学科的专业规范,同时最大程度地体现高职高专教育的特点及时代发展的要求。因此,本套教材非常注重培养学生的实践技能,力避传统教材"全而深"的教学模式,将"教、学、做"有机地融为一体,在教给学生知识的同时,强化了对学生实际操作能力的培养。

  (3)教材的定位更加强调"以就业为导向",因此也更为科学。教育部对我国的高职高专教育提出了"以应用为目的,以必需、够用为度"的原则。根据这一原则,本套教材在编写过程中,力求从实际应用的需要出发,尽量减少枯燥、实用性不强的理论灌输,充分体现出"以行业为向导,以能力为本,以学生为中心"的风格,从而使本套教材更具实用性和前瞻性,与就业市场结合也更为紧密。

  (4)采用"以案例导入教学"的编写模式。本套教材力图突破陈旧的教育理念,在讲解的过程中,援引大量鲜明实用的案例进行分析,紧密结合实际,以达到编写实训教材的目标。这些精心设计的案例不但可以方便教师授课,同时又可以启发学生思考,加快对学生实践能力的培养,改革人才的培养模式。

本套教材涵盖了公共基础课系列、财经管理系列、物流管理系列、电子商务系列、计算机系列、电子信息系列、机械系列、汽车系列和化学化工系列的主要课程。

对于教材出版及使用过程中遇到的各种问题,欢迎您通过电子邮件及时与我们取得联系。同时,我们希望有更多经验丰富的教师加入到我们的行列当中,编写出更多符合高职高专教学需要的高质量教材,为我国的高职高专教育做出积极的贡献。

编审委员会

序

21 世纪是科技和经济高速发展的重要时期,随着我国经济持续快速健康的发展,各行各业对高技能专业型人才的需求量迅速增加,对人才素质的要求也越来越高。高职高专教育作为我国高等教育的重要组成部分,在加快培养高技能专业型人才方面发挥着重要的作用。

与国外相比,我国高职高专教育起步时间短,这种状况与我国经济发展对人才大量需求的现状是很不协调的。因此,必须加快高职高专教育的发展步伐,提高应用型人才的培养水平。

高职高专教育水平的提高,离不开课程体系的完善。相关领域人才的培养需要一批兼具前瞻性和实践性的优秀教材。教育部职业教育与成人教育司针对高职高专教育人才培养模式提出了"以就业为导向"的指导思想,这也正是本套高职高专教材的编写宗旨和依据。

如何使高职高专教材既突出行业的需求特点,又突出职业的核心能力?这是教材在编写过程中必须首先解决的问题。本系列教材编审委员会深入研究了高职高专教育的课程和专业设置,并对以往的教材进行了详细分析和认真考察,力图在不破坏教材系统性的前提下,加强教材的创新和实践性内容,从而确保学生在学习专业知识的同时多动手,增强自己的实践能力,以加强"知"与"行"的结合。

本系列教材根据高职高专教育的要求,注重学生能力的培养,使学生在学习理论知识的同时更主要的是理论结合实践。本系列教材根据科目的不同配有实践环节和实验环节等,通过这些模块的设计,使本系列教材的内容更加丰富、条理更为清晰,为老师的讲授和学生的学习都提供了很大的便利。

经过辛勤努力,本系列教材终于顺利出版了。我们相信本系列教材一定能够很好地适应现代高职高专教育的教学需求,也一定能够在高职高专教育机械课程的改革中发挥积极的推动作用,为社会培养更多优秀的应用型人才。

前　　言

    21 世纪的中国,高等教育体制正经历着一场迅速而深刻的革命,教育者正在对传统的普通高等教育的培养目标与社会发展的现实需要不相适应的现状作历史性的反思与变革性的尝试。在短短的几年时间里,培养应用型人才的高等职业教育发展到与普通高等教育等量齐观的地步。

    本书根据高等职业教育的特点和培养目标,针对高等职业学校的课程进行编写,编写过程中注重教学内容的精选整合,改变课程内容的庞杂陈旧、分割过细状况,避免简单拼凑和不必要的重复;文字叙述简明扼要、通俗易懂、突出重点、注重实用性,有利于培养学生自主学习和独立思考的能力;形式上图文并茂。此外,本书在编写过程中更注重理论联系实际,强调基本理论在生产实践中的应用。本书包括了原《机械加工工艺基础》、《金属切削原理与刀具》、《金属切削机床概论》、《机械制造工艺学》、《机床夹具设计》等书中主要的内容,并在此基础上,增加了数控机床、特种加工等内容,以满足学生对机械制造工程的新理论、新技术学习的需要。

    本书由辽宁石化职业技术学院葛汉林、高兴军和天津科技大学李雅峰、沈阳理工大学李志港、东北大学王新刚和甘肃有色冶金职业技术学院刘玉梅共同编写。由葛汉林任主编并负责统稿,刘玉梅、高兴军和李雅峰任副主编。全书共分 12 章,其中第 1～4 章由刘玉梅编写,第 5 章和第 8、9 章由葛汉林编写,第 6、7 章由高兴军编写,第 10 章由李志港编写,第 11、12 章由李雅峰编写,王新刚参与编写第 5 章部分内容。

    本书在编写过程中,参考了同行作者的大量文献,在此无法一一列举,编者对所列主要参考文献的作者表示衷心的感谢。

    由于编者水平有限,书中难免会有疏漏和失误之处,敬请读者批评指正。

编　者

目　　录

第 1 章　机械加工与设备的基础理论

金属切削加工是指用切削刀具从毛坯上切去多余金属材料,获得符合尺寸、形状、精度和表面质量要求的零件的加工过程。机械制造业中主要的切削加工方法有车削、铣削、磨削、钻削、镗削、刨削及齿轮加工等,这些切削加工方法在切削运动、切削过程和切削刀具等方面都有着共同的现象和规律。

1.1　金属切削基本知识

1.1.1　切削运动与切削用量

1. 切削运动

切削时,工件与刀具的相对运动称为切削运动。各种切削加工的切削运动如图 1-1 所示。切削运动可分为主运动和进给运动。

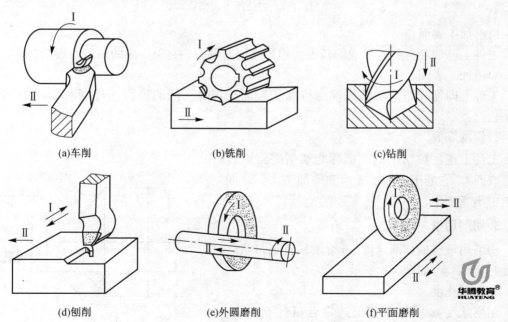

(a)车削　　　　　　　(b)铣削　　　　　　　(c)钻削

(d)刨削　　　　　　　(e)外圆磨削　　　　　　　(f)平面磨削

图 1-1　各种切削加工的切削运动

Ⅰ—主运动;Ⅱ—进给运动

1）主运动

主运动是进行切削的最基本运动,它的速度最快,消耗功率最大。在切削运动中,主运动只有一个,如车削时工件的旋转运动、铣削时铣刀的旋转运动。

2）进给运动

进给运动是使主运动能连续切除多余材料,从而加工出完整表面所需的运动。它所消耗的功率比主运动小。进给运动有一个或几个,可以是间歇的,也可以是连续的,如车削时车刀的纵向或横向直线运动、平面刨削时工件的间歇运动。

2. 工件加工表面

在切削过程中,工件上有三个不断变化的表面,即已加工表面、待加工表面和切削表面（过渡表面）,如图1-2所示。

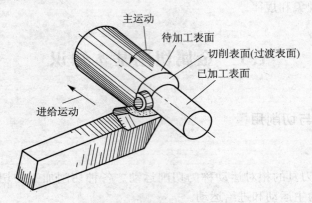

图1-2　工件加工表面

1）已加工表面

工件上已切除材料后形成的新表面称为已加工表面。它随切削的进行而逐渐扩大。

2）待加工表面

工件上即将被切除的表面称为待加工表面。它随切削的进行而逐渐减小,直至全部切除。

3）切削表面

工件上正在被切削的表面称为切削表面(也称为过渡表面)。它处于已加工表面和待加工表面之间,在切削中不断变化。

3. 切削用量

切削用量包括切削速度、进给量和背吃刀量（切削深度）三个要素,如图1-3所示。

1）切削速度

切削速度 v_c 是切削刃上选定点相对于工件主运动的瞬时速度,单位为 m/s。它是主运动的参数。

若主运动是旋转运动（如车削、铣削）,则切削速度 v_c 的计算公式为

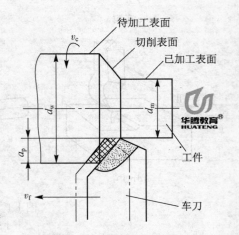

图1-3　车削时的切削用量

$$v_c = \frac{\pi d n}{1\,000 \times 60} \tag{1-1}$$

式中，d 为完成主运动的工件或刀具的最大直径（mm）；n 为工件或刀具每分钟转数（r/min）。

若主运动是往复直线运动（如刨削），常用平均速度 v 作为切削速度，则

$$v = \frac{2L n_r}{1\,000 \times 60} \tag{1-2}$$

式中，L 为往复直线运动的行程长度（mm）；n_r 为主运动每分钟的往复次数（次/分钟）。

2）进给量

进给量 f 是刀具在进给运动方向上相对于工件的位移量，可用刀具或工件每转或每行程的位移量来描述。

车削外圆时的进给量为工件每转一周，刀具沿进给运动方向所移动的距离，单位为 mm/r；刨削时的进给量为刀具每往复一次，工件沿进给运动方向所移动的距离，单位为毫米/次。

进给速度 v_f 是指在单位时间内，刀具在进给运动方向上相对于工件的位移量，单位为 mm/min。它与进给量的关系为

$$v_f = f n \tag{1-3}$$

3）背吃刀量（切削深度）

背吃刀量（切削深度）a_p 是指工件上已加工表面和待加工表面间的垂直距离，单位为 mm。它的计算公式为

$$a_p = \frac{d_w - d_m}{2} \tag{1-4}$$

式中，d_w 为工件上待加工表面的直径（mm）；d_m 为工件上已加工表面的直径（mm）。

1.1.2　刀具角度

金属切削刀具种类繁多，形状迥异，使用场合不一。其中普通外圆车刀是最简单、最基本的切削刀具，具有代表性。其他种类的刀具都可以视为它的变形或组合。因此，下面以普通外圆车刀为例来介绍刀具切削部分的组成及刀具的标注角度。

1. 车刀的组成

如图 1-4 所示，车刀由切削部分和刀柄两部分组成，其中切削部分（俗称为刀头）起切削作用，刀柄装夹在机床刀架上。切削部分由一组刀面和切削刃组成。

1）前刀面

切屑流出时所经过的刀面称为前刀面。

2）后刀面

与工件切削表面相对的刀面称为后刀面。

3）副后刀面

与工件已加工表面相对的刀面称为副后刀面。

4）主切削刃

前刀面与后刀面的交线称为主切削刃。

5）副切削刃

前刀面与副后刀面的交线称为副切削刃。

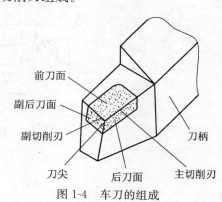

图 1-4　车刀的组成

6）刀尖

主切削刃与副切削刃的交点称为刀尖。多数刀具刀尖常磨成一小段圆弧刃或折线刃。

2. 刀具标注角度参考系

为了确定刀具各刀面、各切削刃的空间位置，必须建立一个空间坐标参考系。空间坐标参考系有刀具静止参考系和刀具工作参考系两类，前者用于定义刀具设计、制造、刃磨和测量时的几何参数，后者用于确定刀具切削时的几何参数。

刀具以静止参考系定义的角度称为刀具的静止角度，即标注角度。在我国应用最广泛的是正交平面参考系，它由相互垂直的基面 P_r、切削平面 P_s、正交平面 P_o 三个坐标平面构成，如图 1-5 所示。

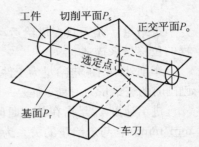

图 1-5　正交平面参考系

1）基面

通过主切削刃上选定点，垂直于切削速度方向的平面称为基面，用符号 P_r 表示。对车刀而言，基面就是通过选定点并与车刀底面平行的平面（水平面）。基面是刀具制造、刃磨和测量时的定位基准面。

2）切削平面

通过主切削刃上选定点与主切削刃相切，并垂直于基面的平面称为切削平面，用符号 P_s 表示。

3）正交平面

通过主切削刃上选定点并同时垂直于基面和切削平面的平面称为正交平面，用符号 P_o 表示。通过主切削刃或副切削刃任意点都可以建立一组正交平面参考系。由于主切削刃和副切削刃上的基面是相同的，因而通过副切削刃上选定点并同时垂直于基面和切削平面的平面称为副正交平面。

3. 刀具标注角度

在建立的正交平面参考系中，外圆车刀的标注角度如图 1-6 所示。

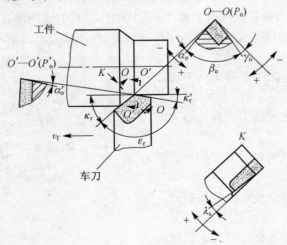

图 1-6　外圆车刀的标注角度

1)基面内测量的角度

在基面内测量的角度有主偏角 κ_r、副偏角 κ_r' 和刀尖角 ε_r。

(1)主偏角 κ_r。主切削刃与进给方向之间的夹角称为主偏角。

(2)副偏角 κ_r'。副切削刃与进给方向的相反方向之间的夹角称为副偏角。

(3)刀尖角 ε_r。主切削刃与副切削刃之间的夹角称为刀尖角。它与主偏角和副偏角的关系为

$$\varepsilon_r = 180° - \kappa_r - \kappa_r' \tag{1-5}$$

2)切削平面内测量的角度

在切削平面内测量的角度有刃倾角 λ_s。刃倾角 λ_s 是指主切削刃与基面之间的夹角。当刀尖位于主切削刃上最高点时,刃倾角为正;当刀尖位于主切削刃上最低点时,刃倾角为负;当主切削刃平行于基面时,刃倾角为零。

3)正交平面内测量的角度

在正交平面内测量的角度有前角 γ_o、后角 α_o 和楔角 β_o。

(1)前角 γ_o。前刀面与基面之间的夹角称为前角。当前刀面与基面平行时,前角为零;当前刀面在基面之下时,前角为正;当前刀面在基面之上时,前角为负。

(2)后角 α_o。后刀面与切削平面之间的夹角称为后角。后角也有正负之分,但是在切削过程中,后角一般取正值。

(3)楔角 β_o。前刀面与后刀面之间的夹角称为楔角。它与前角和后角的关系为

$$\beta_o = 90° - (\gamma_o + \alpha_o) \tag{1-6}$$

4)副正交平面内测量的角度

在副正交平面内测量的角度有副后角 α_o'。副后角 α_o' 是指副后刀面与副切削平面之间的夹角。

上述标注角度中,最常用的是主偏角、副偏角、前角、后角、刃倾角和副后角,它们被称为刀具的基本角度。只需给出这六个基本角度,就可以确定刀具切削部分的刀面和切削刃的空间位置,从而反映出刀具的切削特点。

1.1.3　刀具材料

1. 刀具材料应具备的性能

刀具材料是指刀具切削部分的材料。刀具切削部分在切削过程中要承受很大的切削力和冲击力,并且要在很高的温度下工作,经受连续和强烈的摩擦。因此,刀具材料必须具备以下基本要求。

1)高的硬度

刀具材料的硬度必须高于工件材料的硬度,其常温硬度一般要求在 60 HRC 以上。

2)高的耐磨性

耐磨性表示刀具抵抗磨损的能力。通常刀具材料越硬,其耐磨性越好。但由于切削条件较复杂,刀具材料的耐磨性还取决于其化学成分和金相组织的稳定性。

3)足够的强度和韧性

为了承受切削力、冲击和振动的作用而不致使切削刃崩碎或使刀杆折断,刀具材料应具备足够的强度和韧性。强度用抗弯强度表示,韧性用冲击韧度表示。

4）高的耐热性

耐热性又称为热硬性、红硬性，是指刀具材料在高温下仍能保持较高的硬度、耐磨性、强度和韧性的能力。耐热性是衡量刀具材料切削性能的主要指标。刀具材料的耐热性越好，允许的切削速度就越高。

5）良好的工艺性

为了便于刀具的制造，刀具材料还应具有良好的工艺性，即刀具材料的可锻性、焊接性、切削加工性、耐磨性、高温塑性和热处理等。刀具材料的工艺性越好，越便于刀具的制造。

此外，在选用刀具材料时还应综合考虑其经济性。

2. 刀具材料的种类、性能及用途

刀具材料有碳素工具钢、合金工具钢、高速钢、硬质合金、陶瓷和超硬材料等。目前使用最多的刀具材料为高速钢和硬质合金。

常用刀具材料的性能、牌号及用途见表 1-1。

表 1-1　常用刀具材料的性能、牌号及用途

刀具材料的种类		常用牌号	硬度/HRC(HRA)	耐热性/℃	用　途
碳素工具钢		T10A、T12A	60～65	200～250	手动工具，如锉刀、锯条、刮刀等
合金工具钢		9SiCr、CrWMn	60～65	300～400	手动工具或低速机动刀具，如丝锥、板牙、铰刀等
高速钢		W18Cr4V	63～70	540～650	用于各种刀具，尤其是形状复杂的刀具，如钻头、铣刀、拉刀、齿轮刀具、丝锥、板牙、铰刀等
硬质合金	K 类硬质合金	K3、K6、K8	78～82 (89～94)	800～1 000	用于加工短切屑的脆性材料，如铸铁、有色金属及非金属材料等
	P 类硬质合金	P5、P14、P15、P30			用于加工长切屑的塑性材料，如一般钢材等

1）碳素工具钢和合金工具钢

碳素工具钢是含碳量较高的优质钢。其淬火后硬度较高，价廉，但耐热性差，在超过 200～250 ℃时，硬度明显下降。

合金工具钢在碳素工具钢中加入少量的铬（Cr）、钨（W）、锰（Mn）、硅（Si）等元素。其韧性、耐热性较碳素工具钢好，切削速度较碳素工具钢高。

碳素工具钢和合金工具钢由于耐热性差，已很少使用。

2）高速钢

高速钢是含有较多铬（Cr）、钨（W）、钼（Mo）、钒（V）等元素的高合金工具钢。它的耐热性较碳素工具钢和一般合金工具钢有显著提高，允许的切削速度比碳素工具钢和合金工具钢高两倍以上。高速钢具有较高的耐磨性、强度和韧性，制造工艺简单，锻造、热处理变形小，可用来制造各类刀具，尤其可用来制造钻头、拉刀、成形刀具、齿轮刀具等复杂刀具和能承受较大冲击载荷的刀具。

3）硬质合金

硬质合金是用高硬度、高熔点的金属碳化物（WC、TiC、TaC、NbC 等）和金属黏结剂

(Co、Ni、Mo 等)在高温条件下烧结而成的粉末冶金材料,具有高硬度、高耐磨性、高耐热性的特点。其许用的切削速度远高于高速钢,加工效率高。但硬质合金最大的不足是抗弯强度低,冲击韧度差,工艺性能也较差。它多用于制造刀片,很少用于制造整体刀具。绝大多数车刀和端铣刀也都采用硬质合金制造。

常用的硬质合金有以下两大类:

(1)钨钴类(K 类)硬质合金。钨钴类硬质合金由 WC 和 Co 组成。常用牌号有 K3、K6、K8,数字代表钴的百分含量。该类硬质合金主要用来加工脆性材料,如铸铁、青铜等。

(2)钨钴钛类(P 类)硬质合金。钨钴钛类硬质合金由 WC、TiC 和 Co 组成。常用牌号有 P5、P14、P15、P30,数字代表 TiC 的百分含量。该类硬质合金主要用来加工塑性大的材料,如钢材等。

4)其他刀具材料

刀具材料除上面介绍的几种外,还有涂层刀具材料、陶瓷、人造金刚石和立方氮化硼。

(1)涂层刀具材料。涂层刀具材料是在韧性较好的硬质合金或高速钢基体上,采用化学气相沉积法涂覆一薄层硬质和耐磨性极高的难熔金属化合物,能增加刀具的使用寿命。

(2)陶瓷。陶瓷比硬质合金具有更高的硬度、耐磨性、耐热性,但其抗弯强度和冲击韧度差,故不适用于断续切削。它主要用于高硬度材料和高精度工件的半精车、精车。

(3)人造金刚石。人造金刚石具有极高的硬度和耐磨性,其切削刃非常锋利。但由于碳对铁的亲和作用,因而它不适宜于加工黑色金属,主要用于有色金属的高速精加工。

(4)立方氮化硼。立方氮化硼的硬度仅次于人造金刚石,其耐磨性、耐热性及化学稳定性好,是加工淬硬钢、冷硬铸铁、高温合金和一些难加工材料较理想的刀具材料。

1.2　金属切削过程

金属切削过程就是刀具从工件表面切除多余金属,形成切屑和已加工表面的过程。在这个过程中,将产生切削变形、切削力、切削热等现象,因此,有必要加以研究,找到其规律。

1.2.1　切削变形

1. 切屑的形成过程

金属的切削变形是切削层金属在刀具切削刃和前刀面的挤压作用下产生剪切、滑移变形的过程。切屑形成过程经历了以下三个阶段:

(1)切削层金属受到刀具的挤压开始产生弹性变形。

(2)随着刀具的推进,应力、应变逐渐增大,当应力达到刀具材料屈服强度时产生塑性变形。

(3)刀具再继续切入,当应力达到刀具材料的抗拉强度时,切削层金属被挤裂而形成切屑。

2. 切削过程的变形区

金属切削过程可大致划分为三个变形区,即第Ⅰ变形区、第Ⅱ变形区和第Ⅲ变形区,如

图 1-7 所示。

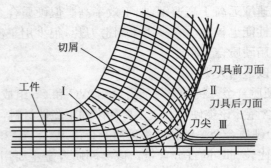

图 1-7　金属切削过程的三个变形区

1）第 I 变形区

第 I 变形区是在刀具切削刃和刀具前刀面的切削层内的区域。在这个区域，金属变形的主要形式是剪切、滑移变形。

2）第 II 变形区

第 II 变形区是在切屑底层与刀具前刀面的接触区域。

3）第 III 变形区

第 III 变形区是在刀具后刀面与工件已加工表面的接触区域。刀具后刀面对工件已加工表面进行挤压，使工件已加工表面产生变形，造成加工硬化，产生表面残余应力。

3. 切屑的类型

切屑的类型、特点及产生原因见表 1-2。

表 1-2　切屑的类型、特点及产生原因

切屑的类型及实物图		特　点	产生原因
类　型	实物图		
带状切屑		①切屑为连绵不断的带状或螺旋状； ②切削过程平稳； ③工件表面粗糙度小； ④在高速切削时需采取断屑措施	在工件材料塑性好，切削速度快，切削厚度小，刀具前角大的条件下，容易得到此类切屑
节状切屑		①切屑是连续的，其上表面呈锯齿形，仅其底层连在一起； ②切削力波动较大，工件表面粗糙度较大	当切削塑性较差的材料，采用较低的切削速度、较大的切削厚度、大进给量、前角较小的刀具时，容易得到此类切屑
粒状切屑		①切屑呈分离的颗粒状； ②切削力波动很大，切削过程不够顺畅； ③工件表面粗糙度大	粒状切屑较少见。当用前角较小的刀具低速切削粗晶粒金属时，可能得到此类切屑

续表

切屑的类型及实物图		特　点	产生原因
类　型	实物图		
崩碎切屑		①切屑呈不规则的碎块状; ②切削力波动大,并且负荷集中在切削刃附近,对保证表面粗糙度及刀具寿命很不利	加工脆性材料时形成。当工件材料越脆,切削厚度越大,刀具前角越小时,越容易得到此类切屑

4. 切屑与刀具前刀面的摩擦与积屑瘤

切削塑性材料时,在第Ⅱ变形区,切屑在沿刀具前刀面流动的过程中,其底层部分受到刀具前刀面的进一步挤压和接触面间强烈的摩擦,使切屑底层的晶粒趋向与刀具前刀面平行而呈纤维状;其接近刀具前刀面部分的切屑流动速度降低,这层流速较慢的金属层称为滞流层。

在高温和高压的作用下,滞流层会嵌入凹凸不平的刀具前刀面中,形成全面积接触,使阻力增大,滞流层底层的流动速度趋于零,此时产生黏结现象。滞流层的一部分金属就会黏结在切削刃附近,经过不断沉积便形成一小块硬度很高的金属硬块,这个硬块称为积屑瘤。

1)积屑瘤对加工过程的影响

积屑瘤对加工过程的影响如图 1-8 所示,其具体内容有如下几点:

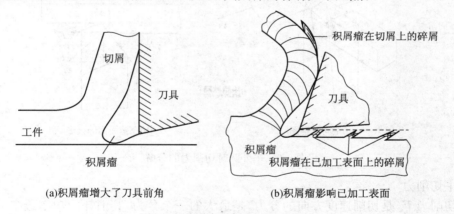

(a)积屑瘤增大了刀具前角　　　　　　(b)积屑瘤影响已加工表面

图 1-8　积屑瘤对加工过程的影响

(1)保护刀具。积屑瘤的硬度高于工件材料硬度,能代替切削刃进行切削,起到了保护刀具的作用。

(2)增大刀具前角。积屑瘤能增大刀具实际切削前角,减小切屑变形和切削力。

(3)影响工件尺寸精度和表面质量。积屑瘤的形态是一个不断长大和脱落的动态过程,它使切削刃的形状变得极不规则,从而影响工件的尺寸精度,并使切削力波动。积屑瘤的碎屑又会黏附在已加工表面上,因此,会使已加工表面的粗糙度增大。

由此可见,在粗加工时,可以利用积屑瘤来保护切削刃;在精加工时,应尽量避免积屑瘤的产生。

2)控制积屑瘤的措施

控制积屑瘤的措施如下:

(1)适当提高工件材料的硬度,降低工件材料的塑性。

(2)选用低速或高速切削,避免在中速切削加工。

(3)适当增大刀具前角,提高刀具的刃磨质量,减小刀具前刀面的表面粗糙度。

(4)选用润滑性好的切削液。

1.2.2 切削力与切削功率

在切削加工过程中,刀具要克服材料的变形抗力和工件与切屑的摩擦力才能进行切削,这些力的合力称为切削力。切削力是设计机床、夹具、刀具的重要数据。减小切削力,不仅可以降低功率消耗和切削温度,而且可以减小机械加工中的振动和零件的变形,还可以延长刀具的使用寿命。

1. 切削力的分力

切削力 F 是一个空间矢量,在切削过程中,它的方向和大小在不同条件下是变化的,不易直接测出,也没必要测出。为了便于研究和分析它对机械加工的影响,通常将切削力分解为三个相互垂直的切削分力。如图 1-9 所示为车外圆时切削力的分解。

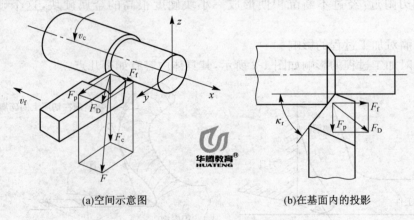

(a)空间示意图 (b)在基面内的投影

图 1-9 车外圆时切削力的分解

1)主切削力

主切削力 F_c 是切削速度方向的分力,是最大的一个分力,其消耗的功率最多。它是计算切削功率、选取机床电动机功率、设计机床主传动机构强度、选择切削用量等的主要依据。

2)进给力

进给力 F_f 是进给方向的分力,作用在机床的进给机构上,是设计机床进给机构强度的主要依据。

3)背向力

背向力 F_p 是背吃刀量方向的分力,其不消耗功率,作用在机械加工工艺系统刚度最差的方向上,易使工件在水平面内变形,影响工件的精度,并易引起振动。背向力是校验机床刚度的必要依据。

切削力与各分力之间的关系为

$$F=\sqrt{F_c^2+F_f^2+F_p^2} \tag{1-7}$$

2. 切削力和切削功率的计算

1）切削力计算的经验公式

在实际生产中，切削力可用测力仪直接测出，也可用经验公式来计算。主切削力指数形式的经验公式为

$$F_c=C_{F_c} a_p^{x_{F_c}} f^{y_{F_c}} v_c^{z_{F_c}} K_{F_c} \tag{1-8}$$

式中，C_{F_c} 为取决于工件材料和切削条件的系数；x_{F_c}、y_{F_c}、z_{F_c} 分别为背吃刀量、进给量、切削速度的指数；K_{F_c} 为当实际加工条件和经验公式的试验条件不符时各种因素的修正系数。

式（1-8）中各种系数和指数都可在《切削用量手册》中查到。

2）切削功率

切削功率是切削时在切削区域内消耗的功率。它是主切削力与其作用方向上速度的乘积。因为 F_f 相对于 F_c 所消耗的功率很小，可忽略不计，且背向力 F_p 不消耗功率，于是切削功率可近似表示为

$$P_c=F_c v_c \times 10^{-3} \tag{1-9}$$

式中，P_c 为切削功率（kW）。

由此得机床电动机所需要的功率为

$$P_e=\frac{P_c}{\eta} \tag{1-10}$$

式中，P_e 为机床电动机所需要的功率（kW）；η 为机床总传动效率，一般取 $\eta=0.75\sim0.85$。

3. 影响切削力的主要因素

1）工件材料

工件材料的强度、硬度越高，塑性、韧性越好，越难切削，切削力越大。

2）切削用量

当背吃刀量和进给量增大时，切屑粗壮，切下金属增多，使切屑变形抗力和摩擦力增大，故切削力增大。但两者对切削力的影响并不相同。背吃刀量增大一倍，切削力也要增大一倍；而进给量增大一倍，切削力只需增大 $60\%\sim80\%$；切削速度对切削力的影响不大。

3）刀具角度

刀具前角对切削力的影响最大，刀具前角越大，切屑越易于从前刀面流出，使得排屑越顺畅，被切材料所受挤压变形和摩擦减小，切削力减小。主偏角对切削力的影响较小，对进给力和背向力的影响较大。由图 1-9（b）可知，当主偏角增大时，进给力增大，背向力减小；当主偏角为直角时，背向力为零，对车削细长轴零件，减少其弯曲变形和振动十分有利。

4）其他因素对切削力的影响

使用切削液可降低刀具与切屑和工件表面间的摩擦，因而可降低切削力；刀具磨损可使切削力增大。刀具材料不同时，刀具与切屑间的摩擦状态不同，也会影响切削力的大小。

1.2.3　切削热与切削温度

切削热与由它产生的切削温度的变化是金属切削过程中重要的物理现象之一。它直接影响刀具的磨损和耐用度，影响工件的加工精度及表面质量，限制切削速度的提高。

1. 切削热的产生和传散

切削过程中所消耗的能量有 98% 左右都转化为热能。切削热分别产生于三个切削变形区,即剪切、滑移所产生的热,切屑与刀具前刀面间挤压和摩擦所产生的热,刀具后刀面与工件已加工表面间摩擦产生的热。

切削热通过切屑、刀具、工件和周围介质(空气和切削液)向外传散。在不同条件下,各部分传出切削热所占的比例不同,一般情况下是切屑所带走的热量多。

2. 切削温度对切削加工的影响

切削过程中,切削区域的温度称为切削温度,切削热是通过切削温度对刀具与工件产生作用的。切削温度的高低取决于该区域切削热产生的多少和传散的快慢。

切削温度除了用热电偶、热辐射、红外线等进行测量外,还可以通过观察切屑的颜色大致估计出来。切削碳素钢时,当切屑颜色为银白色时,切削温度低于 200 ℃;当切屑颜色为暗黄色时,切削温度约为 250 ℃;当切屑颜色为深蓝色时,切削温度约为 400 ℃;当切屑颜色为紫黑色时,切削温度高于 500 ℃。

切削过程中,虽然传入刀具的切削热只占很小一部分,但由于刀具切削部分体积很小,温度容易升高,致使刀具材料软化,切削性能降低,加速刀具的磨损,进而影响加工质量,缩短刀具寿命。同时,传入工件的切削热会导致工件受热伸长和膨胀,影响加工精度。过高的切削温度还会使工件表层金相组织发生变化,造成退火烧伤现象。对于细长轴、薄壁套和精密零件的加工,由切削热引起的热变形尤为严重。

3. 减少切削热和降低切削温度的工艺措施

减少切削热和降低切削温度的工艺措施如下:

(1)在保证切削刃强度的前提下,适当增大刀具前角,这样可以减少切削层金属的切削变形,使切屑易于从刀具前刀面流出,使被切层材料所受挤压变形和摩擦减小,以减少切削热的产生。

(2)降低切削速度,增大进给量和背吃刀量,使切削温度降低。因为切削速度对切削温度的影响最大,进给量的影响次之,背吃刀量的影响最小。

(3)采用冷却效果好的切削液,以便带走更多的热量,使切削温度降低。

1.3　刀具磨损与刀具寿命

刀具在切削金属的过程中,与切屑、工件之间有剧烈的摩擦和挤压,所以其本身也要发生磨损或局部破损。刀具磨损后,导致切削力增大、切削温度上升、切屑颜色改变、机械加工工艺系统产生振动和表面粗糙度增大等现象。因此,刀具磨损到一定程度后,必须进行重磨或更换新刀。

1.3.1　刀具磨损的形式及原因

刀具磨损形式分为正常磨损和非正常磨损两种。

1. 正常磨损

刀具正常磨损是刀具在切削过程中逐渐产生的磨损,按其发生的部位不同,可分为前刀面磨损、后刀面磨损及边界磨损三种形式,如图 1-10 所示。

1)前刀面磨损

切削塑性材料时,如果切削速度和切削厚度较大,就会在前刀面上形成月牙洼磨损。

2)后刀面磨损

切削脆性材料或以较慢切削速度、较小切削厚度切削塑性材料时,刀具磨损主要发生在后刀面上。后刀面的磨损带是不均匀的,如图 1-11 所示,在刀尖部分(C 区)磨损剧烈;在切削刃靠近工件表面处(N 区)磨损也较大,此处磨损又称为边界磨损;在切削刃的中部(B 区)磨损均匀,其平均磨损量用 VB 表示。生产中,较常见的是后刀面磨损,其测量比较方便,所以常用符号 VB 来表示刀具的磨损程度。

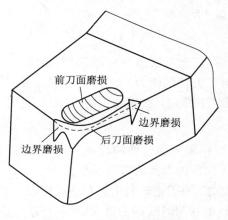

图 1-10　刀具的正常磨损

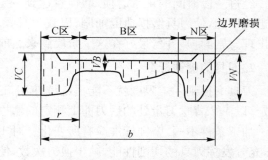

图 1-11　后刀面的磨损带

3)边界磨损

边界磨损是指在切削刀具上同时出现前刀面磨损和后刀面磨损。它是在切削塑性材料,采用中等切削速度和中等切削厚度时,常出现的磨损形式。

2. 非正常磨损

非正常磨损也称为破坏,如崩刃、裂纹、碎裂、卷刃等,主要是由刀具材料选择不合理、刃磨不当、刀具角度不合理、切削用量不当等造成的。

1.3.2　刀具的磨损过程及磨钝标准

1. 刀具的磨损过程

刀具的磨损过程一般分为三个阶段,即初期磨损阶段(OA 段)、正常磨损阶段(AB 段)和急剧磨损阶段(BC 段),如图 1-12 所示。

1)初期磨损阶段(OA 段)

新刃磨的刀具,在开始切削的短时间内磨损较快。这是由新刃磨的刀具表面存在粗糙不平以及残留砂轮痕迹、显微裂纹等缺陷所致。初期磨损量的大小和刀具的刃磨质量有关。

2)正常磨损阶段(AB 段)

经过初期磨损后,刀具粗糙表面已经磨平,缺陷减少,刀具进入比较缓慢的正常磨损阶段。磨损量与切削时间近似地成比例增加。正常磨损阶段是刀具的有效工作阶段。

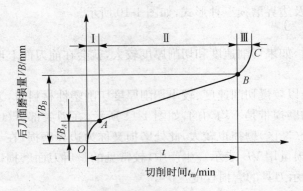

图 1-12　刀具的磨损过程

3)急剧磨损阶段(*BC* 段)

经过一段时间的正常磨损,磨损量达到一定值后,切削刃逐渐变钝,切削力和切削温度将迅速增加,使刀具磨损速度加剧,以致刀具损坏而失去切削能力。实际工作中,应尽量避免出现急剧磨损阶段,最好在这个阶段到来之前,及时更换刀具或重新刃磨刀具。

2. 刀具的磨钝标准

刀具磨损到一定限度就不能再继续使用,这个磨损限度称为磨钝标准。国际标准统一规定,以 1/2 背吃刀量处的后刀面上测定的磨损量 *VB* 作为刀具的磨钝标准。

加工条件不同,磨钝标准应有所变化。对于粗加工,为了充分利用正常磨损阶段的磨损量,充分发挥刀具的切削性能,减少换刀次数,使刀具的切削时间达到最大,磨钝标准应取较大值;对于精加工,为了保证零件的加工精度及其表面质量,磨钝标准应取较小值。

1.3.3　刀具寿命

刀具寿命也称为刀具耐用度,是指刃磨后的刀具自开始切削到磨损量达到刀具磨钝标准为止所经过的切削时间,用符号 *T* 表示,单位为 s(或 min)。它不包括在加工中用于对刀、测量、快进、回程等非切削时间。刀具寿命是刀具磨损的另一种表示方法,刀具寿命越长,刀具磨损速度越慢。

通常硬质合金焊接车刀的寿命约为 60 min,高速钢钻头的寿命为 80~120 min,硬质合金端铣刀的寿命为 120~180 min,齿轮刀具的寿命为 200~300 min。

刀具寿命 *T* 与切削用量三要素之间的关系可由下面的经验公式确定,即

$$T = \frac{C_T}{v_c^{\frac{1}{m}} f^{\frac{1}{n}} a_p^{\frac{1}{p}}} \tag{1-11}$$

式中,C_T 为刀具寿命系数,与刀具材料、工件材料和切削条件有关;m、n、p 为刀具寿命指数,分别表示切削用量三要素对刀具寿命 *T* 的影响程度。

对于不同的刀具材料和工件材料,在不同的切削条件下,式(1-11)中的刀具寿命系数可在《切削加工手册》中查出。在切削用量三要素中,切削速度 v_c 对刀具寿命 *T* 的影响最大,进给量 *f* 的影响次之,背吃刀量 a_p 的影响最小,这与三者对切削温度的影响顺序完全一致。在实际生产中,为提高刀具寿命 *T* 而又不影响生产率,应尽量选取较大的背吃刀量 a_p,根据加工条件和加工要求选取允许的进给量 *f*,根据刀具寿命 *T* 合理地选取切削速度 v_c。

1.4　切削条件的合理选择

切削条件的选择是否合理,对提高生产率、改善加工质量、降低加工成本等都有影响。

1.4.1　工件材料

工件材料的切削加工性是指对某种工件材料进行切削加工的难易程度。良好的切削加工性主要表现为:在相同的切削条件下,刀具寿命长;在相同的切削条件下,切削力、切削功率小,切削温度低,加工时容易获得好的加工表面质量;在相同的切削条件下,容易控制切屑形状,容易断屑。

1. 衡量工件材料切削加工性的指标

某种工件材料切削加工性的好坏,是相对另一种工件材料而言的,因此,切削加工性具有相对性。目前,一般以切削正火状态的 45 钢作为基准,其他工件材料与它比较,用相对切削加工指标表示,即

$$K_\mathrm{T} = \frac{v_{60}}{(v_{60})_\mathrm{j}} \tag{1-12}$$

式中,K_T 为相对切削加工指标;v_{60} 为某种工件材料刀具寿命为 60 min 时的切削速度(m/s);$(v_{60})_\mathrm{j}$ 为切削 45 钢刀具寿命为 60 min 时的切削速度(m/s)。

K_T 值越大,切削加工性越好。若 $K_\mathrm{T} > 1$,则该工件材料比 45 钢容易切削;若 $K_\mathrm{T} < 1$,则该工件材料比 45 钢难切削。常用工件材料的相对切削加工性见表 1-3。

表 1-3　常用工件材料的相对切削加工性

相对切削加工性等级	工件材料分类		相对切削加工指标 K_T	代表性工件材料
1	很容易切削的材料	一般有色金属	>3	铜铅合金、铝合金
2	容易切削的材料	易切削钢	2.5～3.0	退火 15Cr
3		较易切削钢	1.6～2.5	正火 30 钢
4	普通材料	一般钢、铸铁	1.0～1.6	45 钢、灰铸铁
5		稍难切削的材料	0.65～1.00	调质 2Cr13
6	难切削的材料	较难切削的材料	0.50～0.65	调质 45Cr、65Mn
7		难切削的材料	0.15～0.50	1Cr18Ni9Ti、某些钛合金
8		很难切削的材料	<0.15	镍基高温合金、某些钛合金

影响工件材料切削加工性的主要因素有工件材料的物理力学性能(如工件材料的硬度、强度、塑性、导热性)、工件材料的化学成分和工件材料的金相组织。

2. 改善工件材料切削加工性的基本方法

1)选择合理的热处理工序

热处理工序是生产中改善工件材料切削加工性最常用的方法。例如,高碳钢经球化退火,可降低硬度;低碳钢经正火处理,可提高硬度,降低塑性;铸铁经退火,可降低表面层的硬度。

2）选切削加工性好的工件材料

低碳钢经冷拔加工后，塑性降低，切削加工性较好。锻造毛坯加工余量不均匀，且表面有硬皮，不如冷拔或热轧毛坯切削加工性好。

3）调整化学成分

工件材料来自冶金部门，必要时工艺人员可提出建议，在不影响工件材料使用性能的条件下，可适当添加化学成分，以改善其切削加工性，如在钢中加入少量的硫、铅等。

4）其他方法

如选择合适的刀具材料，确定合理的刀具角度，制订合理的切削用量，安排适当的加工方法和加工顺序，以及采用新的切削加工技术，也可以改善切削加工性。

1.4.2　刀具几何参数

刀具几何参数对切削过程有重要的影响，合理选择刀具几何参数，可以提高刀具寿命，改善加工质量，提高生产效率，降低加工成本。

1. 前角的选择

1）前角的功用

增大前角可使切削刃锋利，减少切削变形和摩擦，从而减小切削力，提高刀具使用寿命，还可以抑制积屑瘤的产生，改善加工质量。但前角过大，会削弱切削刃的强度和散热情况，甚至造成崩刃。

2）前角的选择原则

前角的选择原则包括以下几点：

（1）当工件材料的强度、硬度高时，为增大切削刃刃口的强度，应选择较小的前角；当工件材料的塑性大时，为减小变形，应选择较大的前角；当工件材料的脆性大时，工件变形小，切削力集中，应选择较小的前角。

（2）当刀具材料的强度、韧性较高时，应选择较大的前角。

（3）粗加工时，为增大切削刃的强度，应选择较小的前角；精加工时，为增大切削刃的锋利性，应选择较大的前角。

硬质合金车刀合理前角的参考值见表 1-4。

表 1-4　硬质合金车刀合理前角的参考值

工件材料种类	合理前角的参考值/(°)	
	粗　车	精　车
低碳钢	20～25	25～30
中碳钢	10～15	15～20
合金钢	10～15	15～20
淬火钢	$-15 \sim -5$	
不锈钢	15～20	20～25
灰铸铁	10～15	5～10
铜及铜合金	10～15	5～10
铝及铝合金	30～35	35～40

2. 后角的选择

1）后角的功用

增大后角能减小刀具后刀面与工件切削表面之间的摩擦，还可使切削刃刃口锋利。但后角增大，使楔角减小，切削刃刃口的强度减小，散热体积减小。

2）后角的选择原则

后角的选择原则包括以下几点：

（1）当需要提高刀具刃口强度时，应适当减小后角。

（2）用于粗加工、强力切削及承受冲击载荷的刀具，为增加刀具强度，应选择较小的后角；精加工时，因切削深度及进给量较小，增大后角可提高刀具寿命和已加工表面的质量。

硬质合金车刀合理后角的参考值见表 1-5。

表 1-5　硬质合金车刀合理后角的参考值

工件材料种类	合理后角的参考值/(°)	
	粗　车	精　车
低碳钢	8～10	10～12
中碳钢	5～7	6～8
合金钢	5～7	6～8
淬火钢	8～10	
不锈钢	6～8	8～10
灰铸铁	4～6	6～8
铜及铜合金	6～8	
铝及铝合金	8～10	10～12

3. 主偏角、副偏角的选择

1）主偏角的功用

主偏角主要影响切削层截面的形状，影响背向力和刀具寿命。主偏角减小，使切削刃的工作长度增大，刀头的强度增大，散热体积增大，刀具寿命增加。但是减小主偏角会导致背向力增大，增大工件的变形挠度，使刀尖与工件的摩擦加剧，进而引起振动。

2）主偏角的选择原则

主偏角的选择原则包括以下几点：

（1）当机械加工工艺系统刚性好，不易产生变形和振动时，应选择较小的主偏角；当机械加工工艺系统刚性差时，应选择较大的主偏角。

（2）粗加工时，为减小振动，应选择较大的主偏角。

（3）加工很硬的工件材料，为提高刀具寿命，应选择较小的主偏角。

副偏角的主要作用是减少副切削刃与已加工表面的摩擦，减少切削振动。副偏角越小，工件表面残留面积的高度越小，表面粗糙度也越小，如图 1-13 所示。通常在不产生摩擦和振动的条件下，应选择较小的副偏角。

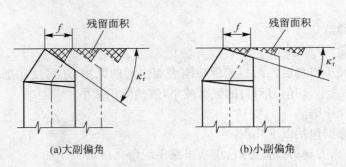

图 1-13　副偏角对已加工表面残留面积的影响

4. 刃倾角的选择

刃倾角主要影响切屑的流向和刀具的强度。如图 1-14 所示,精加工时,刃倾角应选择正值,使切屑流向待加工表面,防止划伤已加工表面;粗加工时,刃倾角应选择负值,以增加刀具强度。因为 $\lambda_s < 0°$ 时,离刀尖较远处的切削刃先接触工件,可保护刀尖。

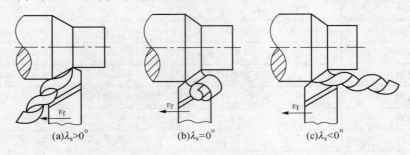

图 1-14　刃倾角对切屑流向的影响

1.4.3　切削用量

切削用量的合理选择,对工件加工质量、生产率及加工成本都有重要影响。目前,许多工厂是通过切实可行的《切削用量手册》、实践资料或工艺经验来确定切削用量的。

1. 切削用量对切削加工的影响

1)生产效率

切削用量 v_c、f、a_p 增大,可使切削时间减少。当加工余量一定时,减小背吃刀量 a_p,将使走刀次数增多,生产效率成倍降低。因此,一般情况下尽量优先增大 a_p,以求一次走刀切除全部加工余量。

2)刀具寿命

由于对刀具寿命影响最大的是切削速度 v_c,其次是进给量 f,影响最小的是背吃刀量 a_p,因而优先增大 a_p,相对于 f 来说对发挥刀具切削性能是十分有利的。

3)表面粗糙度

提高切削速度 v_c 能降低表面粗糙度。而在一般条件下,提高背吃刀量 a_p 对切削过程产生的积屑瘤、加工过程中由于冷作硬化作用而产生的冷硬层和残余应力的影响不显著。

4）机床功率

若增大切削速度 v_c 和背吃刀量 a_p，则切削功率 P_c 也成正比例增大，而增大进给量 f，使切削力 F_c 增大较少，切削功率 P_c 也增大较少。因此，粗加工时，尽量增大进给量 f 是合理的。

综上所述，粗加工时，以提高生产效率为主，应保证较高的金属切除率和必要的刀具寿命，一般优先选择大的背吃刀量，其次选择较大的进给量，最后根据刀具寿命确定合适的切削速度。精加工时，应保证工件的加工质量，一般选用较小的进给量和背吃刀量，尽可能选用较高的切削速度。

2. 切削用量的确定

1）切削速度的合理选择

切削速度的合理选择包括以下几点：

（1）粗加工时，进给量 f、背吃刀量 a_p 均较大，切削速度 v_c 主要受刀具寿命和机床功率的限制，故切削速度 v_c 应选得较小；精加工时，进给量 f、背吃刀量 a_p 均较小，故切削速度 v_c 应选得较大。

（2）工件材料的强度、硬度较高时，应选择较小的切削速度 v_c。工件材料切削加工性越差，切削速度 v_c 应越小越好。例如，加工铝合金、铜合金时的切削速度 v_c 应比加工钢时的切削速度 v_c 大得多，易切削钢的切削速度 v_c 应比同等条件下普通碳钢的切削速度 v_c 大，不锈钢、灰铸铁的切削速度 v_c 应比碳钢的切削速度 v_c 小。

（3）在断续切削或加工大件、细长件、薄壁件时，应选用较低的切削速度 v_c。

切削速度 v_c 的参考值可查《切削用量手册》确定。

2）进给量的合理选择

粗加工时，进给量 f 的选择主要受切削力的限制。合理的进给量 f 应是机械加工工艺系统所能承受的最大进给量；半精加工和精加工时，进给量 f 对工件的已加工表面粗糙度的影响较大，因此，一般取得较小。实际生产中，经常采用查表法确定进给量。

3）背吃刀量的合理选择

背吃刀量 a_p 根据加工余量确定。粗加工时，应尽量采用一次走刀切除全部加工余量，使走刀次数最少。在中等功率的机床上，背吃刀量 a_p 可达 8～10 mm。当加工余量过大、机床功率不足以及断续切削时，可分几次走刀。半精加工时，背吃刀量 a_p 通常取 0.5～2 mm；精加工时，背吃刀量 a_p 通常取 0.1～0.4 mm。

1.4.4　切削液

切削液是为了提高切削加工效果而使用的液体，主要用来减少切削过程中的摩擦和降低切削温度。合理选用切削液对提高刀具寿命、提高加工表面质量及加工精度起着重要的作用。

1. 切削液的作用

切削液的作用包括冷却作用、润滑作用、清洗和排屑作用、防锈作用。

1）冷却作用

切削液浇注在切削区后，能从切削区带走大量的切削热，使切削温度降低。

2）润滑作用

切削液渗入刀具、切屑和工件之间，形成润滑膜，可以减小刀具与切屑、刀具与工件切削表面之间的摩擦。

3）清洗和排屑作用

浇注切削液能冲走在切削过程中留下的细屑或磨粒，从而起到清洗、防止刮伤加工表面的作用。

4）防锈作用

如果在切削液中加入防锈添加剂，可使金属表面生成保护膜，防止机床和工件受空气、水分、酸等的腐蚀。

2. 常用切削液

常用的切削液包括水溶液、切削油、乳化液、极压切削油和极压乳化液。

1）水溶液

水溶液是以水为主要成分加入添加剂制成的。水溶液主要起冷却、清洗的作用，常在粗加工和磨削加工中使用。

2）切削油

切削油有良好的润滑作用。应用最多的切削油是矿物油，包括机械油、高速机械油、煤油等。

3）乳化液

乳化液是应用最广泛的切削液，有冷却、润滑的作用。浓度高的乳化液润滑作用强，常用于精加工；浓度低的乳化液冷却、清洗作用强，常用于粗加工和磨削加工。

4）极压切削油和极压乳化液

在切削油或乳化液中加入极压添加剂后，能在高温条件下显著提高冷却、润滑效果，特别适用于精加工、关键工序和难加工材料的切削。硫化油是一种被广泛应用的极压切削油，常用于拉孔及齿轮加工。

3. 切削液的选用

选用切削液时，应从以下三方面进行考虑。

1）工件材料

切削钢等塑性材料需用切削液；切削铸铁、青铜等脆性材料可不用切削液；切削高强度钢、高温合金等难切削材料时，应选用极压切削油或极压乳化液；切削铜、铝及其合金时，不能使用含硫的切削液，因为硫对这些工件材料均有腐蚀作用，可选用煤油或浓度为 10%～20% 的乳化液。

2）刀具

高速钢刀具耐热性差，一般应采用切削液；硬质合金刀具耐热性好，一般不用切削液，若要使用，必须连续充分地供应，否则将导致刀片产生裂纹。

3）加工方法

当进行钻孔、铰孔、攻螺纹、拉削等加工时，刀具与工件已加工表面摩擦严重，宜采用乳化液、极压切削油、极压乳化液，并充分浇注；成形刀具、齿轮刀具等价格昂贵，刃磨困难，宜采用极压切削油、硫化切削油等；对于磨削加工，因其加工时温度很高，且会产生大量的细屑及脱落的磨粒,容易堵塞砂轮和使工件烧伤,所以要选用冷却作用好、清洗能力强的切削液,常采用低浓度乳化液。

1.5　金属切削机床的基本知识

金属切削机床简称为机床,是对工件进行切削加工的机器。它是机械制造业的基础装备。本节主要介绍金属切削机床的一些基础理论和概念。

1.5.1　机床的分类及型号编制

机床的品种和规格多种多样,为了便于区别、使用和管理,须对机床加以分类和编制型号。

1. 机床的分类

1)按加工性质和使用刀具分

机床主要是按加工性质和使用刀具进行分类的,共分为 12 大类,即车床、钻床、镗床、磨床、齿轮加工机床、螺纹加工机床、铣床、刨插床、拉床、特种加工机床、锯床和其他机床。机床的分类及代号见表 1-6。

表 1-6　机床的分类及代号

机床的分类	车床	钻床	镗床	磨床			齿轮加工机床	螺纹加工机床	铣床	刨插床	拉床	特种加工机床	锯床	其他机床
代号	C	Z	T	M	2M	3M	Y	S	X	B	L	D	G	Q
读音	车	钻	镗	磨	二磨	三磨	牙	丝	铣	刨	拉	电	割	其

2)按万能程度分

机床按万能程度可分为通用机床、专门化机床和专用机床。

3)按加工精度分

机床按加工精度可分为普通机床、精密机床和高精度机床。

4)按自动化程度分

机床按自动化程度可分为手动机床、机动机床、半自动机床和自动机床。

5)按质量和尺寸分

机床按质量和尺寸可分为仪表机床、中型机床、大型机床(重 10 t 以上)、重型机床(重 30 t 以上)和超重型机床(重 100 t 以上)。

6)按主轴或刀具数目分

机床按主轴或刀具数目可分为单轴机床、多轴机床和多刀机床等。

2. 机床型号的编制方法

机床型号是机床产品的代号,是用来表明机床的类型、通用特性、结构特性及主要技术参数等的。GB/T 15375—2008《金属切削机床　型号编制方法》规定:我国的机床型号由汉语拼音字母和阿拉伯数字按一定规律组合而成,具体型号构成如下:

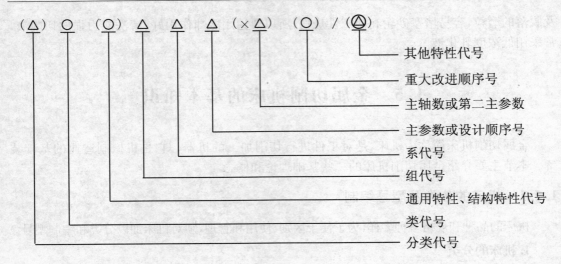

1）机床的类代号

机床的类代号用汉语拼音第一个大写字母表示。如果每类里面还有分类，则在类代号前用阿拉伯数字表示，但第一分类不予表示。

2）机床的特性代号

机床的特性代号包括通用特性代号和结构特性代号。

（1）通用特性代号。当某种机床除有普通形式外还有其他通用特性时，应在类代号后加上相应的通用特性代号，见表1-7。

表 1-7　机床通用特性代号

通用特性	代　　号	通用特性	代　　号
高精度	G	仿形	F
精密	M	轻型	Q
自动	Z	加重型	C
半自动	B	柔性加工单元	R
数控	K	数显	X
加工中心（自动换刀）	H	高速	S

（2）结构特性代号。为了区别主参数相同而结构不同的机床，在型号中加入结构特性代号予以区分，排在通用特性代号之后。如 CA6140 型卧式车床中的 A，在结构上区别于C6140 型及 CY6140 型。结构特性代号所对应的字母由生产厂家自行确定。

3）机床的组代号和系代号

机床的组代号和系代号用两位阿拉伯数字表示，前一位是组，后一位是系。每类机床按其结构、性能及使用范围分为 10 个组，每组又可分为若干个系。例如，车床中组代号 6 表示落地及卧式车床，它又可分为若干个系，即 60（落地车床）、61（卧式车床）、62（马鞍车床）、63（轴车床）、64（卡盘车床）及 65（球面车床）。机床的组和系的划分及其代号请查阅有关资料。

4）机床的主参数或设计顺序号

主参数代表机床规格的大小，一般位于系代号之后。在机床型号中，用阿拉伯数字给出主参数的折算系数,折算系数一般为 1、1/10 或 1/100,见表 1-8。

表 1-8　几种常用机床的主参数及其折算系数

机床名称	主 参 数	主参数的折算系数	机床名称	主 参 数	主参数的折算系数
卧式车床	床身最大回转直径	1/10	立式升降台铣床	工作台面宽度	1/10
摇臂钻床	最大钻孔直径	1	卧式升降台铣床	工作台面宽度	1/10
卧式坐标镗床	工作台面宽度	1/10	龙门刨床	最大刨削宽度	1/100
外圆磨床	最大磨削直径	1/10	牛头刨床	最大刨削长度	1/10

当某些通用机床无法用一个主参数表示时,则在机床型号中用设计顺序号来表示。

5)机床的主轴数或第二主参数

对于多轴车床、多轴钻床、排式钻床等机床,其主轴数应以实际数值列入机床型号,置于主参数之后,用×分开。单轴可省略,不予表示。

第二主参数是对主参数的补充,如机床所能加工的最大工件长度、最大切削长度、工作台面长度、最大跨距等。第二主参数一般不表示。

6)机床的重大改进顺序号

当机床的结构、性能有重大改进和提高时,按其设计改进的先后顺序在机床型号的尾部增加汉语拼音字母 A、B、C……以区别原机床型号。

7)其他特性代号

其他特性代号主要用来反映各类机床的特性。如对于数控机床,可用来反映不同的控制系统;对于一般机床,可用来反映同一型号机床的变型等。

3. 机床型号实例

1)MG1432A

M 表示磨床类,G 表示高精度,1 表示外圆磨床组,4 表示万能外圆磨床系,32 表示最大磨削直径为 320 mm,A 表示第一次重大改进。

2)CA6140×1 000

C 表示车床类,A 表示结构特性代号,6 表示落地及卧式车床组,1 表示卧式车床系,40 表示床身上最大回转直径为 400 mm,1 000 表示第二主参数,即最大工件长度为 1 000 mm。

1.5.2　机床的运动

虽然工件种类繁多,形状各不相同,但都是由平面、外圆柱面、内圆柱面、圆锥面、螺旋面、球面及各种成形表面所构成的。任何特征表面都可以看做是由一条母线沿着另一条导线运动的轨迹,如图 1-15 所示。

母线和导线统称为发生线。发生线是由刀具的切削刃和工件的相对运动形成的。而刀具的切削刃和工件的相对运动都是由机床来提供的。

1. 表面成形运动

为了切削加工出零件表面,必须保证刀具和工件之间产生相对运动。这些运动如果是用来形成被加工工件表面的,就称为表面成形运动。表面成形运动按其组成情况不同,可分为简单表面成形运动和复合表面成形运动。

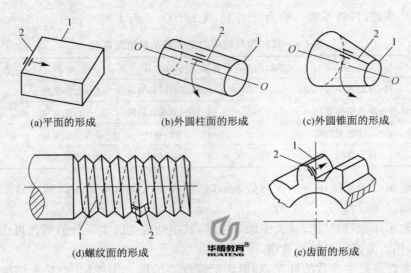

(a)平面的形成　　　　(b)外圆柱面的形成　　　　(c)外圆锥面的形成

(d)螺纹面的形成　　　　　　　　　　(e)齿面的形成

图 1-15　工件表面的形成

1—导线；2—母线

1）简单表面成形运动

如果一个独立的成形运动是由相互独立的旋转运动或直线运动构成的,则称为简单表面成形运动。如图 1-16(a)所示,工件的旋转运动 B_1 和刀具的进给运动 A_2 是两个相互独立的成形运动。

2）复合表面成形运动

如果一个独立的成形运动是由两个或两个以上的旋转运动或(和)直线运动,按照某种确定的运动关系组合而成的,则称为复合表面成形运动。如图 1-16(b)所示,工件的旋转运动 B_{11} 和刀具的进给运动 A_{12} 不能彼此独立,而必须保持严格的运动关系,则工件的旋转运动和刀具进给运动就组成了复合表面成形运动。又如用齿轮滚刀加工齿轮时,既需要一个复合表面成形运动 $B_{11}B_{12}$（范成运动）,又需要一个简单直线运动 A_2,才能得到渐开线齿面,如图1-16(c)所示。

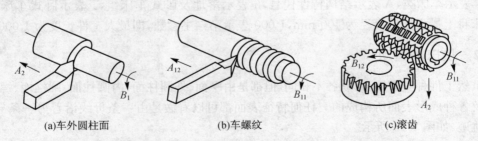

(a)车外圆柱面　　　　　(b)车螺纹　　　　　(c)滚齿

图 1-16　常见的表面成形运动

表面成形运动按其在切削过程中所起的作用不同,又可以分为主运动和进给运动。

2. 辅助运动

辅助运动是指除表面成形运动外,为完成零件的加工全过程所需的其他运动。它的种类很多,如分度运动、切入运动、调位运动、各种快速空行程运动和其他操纵及控制运动。

1.5.3　机床的传动

1. 机床传动的基本组成部分

机床传动的基本组成部分包括动力源、执行件和传动装置。

1）动力源

动力源是机床的动力部分，是为执行件提供动力和运动的装置，如交流异步电动机、步进电机、伺服电机等。

2）执行件

执行件是执行运动的部件，如主轴、刀架、工作台等。

3）传动装置

传动装置是传递运动和动力的装置。它不但可以把动力源的运动和动力传递给执行件，还可以实现变速、换向、改变运动形式等。传动装置有机械、液压、电气、气压等多种形式，其中，机械传动装置有带传动、链传动、齿轮传动、蜗杆传动、丝杠螺母传动和离合器传动等。

2. 机床的传动链

在机床上为了得到所需的运动，需要通过一系列的传动装置把动力源和执行件或者把执行件和执行件连接起来。按一定规律排列组成的一系列传动装置称为传动链。传动链可分为外联系传动链和内联系传动链两类。

1）外联系传动链

外联系传动链是联系机床动力源和执行件之间的传动链，可使执行件得到动力并运动起来。如车削外圆时，电动机至主轴的传动链即是外联系传动链。外联系传动链传动比没有严格要求，它的变化只影响切削速度或进给量大小，不影响加工表面的形状。

2）内联系传动链

内联系传动链是联系两个执行件，实现复合表面成形运动的传动链。它的作用是保证两个执行件之间有严格的相对运动关系。如车削螺纹时，主轴至刀架的传动链就是内联系传动链，又如滚齿机的范成运动传动链也是内联系传动链。内联系传动链中不允许采用传动比不准确或瞬时传动比不恒定的传动机构。

3. 机床的传动原理图

为了简明地表示机床加工过程中各个运动的传动联系，常用一些简明的符号把传动原理和传动路线表示出来，这就是传动原理图。如图 1-17 所示为卧式车床车螺纹的传动原理图。

图 1-17 中有形成螺纹表面所需要的两个表面成形运动，即工件的旋转运动 B_1 和刀具的进给运动 A_2。从电动机至主轴的传动属于外联系传动链，即电动机—1—2—u_x—3—4—主轴，也称为主运动传动链。其中，1—2 段和 3—4 段传动比不变，2—3 段是传动比可变的换置机构 u_x，调整 u_x 的值可以改变主轴的转速。从主轴—4—5—u_v—6—7—丝杠—刀架是内联系传动链。其中，4—5 段和 6—7 段传动比不变，5—6 段是传动比可变的换置机构 u_v，调整 u_v 值可得到不同的螺纹导程。

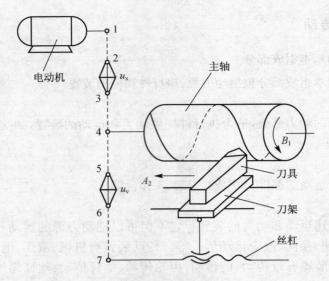

图 1-17　卧式车床车螺纹的传动原理图

在车削外圆面或端面时,主轴和刀具之间的传动路线无严格的传动比要求,两者的运动是两个相互独立的成形运动。因此,除了从电动机至主轴的主运动传动链外,另一条传动链可视为由电动机—1—2—u_x—3—5—u_v—6—7—刀架(通过丝杠),这时它也是一条外联系传动链。

本 章 小 结

本章主要学习了金属切削基本知识、金属切削过程中的基本规律、切削条件的合理选择以及金属切削机床的基本知识。

重点掌握金属切削基本知识点,如切削运动与切削用量、刀具角度、刀具材料的性能和常用刀具材料等。理解金属切削过程中的基本规律,如切削变形规律、切削力变化规律、切削热和切削温度变化规律、刀具磨损与刀具寿命变化规律。学会合理选择切削条件,如通过热处理等措施改善工件的切削加工性,合理选择刀具的几何参数,合理选择切削用量,合理选择切削液。掌握金属切削机床的基本知识点,如机床的分类及型号编制方法,工件表面的成形方法和机床所需的运动,机床传动的组成及传动原理图。

习 题 1

1-1　什么是主运动和进给运动?它们各自有何特点?

1-2　外圆车削时,工件上存在哪些表面?试绘图说明,并解释这些表面的定义。

1-3　切削用量包括哪些内容(名称、定义、符号、单位)?

1-4　刀具切削部分有哪些结构要素?

1-5　外圆车刀的标注角度有哪些？它们各自是如何定义的？

1-6　绘图表示端面车刀的 κ_r、κ_r'、λ_s、γ_o、α_o。

1-7　刀具材料应具备哪些性能？常用的刀具材料有哪些？

1-8　高速钢的物理、机械性能如何？它适合制造何种刀具？

1-9　硬质合金与高速钢相比有什么特点？

1-10　常用的硬质合金有哪些牌号？如何选用？

1-11　金属切削过程的实质是什么？

1-12　说明第 I、II、III 变形区的发生区域。

1-13　常见切屑类型有哪几种？它们各自的特点是什么？

1-14　简述积屑瘤的定义、形成原因，以及其对加工过程的影响和控制积屑瘤的措施。

1-15　外圆车削时切削力是如何分解的？影响切削力的主要因素有哪些？

1-16　切削热是怎样产生的？切削温度对切削加工有何影响？

1-17　刀具磨损的形式有哪几种？刀具的磨损过程分为哪几个阶段？什么是刀具的磨钝标准？

1-18　什么是刀具寿命？

1-19　简述工件材料的切削加工性及目前我国评价切削加工性的基准和指标。

1-20　前角有什么功用？如何进行合理选择？

1-21　后角有什么功用？如何进行合理选择？

1-22　刃倾角有什么功用？如何进行合理选择？

1-23　简述切削用量的选择原则。

1-24　切削液的主要作用是什么？常用的切削液有哪些种类？通常根据哪些因素选用切削液？

1-25　指出 CG6125B、XK5040、Y3150E 机床型号中各位字母和数字代号的具体含义。

1-26　举例说明简单表面成形运动和复合表面成形运动的概念及其本质区别。

1-27　简述外联系传动链和内联系传动链的定义及其本质区别。

第 2 章　车 削 加 工

在车床上用车刀对工件进行切削加工的过程称为车削加工。车削加工是金属切削过程中最基本、最主要,也是最常见的一种加工方法,使用范围很广。车削加工所用的设备是车床,在一般的机械制造厂中,车床约占机床总台数的 20%～30%。

2.1　车削加工概述

2.1.1　车削加工的应用

车削加工是利用工件的旋转运动和刀具的直线进给运动来加工工件的,车床主要用来加工内外圆柱面、圆锥面、端面、沟槽、成形回转表面及内外螺纹面等。如图 2-1 所示为卧式车床典型的车削加工。车削加工精度一般为 IT11～IT6,表面粗糙度为 $Ra12.5$～$0.8~\mu m$。

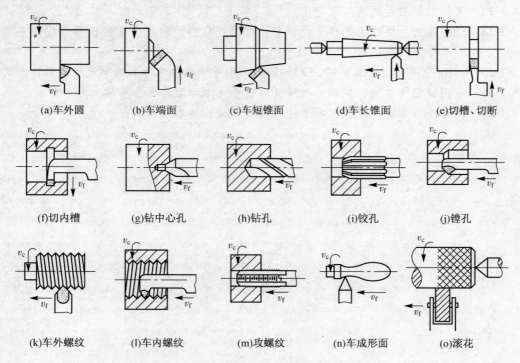

(a)车外圆　　(b)车端面　　(c)车短锥面　　(d)车长锥面　　(e)切槽、切断

(f)切内槽　　(g)钻中心孔　　(h)钻孔　　(i)铰孔　　(j)镗孔

(k)车外螺纹　　(l)车内螺纹　　(m)攻螺纹　　(n)车成形面　　(o)滚花

图 2-1　卧式车床典型的车削加工

车床的种类很多,有卧式车床、立式车床、仪表车床、转塔车床、仿形车床、数控车床等。其中卧式车床的应用最为广泛。目前,数控技术发展得很快,数控车床得到越来越广泛的应用,成为车削加工的主要设备。

车床上使用的刀具主要是车刀,还可使用钻头、铰刀、中心钻、镗刀等孔加工刀具。

2.1.2 车削加工的特点

1. 生产率较高

车削过程是连续切削,比较平稳,因此,可进行强力车削和高速车削。

2. 易保证工件各加工表面的位置精度

车削时,工件绕轴线回转,由于其各加工表面具有相同的回转轴线,因而易保证各加工表面间的同轴度要求。

3. 加工材料范围较广

车削可以加工各种钢件、铸铁、有色金属、非金属。对于一些不适合磨削的有色金属,可以采用金刚石车刀进行精细车削。

4. 车刀便于选择

车刀结构简单,刚性好,制造容易,便于根据加工要求对刀具材料、刀具几何角度进行合理选择。此外,车刀刃磨及装拆也较方便。

2.1.3 车削用量

车外圆时,工件的旋转运动为主运动,车刀的纵向走刀和横向走刀为进给运动。其车削用量包括车削速度、进给量和背吃刀量。

1. 车削速度

车削速度 v_c 是指车刀切削刃与工件接触点上主运动的最大线速度,单位为 m/min。

2. 进给量

进给量 f 是指工件每转一圈,车刀沿进给运动方向移动的距离,又称为走刀量,单位为 mm/r。

3. 背吃刀量

背吃刀量 a_p 是指待加工表面与已加工表面之间的垂直距离,又称为车削深度,单位为 mm。

2.2 CA6140 型卧式车床

为了更好地了解车床的使用原理和结构组成,下面以 CA6140 型卧式车床为例进行说明。

2.2.1 CA6140 型卧式车床的组成

CA6140 型卧式车床是一种通用性强、应用广泛的车床,其主轴水平安装,刀具在水平面做进给运动,如图 2-2 所示。

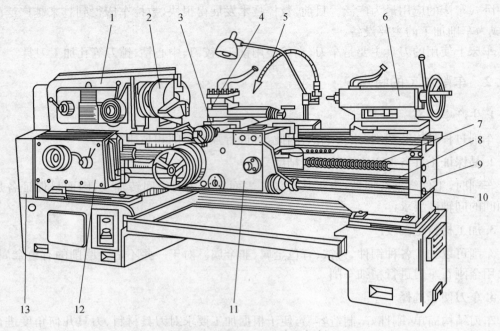

图 2-2　CA6140 型卧式车床

1—主轴箱;2—卡盘;3—床鞍;4—刀架;5—切削液管;6—尾座;7—丝杠;
8—光杠;9—床身;10—操纵杆;11—溜板箱;12—进给箱;13—挂轮箱

1. 床身

床身是用于支承和连接若干部件并带有导轨的基础部件。它能够保证车床各部件相互间准确的相对位置和移动部件的运动精度。

2. 主轴箱

主轴箱固定在床身的左面,箱内装有主轴,主轴的端部安装有卡盘等夹具以用来装夹工件。它的作用是支承并传动主轴,使主轴带动工件旋转,以实现主运动,并实现主轴的启动、停止、正转、反转以及各级转速的变换,因此,可以说主轴箱是车床最重要的部件之一。

3. 床鞍

床鞍安装在床身导轨上,在溜板箱的带动下沿床身导轨移动,其顶部安装有刀架。

4. 刀架

刀架是多层结构,由中滑板、方刀架、转盘、小滑板四部分组成,如图 2-3 所示。中滑板装在床鞍顶部的导轨上,可做横向移动。中滑板与小滑板以转盘连接,因此,小滑板可在中滑板上转动,在车削锥面时,可将其转到相应的位置上再进行固定。小滑板还可做纵向移动,但是只能手动操纵,且行程较短。方刀架固定于小滑板上,用于安装刀具和刀具转位。换刀时,松开手柄,即可转动方刀架,把所需的车刀转到相应的工作位置。工作时必须旋紧手柄。

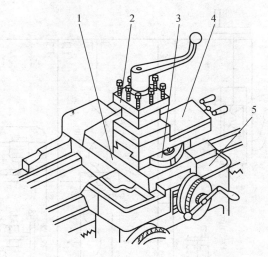

图 2-3　刀架的结构

1—中滑板；2—方刀架；3—转盘；4—小滑板；5—床鞍

5. 溜板箱

溜板箱固定在床鞍的下面，是一个驱动刀架移动的传动箱。它的作用是将丝杠或光杠传来的旋转运动变为直线运动传给刀架，实现刀架的各种运动，如车削螺纹，普通车削的纵向、横向机动进给，快速移动、手动进给等。溜板箱上有各种操纵手柄及按钮，均可供操作人员操作机床。

6. 进给箱

进给箱固定在床身的左前侧，箱内有进给运动传动系统，可控制丝杠和光杠的进给运动，用于改变所加工螺纹的螺距或改变机动进给的进给量。

7. 丝杠

丝杠专门用于车螺纹。若溜板箱中的开合螺母合上，丝杠就带动床鞍移动车制螺纹。

8. 光杠

光杠专门用于实现车床的机动纵向和横向进给运动。

9. 尾座

尾座安装在床身尾部，用手推动可沿导轨纵向移动。它的功用是安装顶尖，以支承长工件的一端，也可以安装钻头、铰刀等孔加工刀具进行孔加工。利用尾座加工小外锥面时，可使尾座在底座上进行少量的横向移动，使其顶尖轴线与主轴轴线产生一定偏心量即可加工。

2.2.2　CA6140 型卧式车床的传动系统

CA6140 型卧式车床的传动系统如图 2-4 所示。电动机转动产生的动力经 CA6140 型卧式车床的传动系统传至主轴和刀架，以实现工件的主运动和刀具的进给运动。

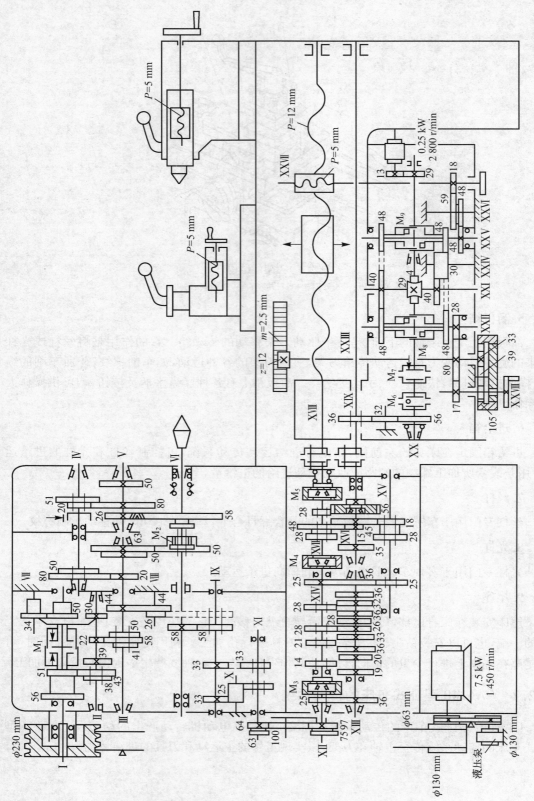

图 2-4　CA6140 型卧式车床的传动系统

1. 主运动传动链

主运动传动链的作用是把电动机的运动和动力传给主轴,实现主轴的启动、停止、变速和换向。主运动传动链的首末端件是电动机和主轴。

1)传动路线

从图 2-4 中可知,运动由主电动机经 V 带传动传至主轴箱中的 I 轴,I 轴上有双向摩擦片式离合器 M_1,其作用是使主轴正转、反转或停止。当 M_1 向左结合时,主轴正转;当 M_1 向右结合时,主轴反转;当 M_1 处于中间位置时,主轴停止。

从 III 轴到 VI 轴有两条传动路线:当主轴上的滑移齿轮 $z50$ 移到左端位置时,齿式离合器 M_2 脱开,运动经 63/50 直接传给 VI 轴,实现高速转动;当主轴的滑移齿轮 $z50$ 移到右端位置时,齿式离合器 M_2 啮合,运动经 III 轴、IV 轴、V 轴及齿式离合器 M_2 传给 VI 轴,使主轴获得低转速。

主运动传动链的传动路线表达式为

$$\text{电动机}\dfrac{\phi130}{\phi230}\ \text{I}\begin{cases}(M_1\ \text{左,主轴正转})\begin{Bmatrix}\dfrac{51}{43}\\[4pt]\dfrac{56}{38}\end{Bmatrix}\\[20pt](M_1\ \text{右,主轴反转})\dfrac{50}{34}\text{VII}\dfrac{34}{30}\\[14pt]M_1\ \text{中间位置,主轴停止}\end{cases}\text{II}\begin{Bmatrix}\dfrac{22}{58}\\[4pt]\dfrac{30}{50}\\[4pt]\dfrac{39}{41}\end{Bmatrix}\text{III}—$$

$$\begin{cases}\begin{Bmatrix}\dfrac{20}{80}\\[4pt]\dfrac{50}{50}\end{Bmatrix}\text{IV}\begin{Bmatrix}\dfrac{20}{80}\\[4pt]\dfrac{51}{50}\end{Bmatrix}\text{V}\dfrac{26}{58}M_2\\[30pt]\dfrac{63}{50}\end{cases}\text{VI(主轴)}$$

2)转速级数

由主运动传动链的传动路线表达式可知,主轴正转转速级数为 $n=2\times3\times(1+2\times2)=30$ 级。但实际上,主轴正转转速级数为 $n=2\times3\times(1+2\times2-1)=24$ 级。这是因为在 III 轴到 VI 轴之间的四种传动比分别为

$$u_1=\frac{20}{80}\times\frac{20}{80}=\frac{1}{16},u_2=\frac{20}{80}\times\frac{51}{50}\approx\frac{1}{4},u_3=\frac{50}{50}\times\frac{20}{80}=\frac{1}{4},u_4=\frac{50}{50}\times\frac{51}{50}\approx1$$

其中 u_2 和 u_3 基本相同,所以实际上只有三种不同的传动比。故在低速传动路线时,主轴正转转速级数为 $2\times3\times(2\times2-1)=18$ 级;在高速传动路线时,主轴正转转速级数为 $2\times(2\times2-1)=6$ 级。同理,主轴反转转速级数为 $3+3\times(2\times2-1)=12$ 级。

3)主轴转速

主轴正转时的最高转速为(V 带传动滑动率取 0.02)

$$n_{主}=\left[1\,450\times\frac{130}{230}\times(1-0.02)\times\frac{56}{38}\times\frac{39}{41}\times\frac{63}{50}\right]\text{r/min}\approx1\,419\ \text{r/min}$$

主轴正转时的最低转速为(V 带传动滑动率取 0.02)

$$n_{主}=\left[1\,450\times\frac{130}{230}\times(1-0.02)\times\frac{51}{43}\times\frac{22}{58}\times\frac{20}{80}\times\frac{20}{80}\times\frac{26}{58}\right]\text{r/min}\approx10\ \text{r/min}$$

2. 进给运动传动链

进给运动传动链的动力源也是主电动机,运动由主电动机经主运动传动链、主轴、进给运动传动链传至刀架,使刀架带着车刀车削螺纹、纵向机动进给、横向机动进给和快速移动。在分析进给运动传动链时,应把主轴作为传动链的起点,把刀架作为传动链的终点。

1)车削螺纹

车削不同螺距的螺纹时,主轴与刀具之间必须保持严格的运动关系,即主轴每转一转,刀具移动一个被加工螺纹导程 Ph 的距离。车削螺纹的运动平衡式为

$$Ph = 1_{主轴} \times u \times Ph_{丝杠}$$

式中,u 为从主轴到丝杠之间全部传动副的总传动比;$Ph_{丝杠}$ 为机床丝杠的导程(mm),CA6140 型卧式车床的 $Ph_{丝杠} = P_{丝杠} = 12$ mm。

车削螺纹包括车削米制(普通)螺纹、车削模数螺纹(米制蜗杆)、车削英制螺纹、车削径节螺纹(英制蜗杆)及车削非标准螺纹和精密螺纹。

(1)车削米制(普通)螺纹。米制螺纹是我国常用的螺纹,国家标准中已经规定了米制螺纹的标准螺距值。车削米制螺纹时,进给箱中的离合器 M_3 和 M_4 脱开,M_5 啮合,挂轮传动比选为 $(63/100) \times (100/75)$。

车削米制螺纹的传动路线表达式为

$$主轴 \text{VI} - \frac{58}{58} - \text{IX} \begin{cases} \frac{33}{33}(右旋螺纹) \\ \frac{33}{25} - \text{X} - \frac{25}{33}(左旋螺纹) \end{cases} \text{XI} - \frac{63}{100} \times \frac{100}{75} - \text{XII} - \frac{25}{36} - \text{XIII} - u_{基} -$$

$$\text{XIV} - \frac{25}{36} \times \frac{36}{25} - \text{XV} - u_{倍} - \text{XVII} - M_5 - \text{XVIII}(丝杠) - 刀架$$

车削米制螺纹(右旋)的运动平衡式为

$$Ph = 1_{主轴} \times \frac{58}{58} \times \frac{33}{33} \times \frac{63}{100} \times \frac{100}{75} \times \frac{25}{36} \times u_{基} \times \frac{25}{36} \times \frac{36}{25} \times u_{倍} \times 12$$

式中,$u_{基}$ 为基本传动组的传动比,即从 XIII 轴到 XIV 轴各对齿轮副的传动比;$u_{倍}$ 为增倍传动组的传动比,即从 XV 轴到 XVII 轴各对齿轮副的传动比。

将上式化简后得

$$Ph = 7 u_{基} \, u_{倍}$$

可见,适当地选择 $u_{基}$ 和 $u_{倍}$ 的值,就可以得到不同的 Ph 值。下面分析 $u_{基}$ 和 $u_{倍}$ 的值。

由于 $u_{基}$ 位于 XIII 轴与 XIV 轴之间,因而共有八种不同的传动比,即

$$u_{基1} = \frac{26}{28}, u_{基2} = \frac{28}{28}, u_{基3} = \frac{32}{28}, u_{基4} = \frac{36}{28}, u_{基5} = \frac{19}{14}, u_{基6} = \frac{20}{14}, u_{基7} = \frac{33}{21}, u_{基8} = \frac{36}{21}$$

由于 $u_{倍}$ 位于 XV 轴与 XVII 轴之间,因而共有四种不同的传动比,即

$$u_{倍1} = \frac{18}{45} \times \frac{15}{48} = \frac{1}{8}, u_{倍2} = \frac{18}{45} \times \frac{35}{28} = \frac{1}{2}, u_{倍3} = \frac{28}{35} \times \frac{15}{48} = \frac{1}{4}, u_{倍4} = \frac{28}{35} \times \frac{35}{28} = 1$$

将 $u_{基}$ 与 $u_{倍}$ 串联使用,就可以车削出不同导程的米制螺纹。

(2)车削模数螺纹(米制蜗杆)。车削模数螺纹与车削米制螺纹的传动路线基本相同,唯一的差别是将挂轮传动比换成 $(64/100) \times (100/97)$,就可以车削出各种模数螺纹。

(3)车削英制螺纹。车削英制螺纹时,进给箱中的离合器 M_3 及 M_5 啮合,M_4 脱开。

XV 轴左端的滑移齿轮 z25 移至它的左面位置,与固定在 XIII 轴上的齿轮 z36 相啮合。

车削英制螺纹的传动路线表达式为

$$主轴 \text{VI} - \frac{58}{58} - \text{IX} \begin{cases} \frac{33}{33}(右旋螺纹) \\ \frac{33}{25} - \text{X} - \frac{25}{33}(左旋螺纹) \end{cases} \text{XI} - \frac{63}{100} \times \frac{100}{75} - \text{XII} - M_3 - \text{XIV} - \frac{1}{u_{基}} - $$

$$\text{XIII} - \frac{36}{25} - \text{XV} - u_{倍} - \text{XVII} - M_5 - \text{XVIII}(丝杠) - 刀架$$

(4)车削径节螺纹(英制蜗杆)。车削径节螺纹与车削英制螺纹的传动路线基本相同,唯一的差别是将挂轮传动比换成(64/100)×(100/97),就可以车削出各种径节螺纹。

(5)车削非标准螺纹和精密螺纹。车削非标准螺纹时,进给箱中的离合器 M_3、M_4、M_5 全部啮合。XII轴、XIV轴、XVII轴和丝杠成为一体,运动由挂轮直接传到丝杠。被加工螺纹的导程依靠调整挂轮的传动比来实现。

2)机动进给传动链

主轴运动至进给箱 XVII 轴的传动路线与车削螺纹时的传动路线相同,但 M_5 脱开,其后运动由 XVII 轴经齿轮副 28/56 传至 XIX 轴(光杠)。光杠将运动传入溜板箱,溜板箱内又有不同的两条路线:当运动传至 XXI 轴后,一条传动路线通过离合器 M_8 经 XXII 轴传至齿轮 z12,z12 沿床身下沿的齿条滚动,实现床鞍的纵向进给;另一条传动路线通过离合器 M_9 经 XXV 轴、XXVI 轴传至 XXVII 轴(中滑板丝杠),实现刀架的横向进给。

3)快速移动传动链

溜板箱右侧的快速电动机(0.25 kW,2 800 r/min)通过操纵杆带动 XX 轴,再经离合器 M_8、M_9 可分别实现刀架的纵、横向快速移动。

快速移动传动链的传动路线中,各对齿轮副的传动比变化是通过滑移齿轮在轴上啮合位置的改变来实现的,不同的啮合位置则由操纵手柄控制。

2.2.3　CA6140 型卧式车床的主要结构

CA6140 型卧式车床的主要结构包括主轴部件,双向片式摩擦离合器及其操纵机构,纵、横向机动进给操纵机构以及开合螺母机构。

1. 主轴部件

主轴部件是车床的一个关键部件,其功用是夹持工件旋转进行切削,传递运动和动力,承受切削力。主轴部件主要由主轴、支承及传动装置组成,如图 2-5 所示。

主轴是个空心的阶梯轴。其内孔(轴心孔)可通过长棒料进行加工,也可穿入钢棒打出需要卸下的顶尖。主轴前端锥孔为莫氏 6 号锥孔,可通过锥面间的摩擦力直接带动顶尖或心轴。主轴前端(主轴头)为短锥法兰结构,用于安装卡盘。

主轴部件采用两个支承结构,前支承选用双列圆柱滚子轴承,用于承受径向力。后支承选用两个滚动轴承,一个为推力球轴承,用于承受向左的轴向力;另一个为角接触球轴承,用于承受径向力和向右的轴向力。可见,两个方向的轴向力都是在后支承处传给箱体的,即采用后端定位方式,使前支承的结构简单,对提高主轴径向精度有利。

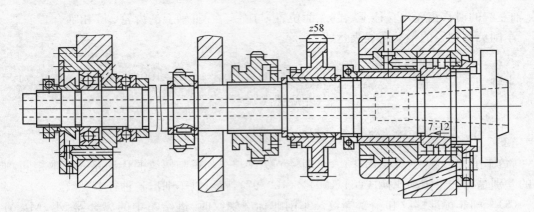

图 2-5　CA6140 型卧式车床的主轴部件

　　主轴上安装有三个传动齿轮。右边较大的斜齿圆柱齿轮空套在主轴上,采用斜齿轮可使传动平稳、承载能力高,轴向力指向主轴头,与进给切削力方向相反,可减小主轴支承所受轴向力;中间齿轮在主轴花键部位可以滑移,向右移动使主轴低速转动,向左移动使主轴高速转动,在中间位置时,主轴空档,可较轻快地用手转动主轴,以便工件的装夹、找正及测量等。左边齿轮采用平键连接,用弹性挡圈使之轴向固定,用于驱动进给系统。

2. 双向片式摩擦离合器及其操纵机构

1)功用

双向片式摩擦离合器及其操纵机构可实现主轴的频繁启动、停止和换向。

2)结构组成

如图 2-6 所示,CA6140 型卧式车床的双向片式摩擦离合器及其操纵机构由结构相同的左、右两部分组成,左部分用于使传动主轴正转,右部分用于使传动主轴反转。以左部分为例,它由空套齿轮、止推片、内片、外片、调整螺母和压紧环等组成。内片装在轴上,可随轴一起转动,因此被作为主动片。外片卡在空套齿轮槽口内,可带动空套齿轮一起转动,因此被作为从动片。内片、外片依次相间安装。

3)工作原理

当压紧环 6 处于中间位置时,虽然左部内片 4 随轴转动,但因左部内片 4、左部外片 3 存在间隙,左部外片 3 不能被带动,因此,空套齿轮 1 不转动,主传动链不接通,主轴处于停止状态。需要主轴正转时,通过拨叉使加力环 9 右移,压下元宝销 11 的右角,使元宝销 11 绕销轴 10 顺时针转动,通过销轴 10 下端推动拉杆 8 左移,由圆柱销 7 拨动压紧环 6 左移,将左部内片 4、左部外片 3 互相压紧,靠左部内片 4、左部外片 3 间的摩擦力传递转矩,带动左部外片 3 及空套齿轮 1 一起转动,再经变速传动使主轴正转。同理,需要主轴反转时,加力环 9 左移,压下元宝销 11 的左角,使元宝销 11 绕销轴 10 逆时针转动,通过销轴 10 下端推动拉杆 8 右移,由圆柱销 7 拨动压紧环 6 右移,将右部内片、右部外片互相压紧,靠右部内片、右部外片的摩擦力传递转矩,带动右部外片及空套齿轮 12 一起转动,再经变速传动使主轴反转。

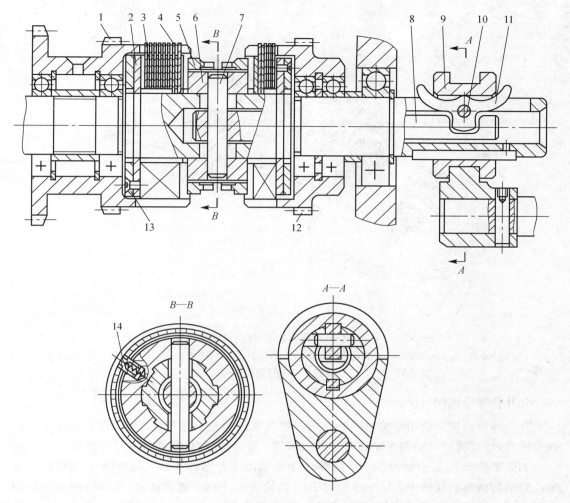

图 2-6 CA6140 型卧式车床的双向片式摩擦离合器及其操纵机构

1、12—空套齿轮；2、13—止推片；3—外片；4—内片；5—调整螺母；6—压紧环；7—圆柱销；
8—拉杆；9—加力环；10—销轴；11—元宝销；14—弹簧销

3. 纵、横向机动进给操纵机构

CA6140 型卧式车床的纵、横向机动进给运动的接通、断开和转换由一个手柄集中操纵。如图 2-7 所示，当向右扳动手柄 1 时，通过手柄 1 下端的球头销 4 使轴 5 向左移动，经杠杆 9、连杆 10 使凸轮 11 转动，凸轮 11 上的曲线槽推动圆销 12 向后移动，通过拨叉 14 使离合器 M_7 向后啮合，接通纵向传动链，刀架纵向机动进给。同理，当向左扳动手柄 1 时，刀架纵向机动退回。当向前扳动手柄 1 时，带动轴 22 转动，通过左端凸轮 21 上的曲线槽推动圆销 18，使杠杆 19 绕销轴 20 摆动。通过拨叉轴 16、拨叉 15 使离合器 M_8 向前啮合，接通横向传动链，刀架横向机动进给。同理，当向后扳动手柄 1 时，刀架横向机动退回。

当手柄 1 处于中间位置时，两离合器 M_7、M_8 均在中间位置，刀架机动进给断开。按下手柄 1 顶部的按钮 K，接通快速电动机，此时再扳动手柄 1 时，刀架可在相同的方向上做快速移动。手柄 1 扳动的方向与刀架的进给方向一致，使操作很方便。

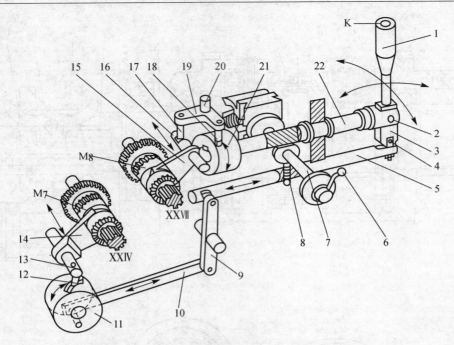

图 2-7　CA6140 型卧式车床的纵、横向机动进给操纵机构

1、6—手柄；2、20—销轴；3—手柄座；4—球头销；5、7、22—轴；8—弹簧销；9、19—杠杆；10—连杆；

11、21—凸轮；12、17、18—圆销；13、16—拨叉轴；14、15—拨叉；K—按钮

4. 开合螺母机构

开合螺母机构的功用是接通或断开由丝杠传来的运动。车削螺纹时，合上溜板箱中的开合螺母，丝杠就可带动溜板箱和刀架纵向移动。普通车削时，必须打开开合螺母。

如图 2-8 所示，开合螺母的上半螺母 5、下半螺母 4 背面各带一个圆柱销 6，分别插在盘形凸轮 7 的两条曲线槽中。压下或抬起手柄 1，使盘形凸轮 7 随之转动，其曲线槽迫使两圆柱销 6 相互靠近或离开，从而使上半螺母 5、下半螺母 4 合拢或打开，两半螺母将沿溜板箱的燕尾导轨 8 上下移动，以保证螺母和丝杠的正确啮合。

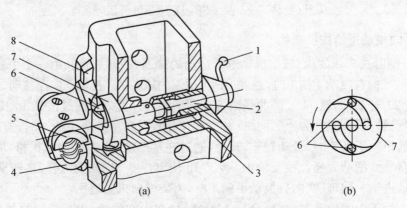

图 2-8　CA6140 型卧式车床的开合螺母机构

1—手柄；2—轴；3—轴承套；4—下半螺母；5—上半螺母；6—圆柱销；7—盘形凸轮；8—燕尾导轨

2.3　立式车床简介

立式车床在结构布局上的主要特点是主轴垂直布置,直径很大的圆形工作台水平布置。如图 2-9 所示,其中图 2-9(a)中的单柱立式车床用于加工直径小于 1 600 mm 的工件,图 2-9(b)中的双柱立式车床用于加工直径大于 2 000 mm 的工件。

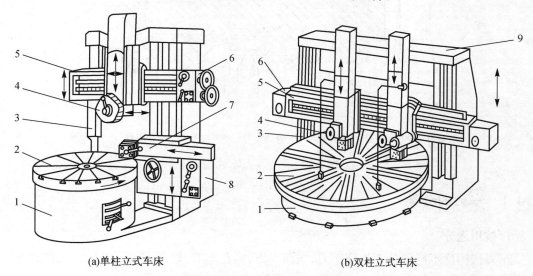

(a)单柱立式车床　　　　　　　　　　　　(b)双柱立式车床

图 2-9　立式车床
1—底座;2—工作台;3—立柱;4—垂直刀架;5—横梁;6—垂直刀架进给箱;
7—侧刀架;8—侧刀架进给箱;9—顶梁

图 2-9 中立式车床的工作台 2 装在底座 1 上,工件安装在工作台 2 上并由工作台 2 带动做旋转运动。进给运动由垂直刀架 4 和侧刀架 7 来实现。垂直刀架 4 可沿横梁 5 的导轨移动做横向进给运动,以及沿垂直刀架 4 的滑座导轨做垂直进给运动。横梁 5 可沿立柱 3 的导轨上下移动,以适应加工不同高度的工件。侧刀架 7 可在立柱 3 的导轨上移动做垂直进给运动,以及沿侧刀架 7 的滑座导轨做横向进给运动。

立式车床的结构特点有利于笨重工件的装夹和找正。此外,由于工件及工作台的重量比较均匀地分布在导轨面和推力轴承上,因而能长期保持车床的工作精度。

立式车床主要用于加工径向尺寸大而轴向尺寸相对较小的大型、重型工件,如机架、盘、轮等。

2.4　车　　刀

车刀是金属切削加工中结构简单、应用最广泛的刀具,它可以用来加工外圆、内孔、端面、螺纹、切断(切槽)等。因此,其种类很多,且在形状、结构尺寸等方面也各不相同。

如图 2-10 所示为几种车刀的示意图。

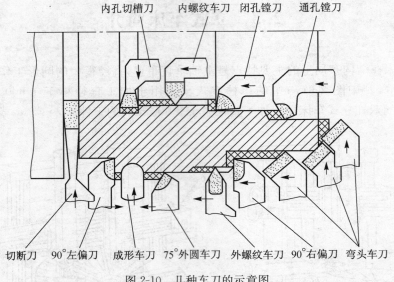

图 2-10　几种车刀的示意图

2.4.1　车刀的分类

1. 按用途分

车刀按用途不同可分为外圆车刀、端面车刀、内孔车刀、切断车刀、切槽车刀、螺纹车刀、成形车刀等。

2. 按形状分

车刀按形状不同可分为直头车刀、弯头车刀、偏刀、尖刀、圆弧车刀等。

3. 按刀具材料分

车刀按刀具材料不同可分为高速钢车刀、硬质合金车刀、陶瓷车刀、立方氮化硼车刀、金刚石车刀等。

4. 按结构形式分

车刀按结构形式不同可分为整体车刀、焊接车刀、机夹重磨车刀、可转位车刀,如图 2-11 所示。

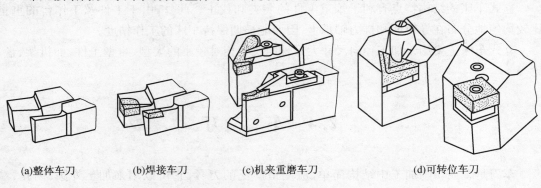

(a)整体车刀　　　(b)焊接车刀　　　(c)机夹重磨车刀　　　(d)可转位车刀

图 2-11　车刀按结构形式分类

2.4.2 常用车刀的结构特点

1. 整体车刀

整体车刀切削部分与刀杆采用相同的材料,均用高速钢制造。它一般用于小型车床上。

2. 焊接车刀

焊接车刀是将一定形状的硬质合金刀片用黄铜、紫铜等焊料,钎焊在刀杆(45 钢)的刀槽内而制成的。

焊接车刀具有结构简单、紧凑、抗振性好、使用灵活、制造方便、应用广泛的特点。但是,由于焊接加热和刃磨会产生较大的内应力,因而会降低刀片的切削性能,甚至使刀片出现裂纹。焊接车刀刀杆随刀片的用尽而报废,不能重复使用,因此,造成了刀具材料的浪费。

3. 机夹重磨车刀

机夹重磨车刀采用机械方法将普通硬质合金刀片夹固在刀杆上。这种结构可以避免刀片因焊接而产生裂纹的问题,且刀杆可多次重复使用,便于刀片的集中刃磨,但其刀杆结构较复杂。

4. 可转位车刀

可转位车刀采用特制的可转位刀片,用机夹的方法将刀片直接固定在刀杆上。刀片通常制成正三角形、正方形、正五角形、圆形等,如图 2-12 所示。

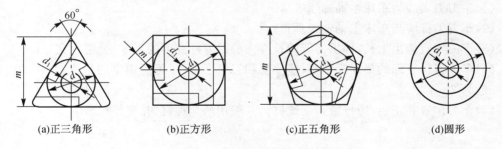

(a)正三角形　　　(b)正方形　　　(c)正五角形　　　(d)圆形

图 2-12　可转位刀片

可转位车刀具有如下特点:

(1)可转位车刀可以避免因焊接和重磨对刀片造成的缺陷,刀具寿命较焊接车刀大大提高。

(2)可转位车刀刀片每边都有切削刃,当刀片的一个切削刃用钝后,可将刀片转位换成另一个新的切削刃继续使用,不会改变切削刃与工件的相对位置,并能减少调刀时间。

(3)可转位车刀刀片不需重磨,有利于涂层硬质合金、陶瓷等新型刀片的使用。

(4)可转位车刀刀杆可重复使用,刀杆、刀片可标准化、系列化,有利于专业厂家生产,适合在自动车床、数控车床上使用。

5. 成形车刀

成形车刀是加工回转体成形表面的专用刀具,其刃形根据零件廓形设计。成形车刀生产率高,加工质量稳定,刀具刃磨方便且使用寿命长,操作简单,对工人技术水平要求不高,但是切削力较大,设计制造麻烦,制作成本高。成形车刀主要用于在半自动车床和自动车床上加工内、外回转体的成形表面。

成形车刀按结构形状不同可分为平体成形车刀、棱体成形车刀和圆体成形车刀,如图 2-13 所示。

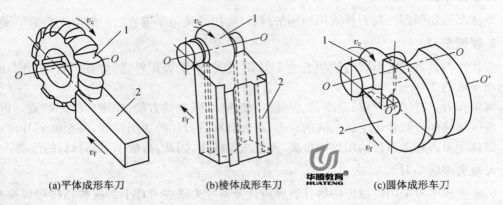

(a)平体成形车刀　　　　　(b)棱体成形车刀　　　　　(c)圆体成形车刀

图 2-13　成形车刀的分类
1—工件；2—成形车刀

2.4.3　车刀的安装

为了使车刀正常工作和保证加工质量,必须正确安装车刀,应注意以下几点:

(1)车刀刀尖应与车床主轴轴线等高。

(2)车刀刀杆应与车床主轴轴线垂直。

(3)车刀不宜伸出太长,伸出刀架的长度一般以刀杆高度的 1.5～2 倍为宜。

(4)车刀刀杆下部的垫片应平整,垫片要和刀架平齐,尽可能用厚的垫片,以减少垫片数目,一般为 2～3 片。

(5)车刀位置装正后,应拧紧刀架螺钉。一般用两个螺钉,并交替拧紧。

本 章 小 结

通过对本章的学习,应熟悉并掌握车削加工的应用、特点及车削用量的选择；CA6140 型卧式车床的组成、传动系统、主要结构；立式车床的结构特点；车刀的分类、常用车刀的结构特点及车刀安装时的注意事项等。

习　题　2

2-1　简述车削加工的特点及车削用量。

2-2　简述 CA6140 型卧式车床各主要组成部分的名称和功能。

2-3　根据 CA6140 型卧式车床主运动传动链,分别列出该车床主轴正转时最高转速、最低转速的传动路线,并计算其最高和最低转速。

2-4　指出 CA6140 型卧式车床进给运动传动链中的基本传动组和增倍传动组。

2-5　在 CA6140 型卧式车床上车削导程 $Ph=10$ mm 的米制螺纹(右旋),指出可能有几条传动路线。

2-6　车削米制螺纹、模数螺纹的传动路线有何异同点?

2-7　双向片式摩擦离合器如何传递转矩? 内片、外片是如何压紧的?

2-8　立式车床主要用于加工哪种工件?

2-9　可转位车刀具有哪些特点?

2-10　如何正确安装车刀?

第3章　铣削加工

　　铣削加工是在铣床上用铣刀对工件进行切削加工的方法。铣削时,铣刀旋转是主运动,
工件移动是进给运动。根据工件形状、类型的不同,可分别在卧式铣床和立式铣床上进行铣
削加工。

3.1　铣削加工概述

3.1.1　铣削加工的应用

　　铣削加工的应用非常广泛,主要用于加工平面、台阶面、键槽、沟槽、曲面等。如图 3-1
所示为典型的铣削加工。铣削加工精度一般为 IT9～IT7,表面粗糙度为 $Ra6.3～1.6\ \mu m$。

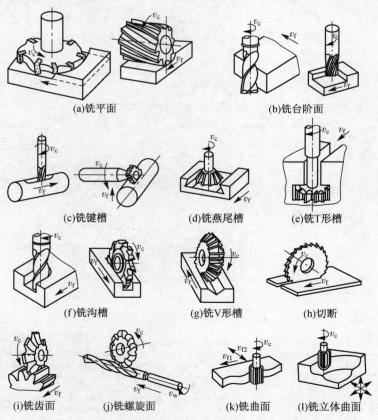

(a)铣平面　　　　　　　　　　　　　　　(b)铣台阶面

(c)铣键槽　　　　(d)铣燕尾槽　　　　(e)铣T形槽

(f)铣沟槽　　　　(g)铣V形槽　　　　(h)切断

(i)铣齿面　　　　(j)铣螺旋面　　　　(k)铣曲面　　　　(l)铣立体曲面

图 3-1　典型的铣削加工

3.1.2 铣削加工的特点

1. 铣削加工范围广

铣刀种类多,可以加工刨削无法加工或难加工的表面。如铣削凹平面、螺旋面、齿面等。

2. 生产率较高

铣刀是多刃刀具,铣削时有几个切削刃同时参加工作,铣削的主运动是铣刀的旋转,有利于高速铣削。

3. 刀齿散热条件较好

铣刀旋转时,每个刀齿依次参加切削,实现轮换,因而刀齿的散热条件好。

4. 容易产生振动

铣削属于断续切削,在刀齿切入和切出时产生冲击,即每个刀齿的切削厚度在时刻变化。因此,铣削过程中铣削力是变化的,铣削过程不平稳,容易产生振动。

5. 加工精度与刨削相当

铣削与刨削的加工质量大致相当,经粗加工、精加工后都可达到中等精度。但铣削在加工大平面时,若铣刀宽度小于工件宽度,则各次走刀间有明显的接刀痕,影响加工表面质量。

3.1.3 铣削用量

铣削用量包括铣削速度、进给量、背吃刀量和侧吃刀量,如图 3-2 所示。

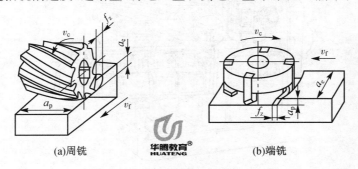

(a)周铣   (b)端铣

图 3-2 铣削用量

1. 铣削速度

铣削速度 v_c 是指铣刀最大直径处的线速度,单位为 m/min。

2. 进给量

铣削的进给量有三种表示方法,即进给速度、每齿进给量和每转进给量。

1)进给速度 v_f

进给速度是指单位时间内工件与铣刀在进给方向的相对位移量,单位为 mm/min。一般铣床铭牌上进给量用进给速度 v_f 标注。

2)每齿进给量 f_z

每齿进给量是指铣刀每转过一个刀齿时,工件与铣刀在进给方向的相对位移量,单位为 mm/z。

3）每转进给量 f

每转进给量是指铣刀每转一转时,工件与铣刀在进给方向的相对位移量,单位为 mm/r。

3. 背吃刀量

周铣时,背吃刀量 a_p 为被加工表面的宽度;端铣时,背吃刀量 a_p 为铣削深度。其单位为 mm。

4. 侧吃刀量

周铣时,侧吃刀量 a_e 为铣削深度;端铣时,侧吃刀量 a_e 为被加工表面的宽度。其单位为 mm。

3.2　X6132 型万能卧式升降台铣床

3.2.1　X6132 型万能卧式升降台铣床的组成

X6132 型万能卧式升降台铣床的主轴水平布置,其工作台可做横向、纵向、垂直三个方向的移动,并可在水平面内回转一定角度,如图 3-3 所示。

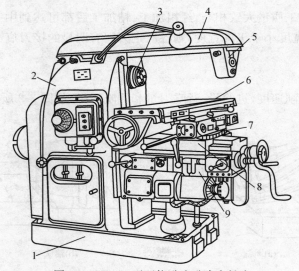

图 3-3　X6132 型万能卧式升降台铣床

1—底座;2—床身;3—主轴;4—悬梁;5—刀杆支架;6—纵向工作台;
7—回转盘;8—横向工作台(床鞍);9—升降台

1. 床身

床身是铣床的主体,起支承和连接作用。床身内有传动系统。

2. 悬梁

悬梁外端装有刀杆支架,用于支承铣刀刀杆,可沿床身顶部的燕尾槽移动。

3. 刀杆支架

刀杆支架是用来支承刀杆的悬臂端,以提高刀杆刚度。

4. 主轴

主轴用于安装铣刀刀杆,并带动铣刀旋转。

5. 升降台

升降台安装在床身前面的垂直导轨上,可做垂直上下移动。

6. 横向工作台(床鞍)

横向工作台安装在升降台导轨上面,可做横向移动。

7. 回转盘

回转盘在纵向工作台和横向工作台之间,顶部有导轨供纵向工作台移动,并可带动其在水平面内回转±45°。X6132 型万能卧式升降台铣床与一般升降台铣床的主要区别是增加了这一回转盘,因此,纵向工作台就可在水平面内调整角度,从而可以加工斜槽、螺旋槽等。

8. 纵向工作台

纵向工作台安装在回转盘导轨上面,用来安装夹具和工件,并带动它们做纵向移动(垂直于主轴轴线方向)。

3.2.2　X6132 型万能卧式升降台铣床的传动系统

X6132 型万能卧式升降台铣床的传动系统如图 3-4 所示。

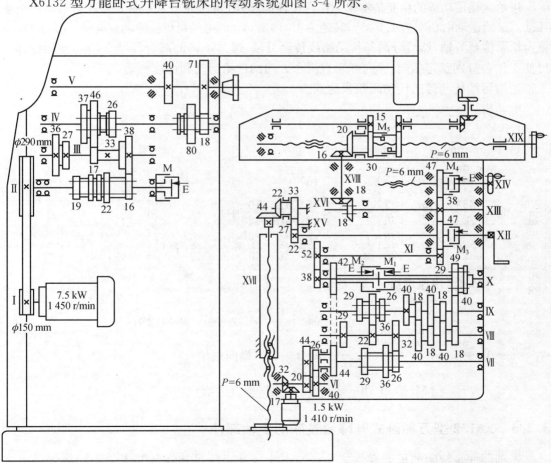

图 3-4　X6132 型万能卧式升降台铣床的传动系统

1. 主运动传动链

主运动传动链的功能是实现主轴的启动、变速、反转和主轴在停止转动时的制动。主轴的变速可利用各轴之间的滑移齿轮来实现,主轴的启动、反转可利用电动机来实现,主轴的制动可利用Ⅰ轴上的电磁制动器来实现。

由图 3-4 可知,主电动机的功率为 7.5 kW,转速为 1 450 r/min。主电动机的运动经带传动传至主轴箱中的Ⅱ轴,经Ⅱ轴上的三联滑移齿轮和Ⅳ轴上的三联滑移齿轮、二联滑移齿轮实现变速,最后得到主轴 18 级不同的转速。

主运动传动链的传动路线表达式为

$$
\begin{array}{l}
\text{电动机}\\
\text{7.5 kW}\\
\text{1 450 r/min}
\end{array}
-\text{I}-\dfrac{\phi150}{\phi290}-\text{II}
\left\{
\begin{array}{c}
\dfrac{19}{36}\\[4pt]
\dfrac{22}{33}\\[4pt]
\dfrac{16}{38}
\end{array}
\right\}
-\text{III}
\left\{
\begin{array}{c}
\dfrac{27}{37}\\[4pt]
\dfrac{17}{46}\\[4pt]
\dfrac{38}{26}
\end{array}
\right\}
-\text{IV}
\left\{
\begin{array}{c}
\dfrac{80}{40}\\[4pt]
\dfrac{18}{71}
\end{array}
\right\}
-\text{V}(\text{主轴})
$$

2. 进给运动传动链

进给运动传动链的功能是实现工作台在横向、纵向和垂直三个方向上的进给运动和快速移动。进给运动由功率为 1.5 kW,转速为 1 410 r/min 的电动机单独驱动。电动机经过 17/32 锥齿轮副传至Ⅵ轴,然后分两条传动路线传至Ⅺ轴,通过不同的离合器结合,开动进给手柄,可使工作台分别获得横向、纵向和垂直三个方向的进给运动和快速移动。

进给运动传动链的传动路线表达式为

$$
\begin{array}{l}
\text{电动机}\\
\text{1.5 kW}\\
\text{1 410 r/min}
\end{array}
-\dfrac{17}{32}-\text{VI}-
$$

$$
\left\{
\begin{array}{l}
\dfrac{20}{44}-\text{VII}
\left\{
\begin{array}{c}
\dfrac{29}{29}\\[3pt]
\dfrac{36}{22}\\[3pt]
\dfrac{26}{32}
\end{array}
\right\}
-\text{VIII}
\left\{
\begin{array}{c}
\dfrac{29}{29}\\[3pt]
\dfrac{22}{36}\\[3pt]
\dfrac{32}{26}
\end{array}
\right\}
-\text{IX}
\left\{
\begin{array}{l}
\dfrac{40}{49}(\text{左})\\[3pt]
\dfrac{18}{40}\times\dfrac{18}{40}\times\dfrac{40}{49}(\text{中})\\[3pt]
\dfrac{18}{40}\times\dfrac{18}{40}\times\dfrac{18}{40}\times\dfrac{18}{40}\times\dfrac{40}{49}(\text{右})
\end{array}
\right\}
-\text{M}_1\text{合(工作进给)}-\\[20pt]
\dfrac{40}{26}\times\dfrac{44}{42}-\text{M}_2\text{合(快速进给)}
\end{array}
\right\}
$$

$$
\text{X}-\dfrac{38}{52}-\text{XI}-\dfrac{29}{47}
\left\{
\begin{array}{l}
\dfrac{47}{38}-\text{XIII}
\left\{
\begin{array}{l}
\dfrac{18}{18}-\text{XVIII}-\dfrac{16}{20}-\text{M}_5\text{合}-\text{XIX(纵向进给)}\\[6pt]
\dfrac{38}{47}-\text{M}_4\text{合}-\text{XIV(横向进给)}
\end{array}
\right.\\[16pt]
\text{M}_3\text{合}-\text{XII}-\dfrac{22}{27}-\dfrac{27}{33}-\text{XVI(垂直进给)}
\end{array}
\right.
$$

3.2.3　X6132 型万能卧式升降台铣床的主轴部件

主轴部件是铣床的重要部件之一。X6132 型万能卧式升降台铣床的主轴部件是由主轴、主轴轴承和安装在主轴上的齿轮及飞轮等零件组成的。铣削时,要求主轴部件有较高的刚性及抗振性,同时也要保证主轴的旋转精度、耐磨性和热稳定性。

如图 3-5 所示,X6132 型万能卧式升降台铣床的主轴部件采用三个支承结构以提高刚性。其中以前支承和中间支承为主要支承,后支承为辅助支承。前支承和中间支承选用圆锥滚子轴承,以承受径向力和轴向力;后支承选用深沟球轴承,仅能承受一定的径向力。主轴为一空心轴,前端有精密的定心锥孔和端平面,用以安装铣刀刀杆。

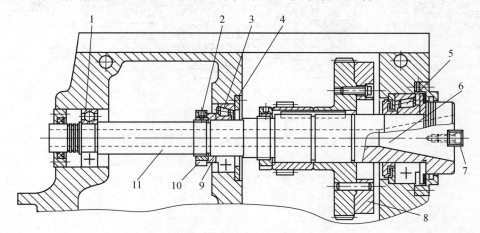

图 3-5 X6132 型万能卧式升降台铣床的主轴部件
1—深沟球轴承;2—紧定螺钉;3、5—圆锥滚子轴承;4—轴承盖;
6—定心锥孔;7—端面键;8—飞轮;9—套筒;
10—锁紧螺母;11—主轴

因为铣削是间断切削,会引起转速不均匀和振动,所以需在主轴前支承处的大齿轮上安装飞轮。利用飞轮的惯性,可以增加主轴的抗振性和工作平稳性,从而提高刀具寿命,改善工件表面的加工质量。

3.2.4 X6132 型万能卧式升降台铣床的工作台部件

如图 3-6 所示,工作台部件由工作台、床鞍、回转盘三部分组成。床鞍 10 通过导轨副与升降台(图中未画出)连接,使工作台 2 在升降台导轨上做横向移动。工作台 2 不做横向移动时,可通过手柄 8 经偏心轴 7 的作用将床鞍 10 夹紧在升降台上。工作台 2 可沿回转盘 12 上面的燕尾形导轨做纵向移动,工作台 2 还可连同回转盘 12 一起绕锥齿轮的轴线回转±45°,利用螺栓 9 和两块弧形压板 11 可将回转盘 12 紧固在床鞍 10 上。纵向进给丝杠 13 支承在左端前支架 1 处的滑动轴承及右端后支架 5 处的推力球轴承、圆锥滚子轴承上。纵向进给丝杠 13 的旋转是通过一对锥齿轮、离合器 M_5、花键 3、花键套筒 4 与丝杠上的长键槽配合,带动丝杠旋转的。左端的手轮 14 用于手动移动工作台 2。操作时,将手轮 14 往里推,使左、右两片离合器 M 啮合,此时可带动纵向进给丝杠 13 旋转。松开手轮 14,在弹簧力作用下,手轮 14 自动与离合器 M 脱开,此时纵向进给丝杠 13 停止转动。

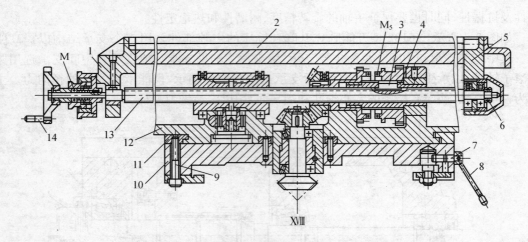

图 3-6   X6132 型万能卧式升降台铣床的工作台部件
1—前支架；2—工作台；3—花键；4—花键套筒；5—后支架；6—锁紧螺母；
7—偏心轴；8—手柄；9—螺栓；10—床鞍；11—弧形压板；12—回转盘；
13—纵向进给丝杠；14—手轮

3.3   其他铣床简介

3.3.1   立式升降台铣床

主轴垂直安装的铣床称为立式升降台铣床，如图 3-7 所示。立铣头 1 可在垂直面内旋转一定角度以铣削斜面。主轴 2 可沿轴线方向进给或调整位置。

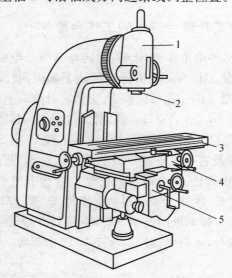

图 3-7   立式升降台铣床
1—立铣头；2—主轴；3—工作台；4—床鞍；5—升降台

3.3.2 龙门铣床

龙门铣床是一种大型、高效的通用机床，主要用于加工大型工件上的平面、沟槽。它不仅可以进行粗加工、半精加工，还可以进行精加工。如图 3-8 所示为具有四个铣头的中型龙门铣床。每个铣头能完成单独沿横梁导轨或立柱导轨移动、铣刀的旋转、铣刀沿主轴的轴向进给等运动。加工时，工件固定在工作台 1 上做直线进给运动，其余运动均由铣头完成。龙门铣床可以用几个铣头同时从不同方向加工工件的几个表面，机床生产率高。

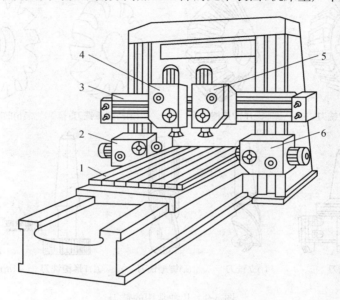

图 3-8 具有四个铣头的中型龙门铣床
1—工作台；2、6—水平铣头；3—横梁；
4、5—垂直铣头

3.4 铣 刀

3.4.1 铣刀的分类和应用

铣刀种类很多，结构不一，分类方法也很多，按铣刀的安装方法可分为带孔铣刀和带柄铣刀；按铣刀的结构可分为整体铣刀和镶齿铣刀；按铣刀的用途可分为加工平面用铣刀、加工沟槽用铣刀、加工成形表面用铣刀。如图 3-9 所示为几种常用的铣刀。

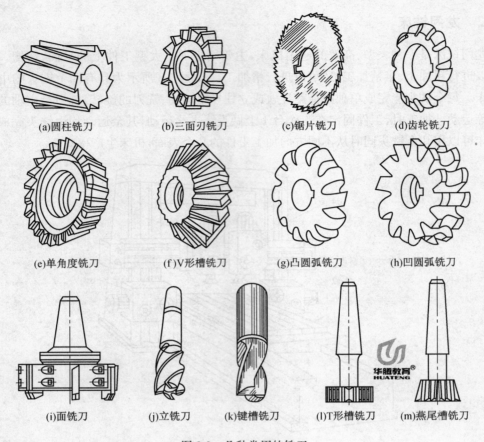

(a)圆柱铣刀　　(b)三面刃铣刀　　(c)锯片铣刀　　(d)齿轮铣刀

(e)单角度铣刀　　(f)V形槽铣刀　　(g)凸圆弧铣刀　　(h)凹圆弧铣刀

(i)面铣刀　　(j)立铣刀　　(k)键槽铣刀　　(l)T形槽铣刀　　(m)燕尾槽铣刀

图 3-9　几种常用的铣刀

3.4.2　铣削方式

1. 周铣

用圆柱铣刀的圆周进行铣削称为周铣。周铣又可分为顺铣和逆铣,如图 3-10 所示。

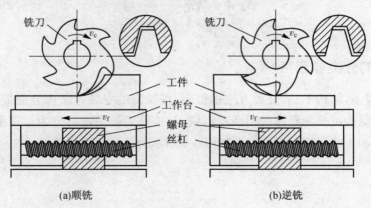

(a)顺铣　　　　　　　　　　　　　(b)逆铣

图 3-10　周铣

1)顺铣

铣刀旋转方向与工件进给方向一致称为顺铣,见图 3-10(a)。

顺铣的特点如下:

(1)铣削力的水平分力与进给方向相同,由于丝杠与螺母之间存在间隙,间隙在进给方向的前方。因此,铣削力会使工件连同工作台、丝杠一起出现左右窜动,造成进给不均匀,甚至引起打刀。

(2)铣削力的垂直分力向下,将工件压向工作台,减少了工件振动的可能性,对不易夹紧的工件及细长薄板工件更为适合。

(3)刀齿的切削厚度逐渐减小。铣刀后刀面与已加工表面的挤压、摩擦小,因此,已加工表面加工硬化程度轻,表面质量好。顺铣铣刀寿命比逆铣铣刀寿命长。

2)逆铣

铣刀旋转方向与工件进给方向相反称为逆铣,见图 3-10(b)。

逆铣的特点如下:

(1)铣削力的水平分力与进给方向相反,丝杠与螺母始终是一边接触,工作台不会产生窜动,铣削过程平稳。

(2)铣削力的垂直分力向上,将工件上抬,对夹紧工件不利。

(3)刀齿的切削厚度逐渐增大。刀齿刚切入时,由于刃口有圆弧,刀齿在工件表面打滑,产生挤压与摩擦,加速刀具磨损,而且已加工表面会产生严重的冷硬层,使表面粗糙度增大,加工表面质量下降。

由上述分析可知,从提高工件表面质量、刀具寿命和增加工件夹持的稳定性等方面考虑,一般以采用顺铣为宜。但是,目前一般铣床尚没有消除丝杠与螺母之间间隙的机构,因此,在生产中仍多采用逆铣。

2. 端铣

用端铣刀的端面刀齿加工平面称为端铣。根据铣刀和工件相对位置不同,端铣可分为对称铣削、不对称顺铣、不对称逆铣三种方式,如图 3-11 所示。

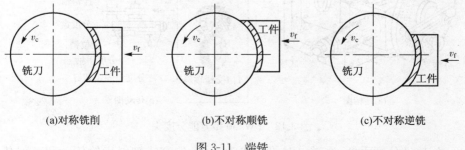

(a)对称铣削　　　　　(b)不对称顺铣　　　　　(c)不对称逆铣

图 3-11　端铣

1)对称铣削

铣削时铣刀轴线始终位于铣削弧长的对称中心位置,见图 3-11(a)。这种铣削方式具有铣刀寿命长、加工表面质量好的特点。一般端铣多用对称铣削,尤其适用于铣削淬硬钢。

2）不对称顺铣

不对称顺铣的进刀部分小于出刀部分，见图 3-11（b）。这种铣削方式一般很少采用，只在铣削不锈钢和耐热合金钢时采用。

3）不对称逆铣

不对称逆铣的进刀部分大于出刀部分，见图 3-11（c）。这种铣削方式适合加工碳钢及低合金钢。

端铣和周铣两种铣削方式相比，端铣具有铣削平稳、加工质量好及刀具寿命长的特点。同时，由于端铣刀直接安装在主轴端部，因而刀具系统刚度好，且端铣刀可方便地镶硬质合金刀片，可采用大的切削量，实现高速铣削，生产率高。但端铣的适用性差，主要用于平面铣削。周铣的铣削性能虽然不如端铣，但可以利用多种形式的铣刀铣平面、沟槽、齿面和成形面等，适用范围广。

3.5　万能分度头

3.5.1　万能分度头的构造

FW250 型万能分度头的结构如图 3-12（a）所示，它由底座、主轴、分度盘等组成。FW250 型万能分度头通过底座固定在工作台上，壳体的内部装有分度传动机构，主轴的前端有锥孔，用以安装顶尖，需要时也可以将三爪自定心卡盘安装在主轴上。

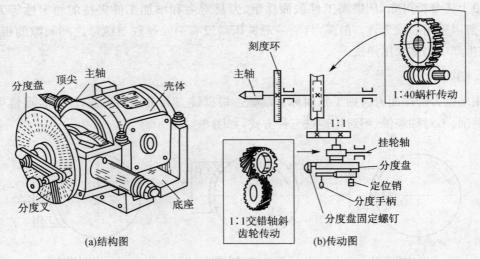

图 3-12　FW250 型万能分度头

分度时，摇动分度手柄，通过一对传动比为 1∶1 的交错轴斜齿轮传动和一对传动比为 1∶40 的蜗杆传动使主轴旋转，从而达到分度的目的。如图 3-12（b）所示，分度手柄转 40 周，分度头主轴转 1 周。

常用的 FW250 型万能分度头备有两块分度盘，其孔眼数见表 3-1。

表 3-1　FW250 型万能分度头备有两块分度盘的孔眼数

分度盘块数	正/反面	分度盘的孔眼数
第一块	正面	24、25、28、30、34、37
	反面	38、39、41、42、43
第二块	正面	46、47、49、51、53、54
	反面	57、58、59、62、66

3.5.2　简单分度法

简单分度法是直接利用分度盘进行分度的方法。分度头手柄所需的转数为

$$n_手=\frac{40}{z}=a+\frac{p}{q} \tag{3-1}$$

式中，$n_手$ 为分度手柄的转数；z 为工件的等分数；a 为手柄转过的整数圈；p 为孔的间距数；q 为孔圈的孔眼数。

例 3-1　在铣床上铣削 28 个齿的直齿圆柱齿轮，试进行分度计算。

解　已知 $z=28$，代入式(3-1)，得分度头手柄所需的转数为

$$n=\frac{40}{z}=a+\frac{p}{q}=\frac{40}{28}=1+\frac{3}{7}=1+\frac{12}{28}=1+\frac{18}{42}=1+\frac{21}{49}$$

因此，手柄转过一个整周后，应该在孔眼数为 28 的孔圈上再转过 12 个孔距，或者在孔眼数为 42 的孔圈上再转过 18 个孔距，或者在孔眼数为 49 的孔圈上再转过 21 个孔距。

本 章 小 结

学习本章应了解铣削加工的应用、特点、铣削用量、铣床的主要类型以及铣刀的分类，理解 X6132 型万能卧式升降台铣床的组成及其各部分的作用，掌握其传动系统和典型结构，能正确选用铣削加工中铣削方式，并学会利用万能分度头进行分度。

习　题　3

3-1　铣床能进行哪些表面的加工？铣削加工的特点有哪些？

3-2　铣削为什么比其他切削加工方法容易产生振动？

3-3　简述铣削用量四要素并画图表示。

3-4　X6132 型万能卧式升降台铣床由哪些主要部分组成？其作用分别是什么？

3-5　根据 X6132 型万能卧式升降台铣床主运动传动链的传动路线分别列出该铣床主轴正转时最高、最低转速的传动路线，并计算其最高、最低转速。

3-6　写出 X6132 型万能卧式升降台铣床进给运动传动链的传动路线表达式。

3-7　铣床主轴上安装飞轮有何作用？

3-8　什么是顺铣和逆铣？它们各自有何特点？

3-9　在铣床上铣削 35 个齿的直齿圆柱齿轮，试进行分度计算。

第4章 磨削加工

随着科学技术的不断发展,对机器及仪器零件的精度和表面粗糙度要求越来越高,各种高硬度材料的使用日益增加,精密铸造、精密锻造工艺的进步,直接把毛坯磨削成成品以及高速磨削、强力磨削的发展,使磨削加工的使用范围日益扩大,在整个金属切削加工中的比重不断上升。

4.1 磨削加工概述

4.1.1 磨削加工的应用

磨削加工是在磨床上用高速旋转的砂轮作为刀具对工件进行加工的一种切削加工方法。磨削加工应用非常广泛,可以加工各种表面,如内外圆柱面、内外圆锥面、平面、花键、渐开线齿面、螺旋面等,还可以刃磨刀具和进行切断。如图 4-1 所示为几种常见的磨削加工。

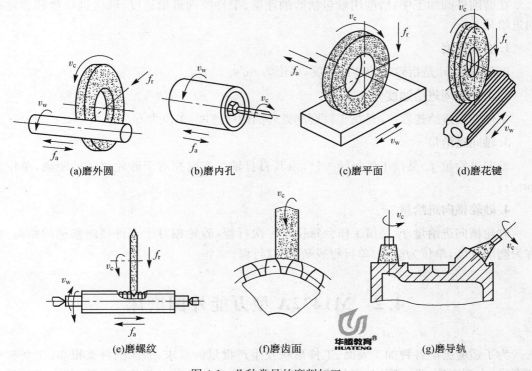

(a)磨外圆 (b)磨内孔 (c)磨平面 (d)磨花键

(e)磨螺纹 (f)磨齿面 (g)磨导轨

图 4-1 几种常见的磨削加工

4.1.2　磨削加工的特点

1. 加工精度高,表面粗糙度小

磨削的加工精度可达 IT6,表面粗糙度为 $Ra0.8\sim0.1\ \mu m$。高精度磨削时加工精度可达 IT5,表面粗糙度为 $Ra0.1\sim0.006\ \mu m$。因此,磨削加工是一般零件加工的精加工工序。

2. 可对高硬度难加工材料进行加工

由于砂轮是一种特殊的刀具,每个磨粒相当于一个刀齿,整个砂轮就相当于一把刀齿极多的铣刀,而且砂轮磨粒具有很高的硬度,因而磨削加工可加工其他切削加工难以加工的材料,如淬硬钢、高强度合金钢、硬质合金等。

3. 磨削的温度高

磨削速度很高,一般为 $30\sim50\ m/s$,高速磨削时,其速度可达 $60\ m/s$。在磨削过程中,砂轮对工件有强烈的挤压和摩擦作用,产生大量的切削热,磨削区瞬时磨削温度可达 $1\ 000\ ℃$。高的磨削温度可使工件变形、烧伤或机械性能下降,因此,在磨削时必须大量使用切削液。

4. 砂轮具有自锐性

砂轮的自锐性是一般刀具所不具备的一大特点。在磨削过程中,磨钝的磨粒能在切削力的作用下破碎并脱落,露出锋利刃口继续切削,这就是砂轮的自锐性,它能使砂轮保持良好的切削性能。

4.1.3　磨削用量

在磨削外圆加工中,磨削用量包括磨削速度、工件圆周进给速度、轴向进给量和砂轮横向进给量。

1. 磨削速度

磨削速度 v_c 是指砂轮的圆周速度,单位为 m/s。

2. 工件圆周进给速度

工件圆周进给速度 v_w 是指工件磨削处外圆的线速度,单位为 m/s。

3. 轴向进给量

轴向进给量 f_a 是指工件每转一转,沿其自身轴线方向相对于砂轮移动的距离,单位为 mm/r。

4. 砂轮横向进给量

砂轮横向进给量 f_r 是指工作台每往复一次行程,砂轮相对于工件径向移动的距离,也称为磨削深度,单位为毫米/单行程或毫米/双行程。

4.2　M1432A 型万能外圆磨床

为了适应磨削各种加工表面、工件形状及生产批量的要求,磨床的种类很多,主要有外圆磨床、内圆磨床、平面磨床、工具磨床、刀具刃磨磨床和各种专门化磨床等,其中应用最多的是外圆磨床和平面磨床。

在磨削外圆的加工中,涉及的运动有:

(1)主运动。砂轮的高速旋转运动。

(2)工件圆周进给运动。工件的旋转运动。

(3)轴向进给运动。工作台带动工件所做的直线往复运动。

(4)横向进给运动。砂轮沿工件径向的移动。

外圆磨削的基本磨削方法有纵向磨削法和横向磨削法两种,如图 4-2 所示。

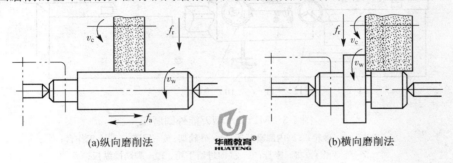

(a)纵向磨削法 (b)横向磨削法

图 4-2 外圆磨削的基本磨削方法

(1)纵向磨削法。采用纵向磨削法磨削时,砂轮做旋转的主运动,工件做旋转的圆周进给运动,工作台带动工件做轴向进给运动。每单次行程或每往复行程终了时,砂轮做一次横向进给运动,从而逐渐磨出工件径向的磨削余量。

纵向磨削法是目前生产中应用最广的一种磨削方法。采用纵向磨削法磨削工件,每次的横向进给量少,磨削力小,散热条件好,因而加工质量高,但生产率较低。

(2)横向磨削法。横向磨削法又称为径向磨削法或切入磨削法,是一种用宽砂轮进行横向切入磨削的方法。磨削时,工件不做纵向往复运动,只做旋转运动,砂轮在做旋转主运动的同时,以缓慢的速度连续或断续地做横向进给运动,直至磨去全部加工余量。

采用横向磨削法磨削工件时,生产效率高,但工件与砂轮接触面积大,磨削力大,磨削温度高,因而加工精度低,表面质量较差,一般用于大批量生产中。

M1432A 型万能外圆磨床是普通精度级万能外圆磨床,主要用于磨削加工精度为 IT7~IT6 的内、外圆柱表面和圆锥表面,也可磨削阶梯轴的轴肩和平端面。

4.2.1 M1432A 型万能外圆磨床的组成

如图 4-3 所示为 M1432A 型万能外圆磨床。

1. 床身

床身是磨床的基础支承件,用以支承和定位磨床的各个部件。床身内部装有液压传动系统。

2. 头架

头架用于装夹工件并带动工件做旋转运动。当头架旋转一个角度时,可磨削短圆锥面。

3. 砂轮架

砂轮架用于支承并传动砂轮主轴高速旋转,砂轮架装在滑鞍上。当需要磨短圆锥面时,砂轮架可调至一定角度位置,回转角度为±30°。

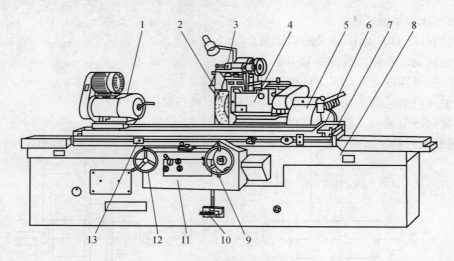

图 4-3 M1432A 型万能外圆磨床

1—头架；2—砂轮；3—内圆磨装置；4—砂轮架；5—尾座；6—上工作台；
7—下工作台；8—床身；9—横向进给手轮；10—脚踏操纵板；
11—液压控制箱；12—纵向进给手轮；13—换向挡块

4. 内圆磨装置

内圆磨装置用于支承磨内孔的砂轮主轴。内圆磨装置的主轴由单独的内圆砂轮电动机驱动。

5. 尾座

尾座和头架的前顶尖一起，用于支承工件。

6. 工作台

工作台上装有头架和尾座，它们将随工作台一起沿床身导轨做纵向往复运动，往复运动由液压控制箱和换向挡块控制。工作台由上工作台和下工作台两部分组成。上工作台可绕下工作台的心轴在水平面内偏转约±10°，以磨削锥度不大的长圆锥面。

7. 横向进给机构

转动横向进给手轮，通过横向进给机构带动砂轮架做横向进给运动。此外，也可利用液压装置，使砂轮架做快速进、退或周期性自动切入进给运动。

4. 2. 2 M1432A 型万能外圆磨床的传动系统

M1432A 型万能外圆磨床各部件的运动是由液压传动装置和机械传动装置联合来实现的。其中工作台的纵向往复运动、砂轮架的快速进退和周期自动切入运动以及尾架顶尖套筒的缩回等，均由液压传动装置实现，其余运动则由机械传动装置实现。如图 4-4 所示为 M1432A 型万能外圆磨床的传动系统。

1. 砂轮的传动链

外圆磨削砂轮主轴的运动是由砂轮架电动机(4 kW, 1 440 r/min)经四根 V 带直接传动的，其转速为 $1\,440 \times (\phi126/\phi112) = 1\,620$ r/min。

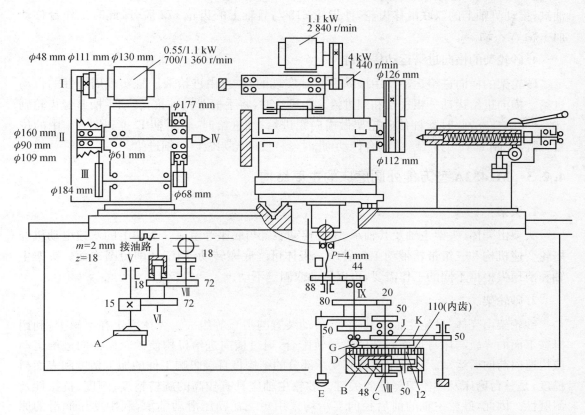

图 4-4　M1432A 型万能外圆磨床的传动系统

内圆磨削砂轮主轴的运动是由电动机(1.1 kW,2 840 r/min)经平带直接传动的。

2. 工件头架拨盘(带动工件)的传动链

拨盘的运动由双速电动机(0.55/1.1 kW,700/1 360 r/min)驱动,经 V 带传动,可用于实现工件的圆周进给运动。

工件头架拨盘传动链的传递路线表达式为

$$\text{双速电动机}—\text{I}\begin{cases}\dfrac{\phi 48}{\phi 160}\\[2mm]\dfrac{\phi 111}{\phi 109}\\[2mm]\dfrac{\phi 130}{\phi 90}\end{cases}—\text{II}—\dfrac{\phi 61}{\phi 184}—\text{III}—\dfrac{\phi 68}{\phi 177}—\text{IV}(\text{拨盘})$$

由于电动机是双速的,且Ⅱ轴和Ⅲ轴之间有 3 级变速,因而工件可获得 6 级转速。

3. 工作台的手动驱动传动链

工作台还可由手轮 A 驱动。工作台的手动驱动传动链的传动路线表达式为

$$\text{手轮 A}—\text{V}—\dfrac{15}{72}—\text{VI}—\dfrac{18}{72}—\text{VII}—\text{齿轮齿条}(m=2,z=18)—\text{工作台}$$

为了避免工作台纵向运动时带动手轮 A 快速转动打伤操作者,磨床上采用了互锁油缸。Ⅵ轴的互锁油缸和液压系统相连,当工作台由液压驱动做纵向进给运动时,压力油进入互锁

油缸,推动Ⅵ轴上的双联滑移齿轮,使齿轮 $z18$ 与Ⅶ轴上的齿轮 $z72$ 脱开,此时工作台移动而手轮 A 不动。

4. 砂轮架的横向进给运动传动链

砂轮架的横向进给运动是用操纵手柄 B 实现的,也可由进给液压缸实现周期性的自动进给。横向进给运动分粗进给和细进给。粗进给时,将手柄 E 向前推,转动手柄 B 经齿轮副 50/50 和 44/88,此时丝杠使砂轮架做横向粗进给;细进给时,将手柄 E 拉到图 4-4 中的位置,经齿轮副 20/80 和 44/88 啮合传动,此时丝杠使砂轮架做横向细进给。

4.2.3　M1432A 型万能外圆磨床的主要结构

1. 头架

头架由壳体、头架主轴及其轴承、工件传动装置与底座等组成。头架上的双速电动机经塔轮变速机构和三组带轮带动工件转动。壳体可绕底座转动,用于磨削短圆锥面。头架主轴和前顶尖根据不同的工作需要,可以转动或固定不动。

2. 砂轮架

砂轮架由壳体、砂轮主轴及其轴承、传动装置与滑鞍等组成。壳体固定在滑鞍上,利用滑鞍下面的导轨与床身顶面后部的横导轨配合,通过横向进给机构使砂轮做横向进给运动或快速向前向后运动。砂轮主轴及其支承部分的结构将直接影响工件的加工精度和表面粗糙度,是整台磨床及砂轮架部件的关键。砂轮主轴应具有较高的旋转精度、刚度、抗振性及耐磨性。因此,砂轮主轴的前后径向支承均采用短三瓦动压滑动轴承,利用动压润滑的原理,使主轴悬浮在三块轴瓦的中间,不与轴瓦直接接触,因而主轴具有较高的回转精度和较高的转速。

此外,砂轮周围必须安装防护罩,以防止意外碎裂时损伤工人及设备。

3. 内圆磨装置

内圆磨装置的主轴应具有很高的转速,且应保证在高速下运动平稳,如图 4-5 所示。M1432A 型万能外圆磨床内圆磨装置的主轴由平带传动,其前、后支承各用两个角接触球轴承,且圆周上均匀分布的 8 个弹簧的作用力通过套筒顶紧轴承外圈。主轴的前端有一个莫氏锥孔,可根据磨削孔深度不同安装接长轴 1,主轴后端有一个外锥体,以安装带轮,由电动机通过平带传动直接传动主轴。平时如果不磨削内圆,则内圆磨装置应翻向上方。

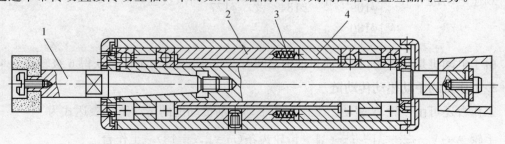

图 4-5　M1432A 型万能外圆磨床内圆磨装置

1—接长轴;2、4—套筒;3—弹簧

4.3　其他磨床简介

4.3.1　平面磨床

1. 平面磨床的结构

如图 4-6 所示为 M7120A 型平面磨床。它主要由床身、工作台、立柱、磨头、滑座和砂轮修整器等部件组成。M7120A 型平面磨床的砂轮主轴就是电动机轴，电动机的定子就装在磨头 4 的壳体内。磨削时，磨头 4 可沿滑座 5 的水平燕尾导轨做间歇横向进给运动。滑座 5 带着磨头 4 可沿立柱 8 的导轨做手动的垂直切入运动（升降运动）。工作台 2 安装在床身 1 的水平纵向导轨上，由液压传动系统实现其纵向往复直线运动，由撞块 9 实现其自动控制换向。工作台 2 上装有电磁吸盘，用以固定、装夹工件或夹具。

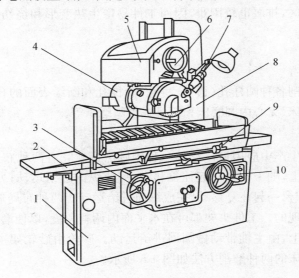

图 4-6　M7120A 型平面磨床

1—床身；2—工作台；3—纵向手轮；4—磨头；5—滑座；6—升降手轮；
7—砂轮修整器；8—立柱；9—撞块；10—横向手轮

2. 平面磨削方法

平面磨床用于磨削各种零件的平面，根据砂轮工作面和工作台形状的不同，普通平面磨床可分为卧轴矩台式平面磨床、卧轴圆台式平面磨床、立轴矩台式平面磨床和立轴圆台式平面磨床四大类，如图 4-7 所示。

平面磨削方法根据砂轮工作表面不同，可分为圆周磨削和端面磨削两类。

1）圆周磨削

圆周磨削是利用砂轮的圆周面进行磨削的，见图 4-7(a)、(b)。这种磨削方法由于砂轮与工件的接触面较小，磨削时的冷却和排屑条件较好，产生的磨削力和磨削热也较小，因而加工质量高。但磨削过程中要间断地通过横向进给来完成整个工件表面的磨削，故生产效率较低,主要用于精磨。

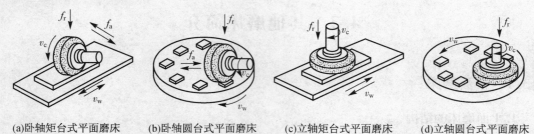

(a)卧轴矩台式平面磨床　(b)卧轴圆台式平面磨床　(c)立轴矩台式平面磨床　(d)立轴圆台式平面磨床

图 4-7　普通平面磨床的分类

2)端面磨削

端面磨削是利用砂轮的端面进行磨削,见图 4-7(c)、(d)。这种磨削方法由于砂轮主轴主要承受轴向力,因而主轴的弯曲变形小、刚度好,磨削时可选用较大的磨削用量,砂轮与工件的接触面积大,同时参加磨削的磨粒多,故生产效率高。但磨削过程中发热量较大,切削液不易直接注到磨削区,排屑也较困难,因而工件易产生热变形和烧伤,加工质量比圆周磨削差一些,多用于粗磨。

4.3.2　内圆磨床

内圆磨床用于磨削各种圆柱孔(通孔、盲孔、阶梯孔和断续表面的孔等)和圆锥孔,其主要类型有普通内圆磨床、无心内圆磨床和行星式内圆磨床等。

1. 普通内圆磨床

普通内圆磨床是生产中应用最广泛的一种内圆磨床。它有两种布局形式:一种是磨床砂轮架安装在工作台上,随工作台一起往复移动,完成纵向进给运动;另一种是工件头架安装在工作台上,随工作台一起往复移动,完成纵向进给运动。两种布局形式磨床的横向进给运动都是由砂轮架实现的。工件头架都可在水平面内调整角度,以便磨削圆锥孔。磨削时,工件安装在工件头架上,由主轴带动做圆周进给运动。砂轮由砂轮架主轴带动做高速旋转主运动。普通内圆磨床的两种磨削方法如图 4-8 所示。

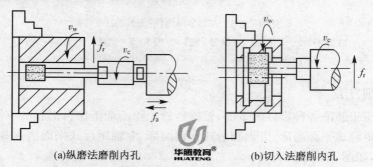

(a)纵磨法磨削内孔　(b)切入法磨削内孔

图 4-8　普通内圆磨床的磨削方法

普通内圆磨床适用于磨削形状规则,且便于旋转的中、小型工件。

2. 无心内圆磨床

如图 4-9 所示,采用无心内圆磨床磨削时,工件 3 支承在导轮 4 和滚轮 1 上,压紧轮 2 使工件 3 紧靠导轮 4,工件 3 由导轮 4 带动旋转,以实现圆周进给运动。砂轮除了完成主运动外,还做纵向进给运动和周期性的横向进给运动。加工结束时,压紧轮 2 沿箭头 A 的方向松开,以便装卸工件。

无心内圆磨床适用于在大批量生产中加工那些外圆表面已经精加工过且又不宜用卡盘装夹的薄壁工件,以及内外同轴度要求较高的工件,如轴承套圈等。

3. 行星式内圆磨床

如图 4-10 所示,采用行星式内圆磨床磨削时,工件固定,砂轮除了绕其自身轴线高速旋转实现主运动外,同时还要绕被磨内孔的轴线做公转运动以完成圆周进给运动。此外,砂轮还做纵向进给运动及周期性的横向进给运动。

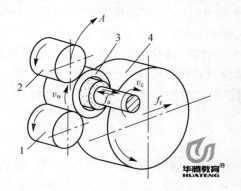

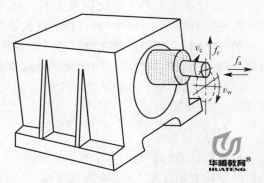

图 4-9　无心内圆磨削　　　　　　　　图 4-10　行星式内圆磨削

1—滚轮;2—压紧轮;3—工件;4—导轮

行星式内圆磨床适用于磨削重量和体积较大、形状不对称、不便于旋转的工件。

4.4　砂　　轮

砂轮是磨削的切削工具,它是利用结合剂把磨粒黏结在一起经压制焙烧而成的具有一定几何形状的多孔体。砂轮表面放大图如图 4-11 所示。

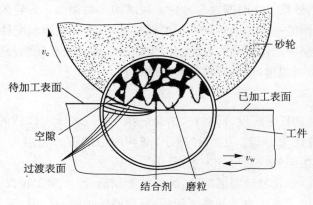

图 4-11　砂轮表面放大图

4.4.1　砂轮特性的组成要素

砂轮的磨削性能取决于磨料、粒度、结合剂、硬度、组织、形状和尺寸等基本要素,它将直接影响工件的加工精度、表面粗糙度和生产率。

1. 磨料

磨料是砂轮的主要组成成分,直接参加磨削工作。它除了应具备锋利的尖角外,还必须具有很高的硬度和耐热性、适当的韧性以及一定的强度等,以便磨削加工时在高温下能经受剧烈的摩擦和挤压。

常用的磨料有三类,即氧化物系磨料、碳化物系磨料和高硬系磨料。

(1)氧化物系磨料。氧化物系磨料的主要成分是 Al_2O_3,适宜磨削各种钢材及可锻铸铁。常见的有棕刚玉(代号 A)、白刚玉(代号 WA)、铬刚玉(代号 PA)等类型。

(2)碳化物系磨料。碳化物系磨料的主要成分是碳化硅、碳化硼。其硬度比氧化物系磨料高,磨粒锋利,但韧性差,适宜磨削铸铁、黄铜等脆性材料及硬质合金刀具。

(3)高硬系磨料。高硬系磨料主要有人造金刚石和立方氮化硼,适宜磨削光学玻璃、宝石、陶瓷等高硬材料。

2. 粒度

粒度是指磨料颗粒的大小程度,常用粒度号表示,粒度号的数字越大,磨料的颗粒越小。粗粒度砂轮磨削深度大,故磨削效率高,但表面粗糙度大,因此,粗磨选用颗粒较粗的磨粒,精磨选用颗粒较细的磨粒。当工件材料较软、塑性大或者磨削面积大时,为避免堵塞砂轮,多选用较粗的磨粒。

3. 结合剂

结合剂是将磨粒黏合成砂轮的结合物质。它决定砂轮的强度、抗冲击性、耐腐蚀性及耐热性,而且它对磨削温度和加工表面质量也有一定的影响。

常用的结合剂有陶瓷结合剂(代号 V)、树脂结合剂(代号 B)、橡胶结合剂(代号 R)、金属结合剂(代号 J)等。

4. 硬度

砂轮的硬度是指砂轮工作时磨粒自砂轮上脱落的难易程度。砂轮的硬度和磨粒本身的硬度无关,是两个不同的概念。砂轮硬表示磨粒难脱落,砂轮软表示磨粒易脱落。

工件材料越硬,越应选用较软的砂轮。因为硬的工件材料易使磨粒磨损,使用较软的砂轮可使磨钝的磨粒及时脱落,使砂轮保持磨粒的锐利。

5. 组织

组织是砂轮结构的松紧程度,即磨粒、结合剂和气孔三者所占体积的比例关系。通常以磨粒所占砂轮的百分比来分级。组织号越小,磨粒所占的百分比越大,砂轮的组织就越紧密,气孔越少。砂轮组织的级别可分为紧密、中等和疏松三大类。

砂轮组织紧密时,砂轮易被磨屑堵塞,磨削效率较低,但可承受较大的磨削力,砂轮轮廓精度保持较久,故适用于重压力下的磨削和精磨;而砂轮组织疏松时,气孔多,砂轮不易发生堵塞,由气孔带入磨削区的切削液多,散热好,故适用于粗磨。

6. 形状和尺寸

为了适应在不同类型的磨床上磨削各种不同形状和尺寸工件的需要,砂轮需制成不同的形状和尺寸。常用砂轮的形状、代码及用途见表 4-1。

表 4-1 常用砂轮的形状、代码及用途

砂轮名称	简 图	代 号	主要用途
平形		1	磨削外圆、内圆和平面
双斜边		4	磨削螺纹和齿轮齿面
杯形		6	磨削平面、内圆及刀具
碗形		11	刃磨刀具和磨削导轨
薄片		41	切断和磨槽

4.4.2 砂轮的标志方法

为了便于识别砂轮的全部特性,在砂轮的端面一般都有标志,按 GB/T 2484—2006 规定,砂轮标志的书写顺序为砂轮形状、尺寸、磨料、粒度、硬度、组织号、结合剂和允许的最高工作线速度。例如,某砂轮上标志为 1-400×40×60-A60L5B-35,其中 1 表示砂轮的形状为平形砂轮,400 表示外圆直径为 400 mm,40 表示厚度为 40 mm,60 表示孔径为 60 mm,A 表示磨料为棕刚玉,60 表示粒度为 60 号,L 表示硬度为中软 2,5 表示组织号为 5 号,B 表示树脂结合剂,35 表示允许的最高工作线速度为 35 m/s。

4.4.3 砂轮的修整

砂轮工作一段时间后会出现磨粒磨损,尽管砂轮本身具有一定的自锐性,但这种自锐性是有限的,因此,砂轮磨损后应及时修整,否则在磨削过程中会引起振动、噪音、磨削质量和生产效率降低等问题。修整砂轮时通常用单颗粒金刚石刀进行。砂轮修整除用于被磨损的砂轮外,还应用于砂轮表面空隙堵塞、砂轮几何形状失真、部分工件材料黏结磨粒、精密磨削中的砂轮精细修整等场合。

4.5 砂 带 磨 削

4.5.1 平面的砂带磨削

砂带磨削是用砂带代替砂轮的一种新的高效磨削方式。它是利用砂带,在砂带磨床上,

　　根据被加工工件的形状选择相应的接触方式,并在一定的压力作用下,使高速运转着的砂带与工件表面接触产生摩擦,将工件加工表面的余量逐渐磨除或抛磨光滑的新工艺。

　　如图 4-12 所示为平面的砂带磨削。砂带磨床由传送带、砂带、张紧轮、压轮和支承板组成。砂带 3 安装在张紧轮 4 和压轮 5 上,并在压轮 5 的带动下高速旋转,这是砂带磨削的主运动。工件 2 由传送带 1 向前输送实现进给运动。砂带 3 的旋转方向必须和工件 2 的进给方向相反。

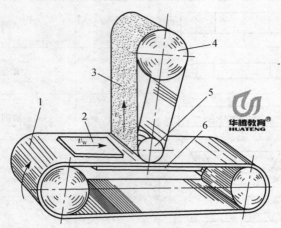

图 4-12　平面的砂带磨削
1—传送带;2—工件;3—砂带;4—张紧轮;5—压轮;6—支承板

　　砂带是砂带磨削的主体。它由磨粒、结合剂、基体材料三要素组成,是一种特殊形态的多刀、多刃切削工具。其切削功能主要由用结合剂黏合在基体上的磨粒来完成。磨粒采用静电植砂法均匀直立于基体上、锋口向上、定向整齐排列,等高性好,容屑间隙大,接触面小,具有较好的切削性能。砂带结构如图 4-13 所示。

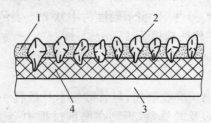

图 4-13　砂带结构
1—表层结合剂;2—磨粒;3—基体;4—底层结合剂

4.5.2　砂带磨削的特点

　　砂带磨削的特点如下:

　　(1)砂带磨削所用设备较简单,磨削效率高。

　　(2)砂带磨削可以用于平面、外圆、内圆、复杂异形面的磨削加工,适用性较广,尤其适于磨削特大、特宽工件的表面。

　　(3)砂带磨削时的散热性较好,磨削表面不易烧伤,表面质量高。

(4)砂带与工件是弹性接触,且砂带磨钝后不能修整,故其磨削精度比砂轮磨削低。

(5)砂带需要时常更换,消耗较大。

本 章 小 结

通过对本章的学习,应熟悉磨削加工的应用和特点,外圆磨削常用的磨削方法,M1432A型万能外圆磨床的组成及作用、传动系统和主要结构,M7120A型平面磨床的组成及平面磨削方法,内圆磨床的类型及磨削方法,砂轮特性的组成要素等。另外,本章还简单介绍了砂带磨削的原理及特点。

习 题 4

4-1 试述磨削加工的应用范围及特点。

4-2 磨削加工的精度一般能达到多少? 表面粗糙度能达到多少?

4-3 外圆磨削时,有哪些磨削运动? 其磨削用量如何表示?

4-4 磨床有哪些类型?

4-5 磨削外圆时的常用方法有哪几种? 它们各有何特点?

4-6 M1432A型万能外圆磨床由哪几部分组成? 它们各有何功能?

4-7 平面磨削方法有哪几种? 它们在磨削方法、加工质量和生产效率等方面有何不同? 各适用于什么场合?

4-8 内圆磨床有哪些主要类型? 不同类型的内圆磨床各适用于什么场合? 其砂轮各需做哪些运动?

4-9 砂轮的特性主要由哪些要素决定?

4-10 砂轮的硬度和磨粒本身的硬度有何关系?

4-11 既然砂轮在磨削过程中有自锐性,为什么还要进行修整? 用什么工具进行修整?

第5章 其他机床及其加工方法

钻削加工是指在钻床上利用钻头对工件进行钻孔或对已有孔进行二次加工的方法。镗削加工是在镗床上利用镗刀对工件已存在的孔进行切削加工的方法。刨削加工是在刨床上利用刨刀对工件进行切削加工的方法。齿轮是机械传动中的重要零件,齿轮的加工质量将直接影响设备的工作精度、稳定性、寿命、噪声和效率。本章将主要学习钻削、镗削、刨削加工的原理、特点、设备及应用范围,学习有关圆柱齿轮加工的原理、主要加工方法和比较典型的加工机床。

5.1 钻削加工

钻削是孔加工的一种基本方法。钻削所用的设备主要是钻床,所用的刀具是麻花钻、扩孔钻、铰刀等。

钻削加工通常用于加工尺寸较小、精度要求不高的孔。对于加工精度要求较高的孔,需由钻孔进行预加工后再进行扩孔、铰孔或镗孔。此外,钻孔是在实体材料上打孔的唯一机械加工方法。在钻床上钻孔时,工件固定不动,刀具除做旋转主运动外,同时还沿轴向做进给运动,故钻床适用于加工没有对称回转轴线的工件上的孔,尤其是多孔加工,如箱体、机架等工件上的孔。另外,在钻床上还可以完成攻螺纹、锪孔和锪平面等加工。常用的钻削加工如图 5-1 所示。

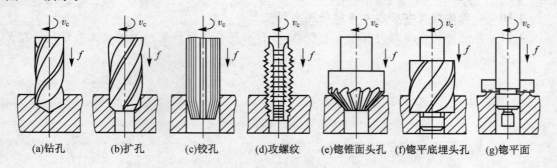

| (a)钻孔 | (b)扩孔 | (c)铰孔 | (d)攻螺纹 | (e)锪锥面头孔 | (f)锪平底埋头孔 | (g)锪平面 |

图 5-1 常用的钻削加工

钻削加工与外圆车削相比,工作条件要困难得多,其特点可概括如下:

(1)钻头在半封闭状态下切削,排屑困难。

(2)切削热不易传散。

(3)冷却困难,切削温度高,钻头磨损严重。

(4)钻头呈细长状,刚度差,钻出的孔容易引偏(如孔径扩大、孔不圆、孔的轴线歪斜)。

5.1.1　钻床

钻床根据用途和结构不同,主要有台式钻床、立式钻床、摇臂钻床和深孔钻床等类型。

1. 台式钻床

台式钻床是放置在台桌上使用的小型钻床,如图 5-2 所示。其主轴 4 垂直布置,主轴 4 由电动机 8 经过 V 带 6 传动而获得旋转运动。主轴 4 的转速可通过变换 V 带 6 在塔形带轮上的位置来实现变速。进给运动通过操纵主轴 4 上的进给手柄 3 来实现,只能手动进给。加工时,工件安装在工作台 2 上,钻头通过钻夹头装在主轴 4 上。为了适应不同的工件,主轴架 5 可在一定范围内绕立柱 10 摆动,并可在松开锁紧手柄 9 后沿立柱 10 做上下移动。

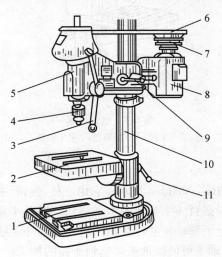

图 5-2　台式钻床

1—底座;2—工作台;3—进给手柄;4—主轴;5—主轴架;6—V 带;7—带轮;
8—电动机;9、11—锁紧手柄;10—立柱

台式钻床用于钻削中、小型工件上的小孔,按最大钻孔直径划分有 2 mm、6 mm、12 mm、16 mm、20 mm 等多种规格,多用于单件、小批量生产。

2. 立式钻床

立式钻床是一种中型钻床,如图 5-3 所示。它由主轴箱、进给箱、立柱、工作台和底座等组成。电动机 6 通过传动装置将运动和动力传至主轴箱 5 和进给箱 4,使主轴 3 旋转并沿轴线向下机动进给。主轴箱 5 和进给箱 4 内部均有变速机构,可分别实现对主轴 3 的变速和对进给量的调整。加工时,工件安装在工作台 2 上,工作台 2 和进给箱 4 可沿立柱 7 上的导轨上下移动,调整其位置,以适应在不同高度的工件上进行钻孔加工。

根据最大钻孔直径的不同,立式钻床有 18 mm、25 mm、35 mm、40 mm、50 mm、63 mm、80 mm 等多种规格。在立式钻床钻不同位置的孔时,采用了重新移动工件位置的方法,使被加工孔的中心与主轴中心对中,因而操纵不方便,不适于加工大型零件,且生产率也不高。因此,立式钻床常用于中、小型工件的单件、小批量生产。

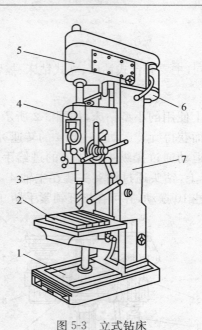

图 5-3　立式钻床

1—底座；2—工作台；3—主轴；4—进给箱；5—主轴箱；6—电动机；7—立柱

3. 摇臂钻床

摇臂钻床是一种大型钻床，如图 5-4 所示。它由立柱、摇臂、主轴箱、工作台、底座等组成。主轴箱 3 装在摇臂 4 上，可沿摇臂 4 上导轨做水平移动。摇臂 4 套装在立柱 2 上，借助电动机及丝杠的传动，可沿立柱 2 上下移动。立柱 2 是由内立柱和外立柱组成的，外立柱可绕内立柱 $-180°\sim180°$ 回转。由此，主轴 5 可便捷地被调整到所需的加工位置，对准所加工孔的中心，而不需要移动工件。加工时，工件可安装在工作台 6 的顶面或侧面上，也可卸下工作台 6，将工件直接安装在底座 7 上。摇臂钻床适用于加工大型、笨重或多孔工件上的孔。

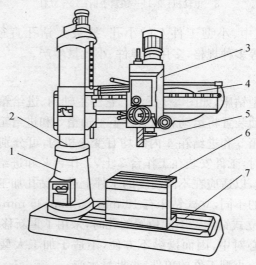

图 5-4　摇臂钻床

1—立柱座；2—立柱；3—主轴箱；4—摇臂；5—主轴；6—工作台；7—底座

摇臂钻床有立柱、摇臂及主轴箱的锁紧装置,当主轴调整到确定位置后,可以将它们快速锁紧。

4. 深孔钻床

深孔钻床是用特制的深孔钻头专门加工深孔的钻床,常用于加工如炮筒、枪管和机床主轴等零件中的深孔。深孔钻床的结构特点如下:

(1)为避免机床过高,深孔钻床一般采用卧式布局。

(2)为减小孔中心线的偏斜,主运动是工件的旋转运动,钻头只做直线进给运动而不旋转。

(3)为保证获得很好的冷却效果,在深孔钻床上配有周期退刀排屑装置及切削液输送装置,使切削液由刀具内部输入至切削部位,如图 5-5 所示。

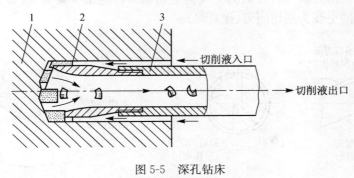

图 5-5 深孔钻床
1—工件;2—钻头;3—钻杆

5.1.2 麻花钻

麻花钻是最常用的孔加工刀具,用于实体材料上孔的粗加工,一般由高速钢制成。钻孔加工精度为 IT13~IT11,表面粗糙度为 $Ra50 \sim 12.5 \ \mu m$,加工孔径范围为 $\phi 0.1 \sim \phi 80 \ mm$,以 $\phi 30 \ mm$ 以下最为常用。标准麻花钻的结构由柄部、颈部和工作部分组成。

1. 柄部

柄部是钻头的夹持部分,有锥柄和直柄两种形式。锥柄可传递较大的转矩,而直柄传递的转矩较小。钻头直径大于 12 mm 时常做成锥柄,钻头直径小于 12 mm 时常做成直柄,如图 5-6 所示。

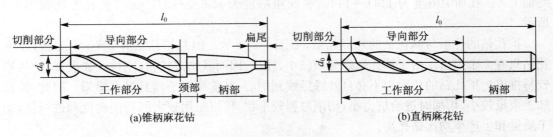

(a)锥柄麻花钻   (b)直柄麻花钻

图 5-6 麻花钻

2. 颈部

颈部位于工作部分和柄部之间,是磨削柄部时砂轮的退刀槽。钻头的标志(如钻头孔径和商标)就打印在此处。

3. 工作部分

工作部分包括切削部分和导向部分。

1)切削部分

切削部分担负主要的切削工作,由两条主切削刃、两条副切削刃、一条横刃、两个前刀面、两个后刀面及两个副后刀面组成,如图 5-7 所示。其中,螺旋槽的螺旋面是前刀面,切屑可从前刀面处流出。钻头的顶锥面是后刀面。两个后刀面在钻芯处的交线称为横刃,它是麻花钻所特有的。前刀面与后刀面的交线为主切削刃。两条窄棱面(棱带)就是副后刀面。窄棱面与前刀面的交线为副切削刃(螺旋线)。

图 5-7　麻花钻切削部分组成

钻孔时,孔的尺寸是由麻花钻的尺寸来保证的,钻出的孔的直径比钻头实际尺寸略大些。

2)导向部分

导向部分有两条对称的螺旋槽和两条窄棱面,螺旋槽起着排屑和输送切削液的作用,窄棱面起着导向和修光孔壁的作用。导向部分应有微小的锥度,以减小与孔壁的摩擦。

5.1.3　扩孔钻

扩孔钻是用来对工件上已有孔进行扩大的刀具。扩孔属于半精加工,其目的是扩大孔径,提高孔的精度和降低表面粗糙度,常用作铰孔或磨孔前的预加工或精度要求不高孔的最终加工。扩孔加工精度为 IT11～IT10,表面粗糙度为 $Ra6.3～3.2~\mu m$。扩孔方法如图 5-8 所示。

扩孔钻的外形与麻花钻的外形相似,如图 5-9 所示。但是扩孔钻有 3～4 个刀齿,而麻花钻只有 2 个刀齿。由于扩孔钻螺旋槽较小、较浅,因而其钻芯较粗,刚性及强度好,使切屑较易排出。扩孔钻的切削刃不必自外缘延续到中心,其前端呈平面且没有横刃。因此,扩孔加工余量较小,切削时进给抗力小,切削过程较平稳,可以采用较大的切削速度和进给量,加工质量和生产率均比钻孔高。

扩孔时,孔的尺寸是由扩孔钻的尺寸来保证的。

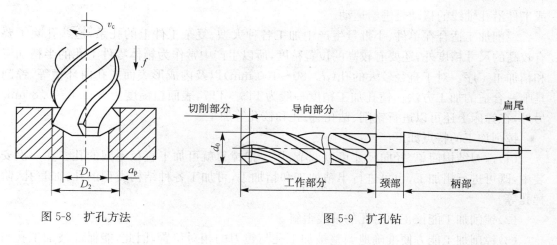

图 5-8　扩孔方法　　　　　　　　　　　　　　　图 5-9　扩孔钻

5.1.4　铰刀

　　铰刀是应用较为普遍的孔的精加工刀具之一。铰孔主要是对未淬硬的中、小尺寸孔进行精加工,一般加工精度为 IT9～IT7,表面粗糙度为 $Ra1.6～0.4\ \mu m$。

　　铰刀的外形也和麻花钻相似,不同的是其工作部分由切削部分和修光部分组成,且为直槽。修光部分的作用是校准孔径,修光孔壁。常将担负主要切削任务的切削部分做成圆锥形。铰刀有 6～12 个刀齿,具有加工余量小、刚性好的特点。

　　铰刀可分为手用铰刀和机用铰刀两大类。手用铰刀常用整体式结构,直柄末端有方头,以便铰杆装夹,其直径通常为 1～50 mm,具有结构简单、使用方便的特点。机用铰刀用高速钢制造,用于在机床上铰孔。其柄部多为锥柄,便于装夹在机床的主轴上。为节约材料,常将直径较大的铰刀做成套式结构,如图 5-10 所示。

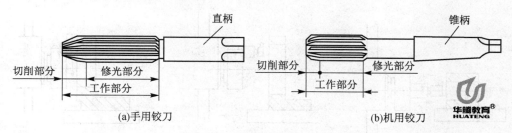

(a)手用铰刀　　　　　　　　　　　　　　(b)机用铰刀

图 5-10　成套式结构的铰刀

　　麻花钻、扩孔钻、铰刀都是标准刀具,对于中等尺寸以下较精密的孔,在单件、小批量乃至大批量生产时,钻、扩、铰都是经常采用的典型工艺。钻、扩、铰只能保证孔本身的精度,而不易保证孔与孔之间的尺寸精度及位置精度。为了解决这一问题,可以利用钻模进行加工,或者采用镗削加工。

5.2　镗 削 加 工

　　镗削加工所用的设备主要是镗床,所用的刀具是镗刀。通常镗刀的旋转是主运动,镗刀或工件沿孔轴线的移动是进给运动。

镗削加工适合在单件、小批量生产中加工各种大型、复杂工件上的孔系,这些孔除了要有较高的尺寸精度外,还要有较高的位置精度,所以生产中常作为箱体零件上孔的半精加工和精加工工序。对于直径较大的孔($d>80\sim100$ mm)以及内成形表面或孔内环槽等,镗削是唯一合适的加工方法。镗孔加工精度一般为 IT9~IT7,表面粗糙度为 $Ra1.6\sim0.8$ μm。另外,在镗床上还可以进行铣削、钻孔、扩孔和铰孔等加工。

镗削加工的特点如下:

(1)镗刀结构简单,径向尺寸可以调节,用一把镗刀就可加工直径不同的孔。在一次安装中,既可进行粗加工,也可进行半精加工和精加工,可加工各种结构类型的孔,如盲孔、阶梯孔等。

(2)镗削加工能校正原有孔的轴线歪斜。

(3)镗削加工能方便准确地调整被加工孔与镗刀的相对位置,因此,能保证被加工孔与其他表面间的相互位置精度。

(4)镗削加工对操作者技术要求较高。

(5)镗削加工的生产率较低。

5.2.1　镗床

镗床主要是用镗刀镗削大、中型工件上已铸造出或已粗钻出的孔,特别适合加工孔距和位置精度要求严格的孔系。其种类很多,常用的有卧式镗床和坐标镗床等。

1. 卧式镗床

卧式镗床的典型加工方法如图 5-11 所示。卧式镗床工艺范围较广,除镗孔外,还可铣平面及各种沟槽、钻孔、扩孔、铰孔、车削端面和短外圆柱面、车槽和车螺纹等。

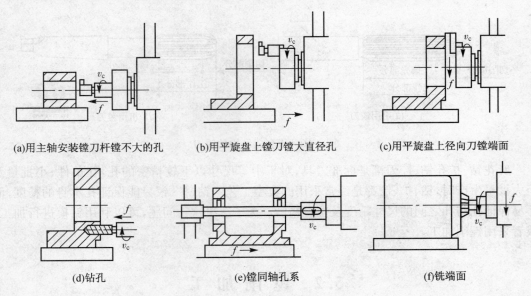

(a)用主轴安装镗刀杆镗不大的孔　　(b)用平旋盘上镗刀镗大直径孔　　(c)用平旋盘上径向刀镗端面

(d)钻孔　　　　　　(e)镗同轴孔系　　　　　　(f)铣端面

图 5-11　卧式镗床的典型加工方法

TP619 型卧式镗床如图 5-12 所示。它由主轴箱、工作台、主立柱、后立柱和床身等组成。

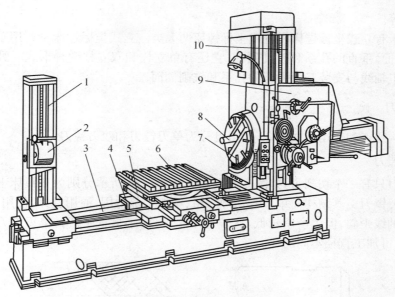

图 5-12　TP619 型卧式镗床
1—后立柱；2—镗杆支承座；3—床身；4—下滑座；5—上滑座；6—工作台；
7—平旋盘；8—主轴；9—主轴箱；10—主立柱

1）主轴箱

主轴箱上装有主轴和平旋盘。主轴可旋转做主运动，也可沿其轴向移动做进给运动。主轴前端有莫氏 5 号锥孔，同规格的刀杆、镗杆均可以插入其中随之旋转。平旋盘上装有刀架溜板，其上可装刀架，在加工孔边的端面时可利用刀架溜板做径向进给，在镗不深的大孔时也可利用刀架溜板调节背吃刀量。

2）工作台

工作台可由上滑座、下滑座带动做纵向或横向移动。此外，工作台还可绕上滑座的圆导轨在水平面内调整至一定的角度，以适应互成一定角度的孔或平面的加工。

3）主立柱

主立柱用以支承主轴箱，其上有导轨，可引导主轴箱上升或下降。

4）后立柱

当用长镗杆横越工作台镗孔时，可用后立柱上的镗杆支承座来支承长镗杆的左端，以增加长镗杆的刚性。镗杆支承座可沿后立柱上的导轨升降，以便对长镗杆的高低位置进行调节。

5）床身

床身用以支承上述部件，它上面有导轨，工作台可在导轨上做横向进给运动。

综上所述，TP619 型卧式镗床的主运动是主轴或平旋盘的旋转运动，可以做进给运动的有主轴的轴向移动，刀架溜板沿平旋盘的径向移动，主轴的上下移动，上滑座、下滑座的纵向与横向移动。

2. 坐标镗床

坐标镗床是指具有精密坐标定位装置的镗床。依靠坐标位置的精密测量装置能精确地确定工作台、主轴箱等移动部件的位移量，实现镗刀和工件的精确定位。坐标镗床工艺范围广，除镗孔、钻孔、扩孔、铰孔及铣削加工外，还能进行精密刻度、样板的精密划线、孔间距及直线尺寸的精密测量等。其适用于镗削尺寸、形状、位置精度要求很高的孔系，如精密钻模、镗模及量具等。

坐标镗床有立式坐标镗床和卧式坐标镗床两大类。立式坐标镗床主要用于加工轴线与安装基面(底面)垂直的孔系和铣削顶面,它还有单立柱和双立柱两种形式。卧式坐标镗床主要用于加工轴线与安装基面平行的孔系和铣削侧面。

5.2.2　镗刀

根据结构特点和使用方式不同,镗刀可分为单刃镗刀和双刃镗刀。

1. 单刃镗刀

单刃镗刀只有一个切削刃,如图 5-13(a)和图 5-13(b)所示分别为在镗床上加工通孔和盲孔用的单刃镗刀。其结构简单,制造方便,粗、精加工都适用,通用性好,使用范围广,可校正原有孔的轴线歪斜,但生产率较低,比较适用于单件、小批量生产。单刃镗刀一般均有尺寸调节装置,可加工直径不同的孔。

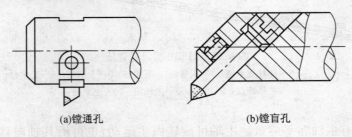

(a)镗通孔　　　　　　　　　　　(b)镗盲孔

图 5-13　单刃镗刀

2. 双刃镗刀

双刃镗刀两端都有切削刃,工作时基本上可消除径向力对镗杆的影响。工件的孔径尺寸与精度由镗刀径向尺寸保证,镗刀上的两个刀片可径向调整。调整时,先松开紧固螺钉 5,再旋转调节螺钉 3,通过斜面垫板 4 将刀齿的径向尺寸调好后,再拧紧紧固螺钉 5 把刀齿固定,如图 5-14 所示。

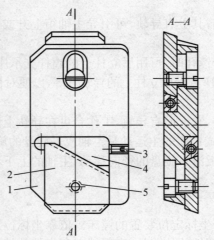

图 5-14　双刃镗刀

1—刀块;2—刀片;3—调节螺钉;4—斜面垫板;5—紧固螺钉

　　双刃镗刀大多采用浮动结构,其刀片不是固定在镗杆上的,而是插在镗杆的矩形孔中的,并能在垂直于镗杆轴线的方向上自由滑动。镗孔时,作用在两个对称刃上的径向切削分力能够自动平衡刀片的位置,从而可消除刀片的安装误差和镗杆偏摆所带来的加工误差,保证了镗孔的精度。孔的加工精度为 IT7～IT6,表面粗糙度为 $Ra0.8\ \mu m$。浮动镗刀加工的特点为加工质量较高,与铰孔类似,不能校正原有孔的轴线歪斜或位置偏差;由于有两个切削刃同时切削,生产率较高;刀具成本较单刃镗刀高,结构较复杂,刃磨费时。因此,浮动镗刀镗孔主要用于批量生产、精加工箱体类零件上直径较大的孔。

5.3　刨　削　加　工

　　刨削加工主要用于加工水平面、垂直面、斜面、各种沟槽及成形面,如图 5-15 所示。刨削加工精度为 IT8～IT7,表面粗糙度为 $Ra6.3～1.6\ \mu m$,主要用于单件、小批量生产,且在维修车间或模具车间应用较多。

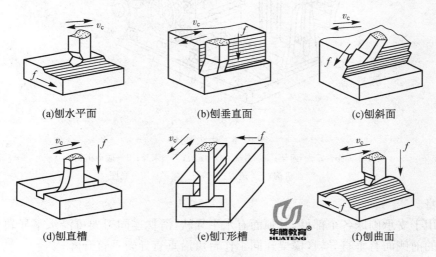

図 5-15　刨削加工

　　刨削和铣削均以加工平面和沟槽为主,刨削加工相对铣削加工的特点为:
　　(1)刨削与铣削的加工精度与表面粗糙度大致相当。刨削为往复运动,刀具切入时会产生冲击,因此,只能采用低速切削;如果采用中速切削,易出现积屑瘤,影响表面粗糙度。而铣削为高速切削,表面粗糙度较小。但加工大平面时,刨削进给运动可不停地进行,刀痕均匀,而铣削时若铣刀直径或宽度小于工件宽度,就需多次走刀,有明显的接刀痕。
　　(2)刨削的加工范围不如铣削加工范围广泛。铣削可以加工内凹面、曲面等。但对于大型零件的沟槽,如 V 形槽、T 形槽等,一般用刨削。
　　(3)刨削的生产率一般低于铣削。这是因为铣削是多刃、高速切削,且没有空程。但对于加工窄长的平面,刨削的生产率高于铣削。因此,窄长平面如机床导轨面多采用刨削。
　　(4)刨削的成本一般比铣削低。因为牛头刨床的结构比铣床简单,刨刀的制造和刃磨较铣刀容易。

5.3.1　刨床

刨削加工是在刨床上进行的,常用的刨床为牛头刨床和龙门刨床。

1. 牛头刨床

牛头刨床主要用于加工中、小型工件。如图 5-16 所示为牛头刨床。它主要由床身、滑枕、刀架、横梁、工作台及底座组成。牛头刨床的主参数是最大刨削长度。

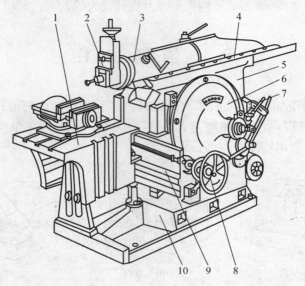

图 5-16　牛头刨床

1—工作台；2—刀架；3—滑枕；4—压板；5—床身；6—摆动机构；
7—变速机构；8—进刀机构；9—横梁；10—底座

1)床身

床身用于支承刨床各个部件,其顶面有水平导轨,滑枕连同刀架可沿水平导轨做往复运动。床身的前侧面有垂直导轨,横梁连同工作台可沿垂直导轨垂直升降。

2)滑枕

滑枕带动刀架做直线往复运动,这是主运动。

3)刀架

刀架用于装夹刨刀。刀架座可调整至一定角度位置,以便加工斜面。摇动刀架手柄,刀架还可沿刀架座上的导轨上下移动,以调整刨削深度(背吃刀量)。刀架上还有抬刀板,在刨刀回程时将刨刀抬起,以免擦伤工件表面和磨损刀具。

4)工作台

工作台用于安装工件。加工时,工作台沿横梁的导轨做间歇的横向进给运动,并可随横梁一起垂直升降,以调整工件与刨刀的相对位置。

2. 龙门刨床

龙门刨床主要用于加工大型或重型工件上的各种平面,尤其适用于加工长而窄的平面和沟槽,也可在工作台上一次装夹数个中、小型工件进行多件加工。如图 5-17 所示为龙门刨床。它由床身、工作台、立柱、横梁、垂直刀架、侧刀架等组成。

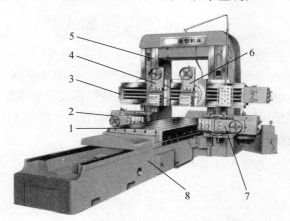

图 5-17　龙门刨床
1—工作台；2—侧刀架；3—横梁；4，6—垂直刀架；5—立柱；7—侧刀架；8—床身

加工时，工件装夹在工作台上，工作台的往复直线运动是主运动，靠液压驱动。垂直刀架在横梁导轨上间歇地移动是横向进给运动，以刨削工件的水平面。横梁还可沿立柱导轨上下升降，以调整工件和刀具的相对位置，适应不同高度的工件。垂直刀架上的滑板可使刨刀上下移动，做切入运动，滑板还能调整一定的角度，用以加工斜面。侧刀架可沿立柱导轨做上下进给运动，也可沿自身的滑板导轨做横向进给运动。

5.3.2　刨刀

1. 刨刀的种类

刨刀的种类很多，按使用用途分，常见的刨刀有平面刨刀、偏刀、角度偏刀、直切刀和弯头切刀等，如图 5-18 所示。

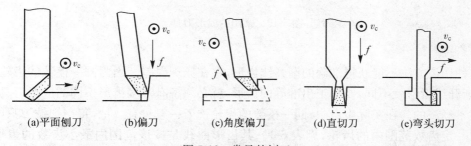

(a)平面刨刀　　(b)偏刀　　(c)角度偏刀　　(d)直切刀　　(e)弯头切刀

图 5-18　常见的刨刀

2. 刨刀的形状及结构特点

刨刀形状及结构与车刀相似，但由于刨削过程的不连续性，刨刀切入工件时承受较大的冲击力，易损坏，因此，刨刀刀杆的横截面积比车刀大。刨刀刀杆形状一般有直头、弯头两种。弯头刨刀受力后，刀杆弯曲部分可向上方弹起，这样刀尖不易啃入工件，可避免刀尖折断，而且弯头刨刀还可防止当刨刀从已加工表面上提起时损坏已加工表面，所以切削量大的刨刀常制成弯头。

5.4　圆柱齿轮加工

齿轮传动具有传动比稳定、传递功率和转速范围大、传动效率高、寿命长和可靠性高等优点,应用极为广泛。随着现代工业的发展,对齿轮传动在传动精度和圆周速度等方面的要求越来越高。齿轮类型很多,下面仅介绍渐开线圆柱齿轮齿形的加工。

1. 齿轮切齿加工原理

齿轮切齿加工按其原理可分为成形法(仿形法)和展成法(范成法)两类。

1) 成形法

成形法加工是用成形刀具直接切出齿形。成形刀具的切削刃形状与被加工齿轮齿槽形状相同,常用的成形刀具有盘形铣刀和指形铣刀,如图 5-19 所示。一般情况下,当齿轮模数 $m \leqslant 10$ mm 时,采用盘形铣刀;当齿轮模数 $m > 10$ mm 时,采用指形铣刀。加工时,铣刀旋转,齿坯沿齿轮轴线方向直线移动,铣出一个齿槽后,将齿坯转过 $2\pi/z$,再铣第二个齿槽,依次类推。

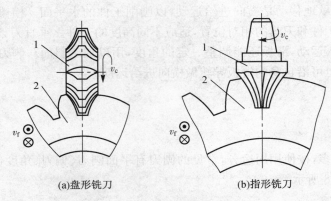

(a)盘形铣刀　　　　　　　　　　(b)指形铣刀

图 5-19　常用的成形刀具
1—铣刀;2—工件

这种切齿方法不能获得准确的渐开线齿形,存在原理误差。因为同一模数的齿轮,齿数不同,渐开线齿形就不同,要加工出准确的齿形,就必须备有很多齿形不同的成形刀具,这显然是很不经济的。在实际生产中,同一模数的齿轮铣刀一般只有八把,每一把铣刀只能加工该模数一定齿数范围内的齿轮,见表 5-1。其齿形曲线是按该范围内最小齿数的齿形制造的,在加工其他齿数的齿轮时,存在着不同程度的齿形误差。

表 5-1　成形铣刀刀号及其加工齿数范围

成形铣刀刀号	1	2	3	4	5	6	7	8
加工齿数范围	12～13	14～16	17～20	21～25	26～34	35～54	55～134	135 以上

这种切齿方法简单,不需要专用机床,在通用机床(如升降台万能铣床、立式铣床)上就可以加工,但是生产率低,精度差,仅适用于单件、小批量生产及精度要求不高的齿轮加工。

2）展成法

展成法加工是利用一对齿轮啮合时，其共轭齿廓互为包络线的原理来切齿的，即把齿轮啮合副（齿轮—齿条、齿轮—齿轮）中的一个转化为刀具，另一个转化为工件，并强制刀具和齿坯做严格的啮合运动而切出齿廓。展成法的加工精度和生产率较高，在齿轮加工中应用最广。

展成法加工的刀具切削刃与被切齿轮的齿数无关。因此，只需一把刀具就可以加工模数相同而齿数不同的齿轮。用展成法切齿的常用刀具有齿轮滚刀、齿轮插刀、齿条插刀、剃齿刀、砂轮等。

在金属切削机床中，用来加工齿轮轮齿表面的机床，称为齿轮加工机床，其种类繁多，主要有滚齿机、插齿机、剃齿机、珩齿机和磨齿机等。

2. 常用的齿轮加工方法

常用齿轮加工方法的加工精度、特点及适用范围见表 5-2。

表 5-2　常用齿轮加工方法的加工精度、特点及适用范围

齿轮加工方法		刀　具	机　床	加工精度	特　点	适用范围
成形法	铣齿	成形铣刀	普通铣床	IT11～IT9	加工精度低，生产率低，加工成本低	用于单件、小批量和维修及加工精度在 IT9 以下的齿轮加工
展成法	滚齿	滚刀	滚齿机	IT8～IT7	生产率高，应用最广泛，不能加工内齿轮及多联齿轮	用于加工各种批量及加工精度在 IT7 或 IT7 以下的不淬硬的直齿、斜齿和蜗轮等
	插齿	插齿刀	插齿机	IT8～IT7	插齿后的齿面粗糙度略小于滚齿，但生产率低于滚齿	用于加工各种批量及加工精度在 IT7 或 IT7 以下的不淬硬的直齿、内齿、多联齿轮、扇形齿轮和齿条等
	剃齿	剃齿刀	剃齿机	IT6～IT5	主要提高齿形精度和齿向精度，减小齿面粗糙度，但不能修正被切齿轮的分齿误差，生产率高	主要用于滚齿、插齿预加工后、淬火前的精加工，可使加工精度提高 1～2 个等级
	珩齿	珩磨轮	珩齿机	IT7～IT6	对齿形精度改善不大，主要用于消除淬火后的氧化皮，可有效减小表面粗糙度和齿轮噪声	多用于大批量生产中，经过剃齿和高频淬火后齿形的精加工
	磨齿	砂轮	磨齿机	IT6～IT4	生产率较低，加工成本较高	只适用于精加工齿面淬硬的高速高精度齿轮，是精密齿轮关键工序的加工方法

5.4.1　滚齿加工

在滚齿机上用滚刀按展成法原理加工齿轮的方法称为滚齿加工。

1. 滚齿加工原理及其应用

滚齿加工原理是由一对交错螺旋齿轮啮合演化而来的,如图 5-20(a)所示。若其中一个螺旋齿轮齿数极少(通常齿数为 1),则这个螺旋齿轮便成了蜗杆形状,如图 5-20(b)所示。若在这个蜗杆形螺旋齿轮的圆柱面上开槽,加以铲背、淬火及刃磨出前、后刀面,则就得到了齿轮滚刀,如图 5-20(c)所示。滚刀旋转时,就相当于齿条在连续移动,当这个假想齿条与被切齿轮做一定速比的啮合运动时,滚刀切削刃的包络线就形成被切齿轮的齿廓曲线。因此,得到渐开线齿廓的关键是滚齿时滚刀和工件之间必须保持严格的相对运动关系。

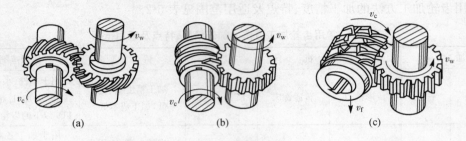

图 5-20　滚齿加工原理

滚齿加工是生产率高、应用最广泛的一种齿轮加工方法。它能加工直齿、斜齿及蜗轮等,但不能加工内齿轮和相距很近的多联齿轮。对于加工精度为 IT9～IT8 的齿轮,可直接滚齿得到,对于加工精度为 IT7 的齿轮,通常滚齿可作为齿形的粗加工或半精加工;若采用加工精度为 AA 级的齿轮滚刀和高精度滚齿机时,可直接加工出加工精度为 IT7 的齿轮。为提高加工精度和齿面质量,宜将粗滚齿和精滚齿分开。

2. Y3150E 型滚齿机

Y3150E 型滚齿机是一种中型通用滚齿机,主要用于加工直齿、斜齿,也可用手动径向切入加工蜗轮。其可加工工件最大直径为 500 mm,最大加工齿轮模数 $m=8$ mm,最少齿数为 $5K$(K 为滚刀头数),允许安装滚刀最大直径为 160 mm。

如图 5-21 所示为 Y3150E 型滚齿机。它由床身、立柱、刀架溜板、滚刀架、后立柱和工作台等组成。立柱 2 固定在床身 1 上,刀架溜板 3 带动滚刀架 5 可沿立柱 2 的导轨上下移动,滚刀架 5 安装在刀架溜板 3 上,滚刀架 5 连同滚刀一起可沿刀架溜板 3 的圆形导轨调整安装角度。滚刀安装在刀杆 4 上做旋转运动。工件安装在工作台 9 的心轴 7 上,随同工作台 9 一起转动。后立柱 8 和工作台 9 一起装在床鞍 10 上,可沿滚齿机水平导轨移动,用于调整工件的径向位置或做径向进给运动。

3. 直齿圆柱齿轮加工的传动原理

加工直齿圆柱齿轮除需要滚刀旋转与工件旋转复合而成的展成运动外,还需要滚刀旋转的主运动,以及滚刀沿工件轴线方向的进给运动。因此,滚齿机的传动主要由主运动传动链、展成运动传动链、轴向进给运动传动链组成,如图 5-22 所示。如果是加工斜齿轮,还得有一个附加运动传动链。

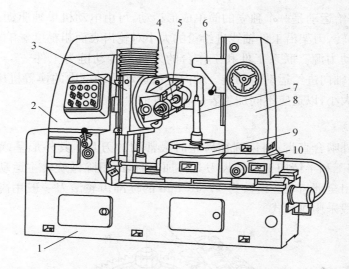

图 5-21　Y3150E 型滚齿机

1—床身；2—立柱；3—刀架溜板；4—刀杆；5—滚刀架；6—支架；7—心轴；
8—后立柱；9—工作台；10—床鞍

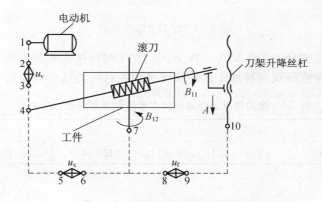

图 5-22　滚齿轮传动原理和传动链

1）主运动传动链

每个表面成形运动都有一个外联系传动链与动力源相联系，以产生切削运动。在图 5-22 中，外联系传动链为电动机—1—2—u_v—3—4—滚刀，提供滚刀的旋转运动 B_{11} 是主运动传动链。主运动传动链的两端件分别为电动机和滚刀。主运动传动链中的换置机构 u_v 用于调整渐开线成形运动的快慢。

2）展成运动传动链

展成运动是滚刀和工件之间的啮合运动，由滚刀的旋转运动和工件的旋转运动复合而成。联系滚刀主轴（滚刀转动 B_{11}）和工作台（工件转动 B_{12}）的内联系传动链为滚刀—4—5—u_x—6—7—工件，是展成运动传动链。展成运动传动链的两端件分别为滚刀（滚刀转动）和工件（工件转动）。展成运动传动链中的换置机构 u_x 用于适应工件齿数和滚刀头数的变化。

3）轴向进给运动传动链

为了切出整个齿宽，滚刀在自身旋转的同时，必须沿齿坯轴线方向做连续的进给运动 A。

从理论上讲,该进给运动是一个独立的简单成形运动,可由电动机单独驱动。但是从工艺上分析,工件每转一转,刀架沿工件轴线进给量的大小对轮齿表面粗糙度影响较大,因此,应将工作台作为间接动力源。联系工件和工作台的外联系传动链为工件—7—8—u_f—9—10—刀架升降丝杠,是轴向进给运动传动链。轴向进给运动传动链中的换置机构 u_f 用于调整滚刀轴向进给量的大小,以适应不同加工表面粗糙度的要求。

4. 滚刀

滚刀是加工外啮合直齿、斜齿圆柱齿轮时最常用的刀具。其外形呈蜗杆状,如图 5-23 所示,是一种粗加工和半精加工的切齿刀具。加工时,滚刀除做旋转主运动外,还沿工件轴线方向移动以切出全部齿宽。模数为 1~10 mm 的标准齿轮滚刀一般用高速钢整体制造,大模数的滚刀一般采用镶齿式。

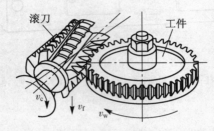

图 5-23　滚刀及滚齿运动

标准齿轮滚刀精度分为 AAA、AA、A、B、C。加工时应按齿轮要求的加工精度选用相应的齿轮滚刀。滚刀精度等级与被加工齿轮精度等级的对应关系见表 5-3。

表 5-3　滚刀精度等级与被加工齿轮精度等级的对应关系

滚刀精度等级	AAA	AA	A	B	C
被加工齿轮精度等级	IT6	IT8~IT7	IT9~IT8	IT9	IT10

5.4.2　插齿加工

在插齿机上用插齿刀按展成法原理加工齿轮的方法称为插齿加工。

1. 插齿加工原理及其运动

插齿加工是采用一对平行轴的圆柱齿轮相啮合的原理进行加工的。其中一个齿轮作为工件,另一个齿轮变为齿轮形的插齿刀,它的模数和压力角与被加工齿轮相同,且磨出前、后刀角以形成切削刃,通过无间隙的啮合运动将工件加工出齿形,如图 5-24 所示。

如图 5-25 所示,插齿加工的主要运动有以下几种:

(1)主运动。主运动是指插齿刀的往复直线运动,即切削运动。

(2)展成运动。展成运动是指插齿刀的转动和被切齿轮的转动,两者间应严格保证啮合关系。

(3)径向进给运动。径向进给运动是指插齿时,插齿刀不能一开始就切到轮齿的全齿深,需要逐渐切入,因此,插齿刀在做展成运动的同时,要沿工件的半径方向做进给运动。

(4)让刀运动。让刀运动是指为了避免插齿刀在返程时,刀齿的后刀面与齿面发生摩擦,在插齿刀返回时工件要让开一些,而当插齿刀处于工作行程时工件又恢复原位。

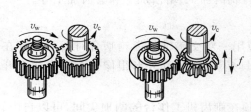

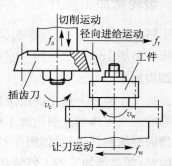

图 5-24　插齿加工原理　　　　　　图 5-25　插齿加工的主要运动

2. 插齿加工的特点及应用

插齿加工与滚齿加工相比有以下特点:

(1)插齿和滚齿的加工精度相当。插齿刀结构简单,制造刃磨方便,加工精度较高,但插齿机较复杂,增加了传动误差。综合来看,两者的加工精度差不多,都能保证加工精度达 IT8~IT7,若采用精密插齿或滚齿,加工精度可达 IT6,而且两者都比成形法切齿的加工精度高。

(2)插齿加工的齿面粗糙度小。

(3)插齿加工的生产率比滚齿加工低。因为插齿刀的切削速度受往复运动冲击和惯性力限制,此外,插齿加工有空行程损失。但同时插齿加工和滚齿加工的生产率都比铣齿加工高。

插齿除加工直齿圆柱齿轮外,尤其适于加工用滚刀难以加工的内齿轮、双联或多联齿轮、齿条和扇形齿轮等。

3. 插齿刀

插齿刀本质上是一个具有切削刃的渐开线圆柱齿轮。直齿插齿刀有盘形、碗形和带锥柄三种结构类型,如图 5-26 所示。

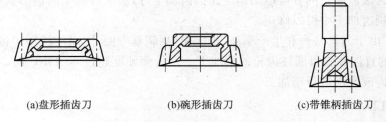

(a)盘形插齿刀　　　　　(b)碗形插齿刀　　　　　(c)带锥柄插齿刀

图 5-26　直齿插齿刀

1)盘形插齿刀

盘形插齿刀应用最广,主要用于加工直齿外齿轮及大模数的内齿轮。

2)碗形插齿刀

碗形插齿刀主要用于加工多联齿轮和带凸肩的齿轮。

3)带锥柄插齿刀

带锥柄插齿刀主要用于加工内齿轮。

5.4.3　齿轮精加工简介

加工精度在 IT6 以上、齿面粗糙度 $Ra < 0.4\ \mu m$ 的齿轮,在一般的滚(或插)齿加工后,还需要进行精加工。齿轮精加工的方法主要有剃齿加工、珩齿加工和磨齿加工等。

1. 剃齿加工

剃齿加工在原理上属于展成法加工,是应用一对交错轴斜齿轮啮合时齿面间存在着相对滑动的原理来工作的。剃齿加工所用的刀具是剃齿刀,其外形很像一个在齿面上开有许多容屑槽的斜齿圆柱齿轮,如图 5-27 所示。

剃齿时,经过预加工的工件装在心轴上,顶在剃齿机工作台的两顶尖间,可以自由转动。剃齿刀装在机床的主轴上,如图 5-28 所示。工件由剃齿刀带动旋转,时而正转,时而反转。剃齿刀正转时,剃削齿轮的一个侧面;剃齿刀反转时,剃削齿轮的另一个侧面,依靠刀齿和工件之间的相对滑动,从工件齿面上切除极薄的切屑。

图 5-27　剃齿刀

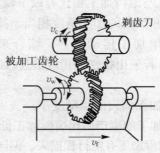

图 5-28　剃齿加工

剃齿加工的特点如下:

(1)剃齿加工效率高,生产成本低。

(2)剃齿加工对齿轮齿形误差有较强的修正能力,剃齿加工精度主要取决于剃齿刀。

(3)剃齿加工不能修正分齿误差。因此,在工序安排上应采用滚齿加工作为剃齿加工的上道工序,因为滚齿加工的分齿运动精度比插齿加工好,而滚齿加工的齿形误差虽然比插齿加工大,但在剃齿加工中可以修正。

剃齿加工由于刀具寿命和生产率高、机床简单、调整方便,因而广泛用于齿面未淬硬(低于 35 HRC)的直齿和斜齿圆柱齿轮的精加工。当齿面硬度超过 35 HRC 时,不能用剃齿加工,而要用珩齿或磨齿进行精加工。

2. 珩齿加工

珩齿与剃齿的加工原理相同,只不过是不用剃齿刀,而用珩磨轮。珩磨轮是一个含有磨料的塑料螺旋齿轮,可视为具有切削能力的斜齿轮,能在工件表面上切除一层很薄的金属,使齿面粗糙度减小到 $Ra0.8 \sim 0.4\ \mu m$。

珩磨轮的转速高,珩齿的切削速度比剃齿的切削速度快,因此,生产率高,且在大批量生产中应用广泛。珩磨轮的弹性较大,修正误差的能力较差。珩齿主要用于剃齿后淬火齿轮的精加工,以去除氧化皮、热变形和毛刺,减小轮齿表面粗糙度,从而降低齿轮传动的噪声。

3. 磨齿加工

磨齿加工是在磨齿机上用砂轮进行齿轮加工的方法。磨齿有成形法和展成法两种。成形法磨齿的砂轮截面形状与被磨齿轮的齿槽一致,磨齿时与盘形铣刀铣齿相似。展成法磨齿是根据齿轮、齿条的啮合原理来进行加工的。根据砂轮形状不同,可分为碟形砂轮磨齿、锥形砂轮磨齿、蜗杆砂轮磨齿。每磨完一个齿后,工件必须分度才能磨下一个齿,如此进行下去,直至磨完全部轮齿。

磨齿是齿轮精加工最常用、最重要的方法,尤其适用于精加工齿面淬硬的高速高精密齿轮。其加工精度为 IT6~IT4,齿面粗糙度为 $Ra0.8~0.4\ \mu m$,但生产率较低。

5.4.4　齿轮齿形加工方案的选择

齿轮齿形加工方案的选择主要取决于齿轮的加工精度、齿轮结构、齿轮热处理方法和生产批量等。

常见的齿轮齿形加工方案见表 5-4,以供参考。

表 5-4　常见的齿轮齿形加工方案

齿轮齿形加工方案	加工精度	表面粗糙度 $Ra/\mu m$	生产类型
铣齿	<IT9	6.3~3.2	单件、小批量
滚(或插)齿	IT8~IT7	3.2~1.6	各种批量
粗滚(或插)齿—精滚(或插)齿	IT7~IT6	1.6~0.8	各种批量
滚(或插)齿—齿端加工—剃齿	IT7~IT6	1.6~0.8	各种批量
滚(或插)齿—齿端加工—剃齿—表面淬火—修正基准—珩齿	IT7~IT6	1.6~0.8	各种批量
滚(或插)齿—齿端加工—渗碳淬火—修正基准—磨齿	IT6~IT5	0.8~0.4	各种批量
滚(或插)齿—齿端加工—渗碳淬火—修正基准—粗磨齿—精磨齿	IT5~IT4	0.4~0.2	各种批量

本 章 小 结

通过对本章的学习,应掌握钻削加工的特点、钻床的种类及加工范围,掌握镗削加工范围、特点,了解卧式镗床的组成及运动,掌握刨削加工特点和常见刨床、刨刀类型,理解各种孔加工刀具的特点及使用场合,能选择孔加工方案。

通过本章的学习,还应了解齿轮切齿加工的两种原理(成形法和展成法),掌握常用齿轮加工方法(滚齿、插齿、剃齿、珩齿、磨齿)所用的刀具、机床、加工精度、特点及适用范围,了解Y3150E 型滚齿机的组成及主要运动,能制定齿轮齿形的加工方案。

习　题　5

5-1　试述钻削加工的范围及特点。

5-2　简述台式钻床的主要组成部分。

5-3　常用钻床的种类有哪些? 它们各自适用于何种加工场合?

5-4　深孔钻床的结构有哪些特点?

5-5　标准麻花钻由哪几部分组成?

5-6　与钻孔相比,扩孔有什么特点?

5-7　镗孔加工有何特点?

5-8　镗床有哪几种类型? 它们各自适用于什么场合?

5-9　常用的镗刀有哪几种类型? 其工作特点是什么?

5-10　试比较刨削和铣削的加工精度、加工范围和生产率。

5-11　刨刀与车刀相比有何特点?

5-12　齿轮切齿加工有哪几种? 在铣床上用什么方法加工齿轮? 此方法有何特点?

5-13　滚齿加工、插齿加工和剃齿加工各有何特点?

5-14　滚齿加工和插齿加工分别用于什么场合?

5-15　试分别指出滚齿加工和插齿加工能完成下列工件中哪些工件上的齿面加工。

(1)蜗轮。

(2)内啮合直齿圆柱齿轮。

(3)外啮合直齿圆柱齿轮。

(4)外啮合斜齿圆柱齿轮。

(5)齿条。

(6)扇形齿轮。

5-16　剃齿加工、珩齿加工和磨齿加工各适用于什么场合?

第 6 章　机床夹具设计

在机械加工中，必须使工件、夹具、刀具和机床之间保持正确的相对位置，即工件在夹具中定位正确和夹紧可靠、夹具在机床上安装正确、刀具相对于工件的位置正确，才能加工出合格的零件。

本章主要介绍机床夹具设计的基本知识，包括机床夹具的作用、分类和组成，工件的六点定位原则，定位方法和定位元件的选择，夹紧力的确定及典型夹紧机构，各类机床夹具的基本类型和设计特点。

通过学习本章，能根据零件的结构和加工要求合理地确定零件的定位和夹紧方案。

6.1　机床夹具设计概述

6.1.1　机床夹具在机械加工中的作用

夹具是一种装夹工件的工艺装备，可广泛应用于机械制造过程中的切削加工、热处理、装配、焊接和检测等工艺过程中。

在金属切削机床上使用的夹具统称为机床夹具。在现代生产中，机床夹具是一种不可缺少的工艺装备，它直接影响着加工精度、劳动生产率和产品制造成本等，故机床夹具设计在企业的产品设计和制造以及生产技术准备中占有极其重要的地位。机床夹具设计是一项重要的技术工作。

对工件进行机械加工时，为了满足加工要求，首先要使工件相对于刀具及机床有正确的位置，并使这个位置在加工过程中不因外力的影响而变动。为此，在进行机械加工前，先要将工件装夹好。工件装夹情况的好坏将直接影响到工件的加工精度。

无论是传统制造系统，还是现代制造系统，机床夹具对其都是十分重要的，它对加工质量、生产率和产品成本都有直接影响。因此，无论是改进现有产品还是开发新产品，企业花费在夹具设计和制造上的时间，在生产周期中都占有较大的比重。

机床夹具在机械加工中起着十分重要的作用，归纳起来，主要表现在以下几个方面：

(1)稳定地保证工件的加工精度。用机床夹具装夹工件时，工件相对于刀具及机床的位置精度由夹具保证，不受工人技术水平的影响，使同一批工件的加工精度趋于一致。

(2)提高劳动生产率。使用机床夹具装夹工件方便、快速，工件不需要划线找正，可显著地减少辅助工时，提高劳动生产率。工件在机床夹具中装夹后提高了工件的刚性，因此，可增大切削用量，提高劳动生产率，可使用多件、多工位装夹工件的夹具，并可采用高效夹紧机构，进一步提高劳动生产率。

(3)扩大机床的使用范围。在通用机床上采用专用机床夹具可以扩大机床的工艺范围，充分发挥机床的潜力,达到一机多用的目的。例如,使用专用机床夹具可以在普通车床上很方便地加工小型箱体类工件,甚至在车床上拉出油槽,减少了专用车床昂贵的费用,降低了成本,这对中、小型工厂尤其重要。

(4)改善操作者的劳动条件。由于气动、液压、电磁等动力源在机床夹具中的应用,一方面减轻了工人的劳动强度,另一方面也保证了夹紧工件的可靠性,并能实现机床的互锁,避免了事故的发生,保证了操作者和机床设备的安全。

(5)降低成本。在批量生产时使用机床夹具,由于劳动生产率的提高,使用技术等级较低的工人以及废品率下降等原因,明显地降低了生产成本。夹具制造成本分摊在一批工件上,但每个工件增加的成本是极少的,远小于由提高劳动生产率而降低的成本。工件生产批量越大,使用机床夹具所取得的经济效益就越显著。

6.1.2　机床夹具的分类

机床夹具的种类很多,形状千差万别。为了设计、制造和管理的方便,常按某一属性进行分类。

1. 按通用特性分

机床夹具按通用特性分是一种基本的分类方法,主要反映机床夹具在不同生产类型中的通用特性,故也是选择机床夹具的主要依据。按这一分类方法,机床夹具可分为通用夹具、专用夹具、可调夹具、成组夹具、组合夹具和自动线夹具这六大类。

1)通用夹具

通用夹具是指结构、尺寸已经标准化且具有一定通用性的夹具,如三爪自定心卡盘、四爪单动卡盘、机用平口虎钳、万能分度头、磁力工作台等。这类夹具适应性强,不需调整或稍加调整即可装夹一定形状范围内的各种工件。这类夹具已商品化且成为机床附件。采用这类夹具可缩短生产准备周期,减少夹具品种,降低生产成本。其缺点是夹具的加工精度不高,生产率较低,且较难装夹形状复杂的工件,故适用于单件、小批量生产。

2)专用夹具

专用夹具是针对某一工件的某一工序的加工要求而专门设计和制造的夹具。其特点是针对性极强,没有通用性。在产品相对稳定、批量较大的生产中,常用各种专用夹具,可获得较高的生产率和加工精度。专用夹具的设计、制造周期较长,随着现代多品种及中、小批量生产的发展,专用夹具在适应性和经济性等方面已产生许多问题。

3)可调夹具

可调夹具是针对通用夹具和专用夹具的缺陷而发展起来的一类新型夹具。对不同类型和尺寸的工件,只需调整或更换原来夹具上的个别定位元件和夹紧元件便可使用。可调夹具在多品种、小批量生产中得到广泛应用。

4)成组夹具

成组夹具是在成组加工技术基础上发展起来的一类夹具。它是根据成组加工工艺的原则,针对一组形状相近的零件专门设计的,也是由通用基础件和可更换调整元件组成的夹具。这类夹具从外形上看,不易和可调夹具区别。但它与可调夹具相比,具有使用对象明确、设计科学合理、结构紧凑、调整方便等优点。

5)组合夹具

组合夹具是一种模块化的夹具,并已商品化。标准的模块元件具有较高精度和耐磨性,可组装成各种夹具,夹具用完即可拆卸,留待组装新的夹具。由于使用组合夹具可缩短生产准备周期,模块元件能重复多次使用,并具有可减少专用夹具数量等优点,因而组合夹具在单件、中小批量多品种生产和数控加工中是一种较经济的夹具。

6)自动线夹具

自动线夹具一般分为两种:一种为固定式夹具,它与专用夹具相似;另一种为随行夹具,使用中夹具随着工件一起运动,并将工件沿着自动线从一个工位移至下一个工位进行加工。

2. 按使用的机床分

机床夹具按使用的机床可分为车床夹具、铣床夹具、钻床夹具、镗床夹具、齿轮机床夹具、数控机床夹具、自动机床夹具以及其他机床夹具等。这是专用夹具设计所用的分类方法。设计专用夹具时,机床的组别、型别和主要参数均已确定。它们的不同点是机床的切削成形运动不同,故夹具与机床的连接方式不同,它们的加工精度要求也各不相同。

3. 按夹紧的动力源分

机床夹具按夹紧的动力源可分为手动夹具和机动夹具两大类。为减轻劳动强度和确保安全生产,手动夹具应有扩力机构与自锁性能。常用的机动夹具有气动夹具、液压夹具、气液夹具、电动夹具、电磁夹具、真空夹具和离心力夹具等。

6.1.3　机床夹具的组成

虽然机床夹具的种类繁多,但它们的工作原理基本上是相同的。将各类机床夹具中作用相同的结构或元件加以概括,可得出其一般所共有的定位支承元件、夹紧装置、连接定向元件、对刀元件或导向元件、夹具体以及其他装置或元件几个组成部分,这些组成部分既相互独立又相互联系。

1. 定位支承元件

定位支承元件的作用是确定工件在夹具中的正确位置并支承工件,它是夹具的主要功能元件之一。如图 6-1 所示的 V 形块 5、如图 6-2 所示的定位法兰 4 和定位块 5 属于定位支承元件。定位支承元件的定位精度可直接影响工件的加工精度。

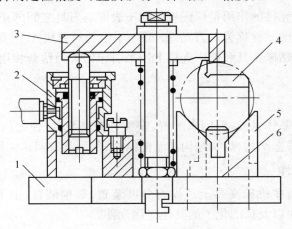

图 6-1　铣床夹具

1—夹具体;2—液压缸;3—压板;4—对刀块;5—V 形块;6—定位销

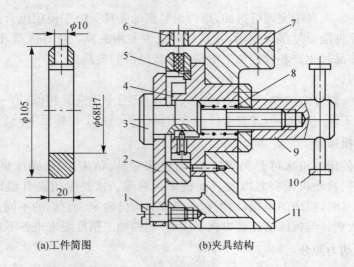

(a)工件简图　　　　　　　(b)夹具结构

图 6-2　钻床夹具

1—螺钉；2—转动垫圈；3—螺杆；4—定位法兰；5—定位块；6—钻套；

7—钻模板；8—弹簧；9—螺母；10—手柄；11—夹具体

2. 夹紧装置

夹紧装置的作用是将工件压紧夹牢，并保证在加工过程中工件的正确位置不变。图 6-1 中的液压缸 2 和压板 3、图 6-2 中的螺母 9 和手柄 10 属于夹紧装置。通常夹紧装置的结构会影响机床夹具的复杂程度和性能。其结构类型很多，设计时应注意选择。

3. 连接定向元件

连接定向元件用于将机床夹具与机床连接并确定机床夹具相对于机床主轴、工作台或导轨的位置。车床夹具所使用的过渡盘、铣床夹具所使用的定位销和定向键都属于连接定向元件。

4. 对刀元件或导向元件

对刀元件或导向元件的作用是保证工件加工表面与刀具之间的正确位置。用于确定刀具在加工前正确位置的元件称为对刀元件。图 6-1 中的对刀块 4、图 6-2 中的钻套 6 和钻模板 7 属于对刀元件。钻床夹具和镗床夹具上用来引导钻头的钻套和用来引导镗刀杆的镗套均属于导向元件。

5. 夹具体

夹具体是夹具的基体骨架，可用来配置、安装各夹具元件，使之组成一个整体。常用的夹具体为铸件结构、锻造结构、焊接结构和装配结构，其形状有回转体形和底座形等。

6. 其他装置或元件

根据加工需要，有些机床夹具上还设有分度装置、靠模装置、上下料装置、工件顶出机构、电动扳手和平衡块以及标准化了的其他连接元件。

上述各组成部分中，定位支承元件、夹紧装置、夹具体是机床夹具的基本组成部分。

6.2　工件在机床夹具中的定位

6.2.1　工件的定位原理

1. 自由度的概念

机床夹具中的定位元件就是用来确定工件相对于夹具的位置的。一个尚未定位的工件,其位置是不确定的。在空间直角坐标系中,工件可沿 x、y、z 轴有不同的位置,也可以绕 x、y、z 轴回转方向有不同的位置,它们分别用 $\vec{x}$、$\vec{y}$、$\vec{z}$ 和 $\hat{x}$、$\hat{y}$、$\hat{z}$ 表示。这种工件位置的不确定性,通常称为自由度。其中,$\vec{x}$、$\vec{y}$、$\vec{z}$ 称为沿 x、y、z 轴线方向的移动自由度,$\hat{x}$、$\hat{y}$、$\hat{z}$ 称为绕 x、y、z 轴回转方向的自由度。

2. 六点定位原则

如果要使一个自由刚体在空间有一个确定的位置,就必须设置相应的六个约束,分别限制自由刚体的六个自由度。在讨论工件的定位时,工件就是自由刚体。如果工件的六个自由度都加以限制了,工件在空间的位置也就完全被确定下来了。因此,工件定位的实质就是用定位元件来阻止工件的移动或转动,从而限制工件的自由度。

分析工件定位时,通常用一个支承点来限制工件的一个自由度。用合理设置的六个支承点限制工件的六个自由度,使工件在夹具中的位置完全确定,这就是六点定位原则。

例如,如图 6-3 所示的工件以 A、B、C 三个平面作为定位基准,其中 A 面最大,在 A 面上设置呈三角形布置的三个定位支承点,限制 $\vec{z}$、$\hat{x}$、$\hat{y}$ 三个自由度;B 面较狭长,在 B 面上设置两个定位支承点,限制 $\vec{x}$、$\hat{z}$ 两个自由度;在最小的平面 C 上设置一个定位支承点,限制 $\vec{y}$ 一个自由度。利用这六个定位支承点,可使工件完全定位。由于定位是通过定位点与工件的定位基面相接触来实现的,若两者一旦脱离,则定位作用自然就消失了。

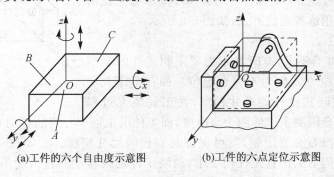

　(a)工件的六个自由度示意图　　　　(b)工件的六点定位示意图

图 6-3　工件的六个自由度

对于圆柱形工件,如图 6-4(a)所示,可在其外圆表面上设置四个定位支承点 1、3、4、5,限制 $\vec{x}$、$\vec{z}$、$\hat{x}$、$\hat{z}$ 四个自由度;在其槽侧设置一个定位支承点 2,限制 $\hat{y}$ 一个自由度;在其端面设置一个定位支承点 6,限制 $\vec{y}$ 一个自由度。此时,工件已实现完全定位,为了在外圆柱面上设置四个定位支承点,一般采用 V 形块来支承工件,如图 6-4(b)所示。

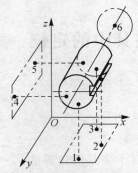
(a)圆柱形工件六点定位原理图

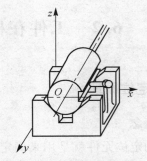
(b)V形块定位圆柱形工件示意图

图 6-4　圆柱形工件定位

通过上述分析,说明了六点定位原则的几个主要问题,即:

（1）定位支承点是由定位元件抽象而来的。在机床夹具的实际结构中,定位支承点是通过具体的定位元件体现的,即定位支承点不一定用点或销的顶端,而常用面或线来代替。根据数学概念可知,两个点决定一条直线,三个点决定一个平面,即一条直线可以代替两个支承点,一个平面可代替三个支承点。在具体应用时,还可用窄长的平面（条形支承）代替直线,用较小的平面来代替点。

（2）定位支承点与工件定位基准面始终保持接触,才能起到限制自由度的作用。

（3）分析定位支承点的定位作用时,不考虑力的影响。工件的某一自由度被限制,是指工件在某个坐标方向有了确定的位置,并不是指工件在受到使其脱离定位支承点的外力时不能运动。使工件在外力作用下不能运动,要靠夹紧装置来完成。

3. 工件定位中的几种情况

1）完全定位

完全定位是指不重复地限制了工件六个自由度的定位。当工件在 x、y、z 三个坐标方向均有尺寸要求或位置精度要求时,一般采用这种定位方式,如图 6-5 所示。

2）不完全定位

根据工件的加工要求,有时并不需要限制工件的全部自由度,这样的定位方式称为不完全定位。如在车床上车一个工件,要求保证其直径的尺寸精度,在工件装夹过程

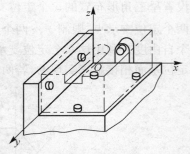
图 6-5　完全定位

中,三爪自定心卡盘限制了工件四个自由度,而工件沿主轴中心线的移动和转动这两个自由度没有被限制,也没有必要限制,就可保证其直径的尺寸精度。又如在一个光轴上铣键槽时,因键槽在其四周上的位置无任何要求,故绕工件轴线转动的自由度不必限制,只需限制其余五个自由度即可。由此可知,工件在定位时应该限制的自由度数目应由工序的加工要求而定,不影响加工精度的自由度可以不加限制。采用不完全定位方式可简化定位装置,因此,其在实际生产中也得到了广泛的应用。

3）欠定位

根据工件的加工要求,应该限制的自由度没有完全被限制的定位称为欠定位。欠定位无法保证加工要求,因此,在确定工件在机床夹具中的定位方案时,不允许有欠定位现象的

发生。若在图 6-5 中不设 xOz 平面上的端面定位支承点,则在一批工件上半封闭槽的长度就无法保证;若缺少侧面两个定位支承点,则工件上槽宽尺寸和槽与工件侧面的平行度均无法保证。

4)过定位

机床夹具上的两个或两个以上的定位元件重复限制同一个自由度的现象称为过定位。过定位是否允许,应根据具体情况进行具体分析。一般情况下,如果工件的定位面为没有经过机械加工的毛坯面或虽经过机械加工,但仍然很粗糙的表面,这时过定位是不允许的。如果工件的定位面经过了机械加工,并且定位面和定位元件的尺寸、形状和位置都做得比较准确、比较光整,则过定位不但对工件加工表面的位置尺寸影响不大,反而可以增加加工时的刚性,这时过定位是允许的。

在立式铣床上用端铣刀加工矩形工件的上表面,若将工件以底面作为定位基准放置在三个支承钉上,此时相当于三个定位支承点限制了三个自由度。若将工件放置在四个支承钉或两块支承板上,如图 6-6 所示,如果工件的底面为形状精度很低的粗基准,或四个支承钉不在同一平面上,则工件放置在支承钉上时,实际上只有三点接触。最后造成一个工件在机床夹具中定位时的位置不定或一批工件在机床夹具中位置的不一致性。如果工件的底面是加工过的精基准或形状精度较高的粗基准,虽将它放在四个支承钉或两块支承板上,只要四个支承钉或两块支承板处于同一平面上,则这个工件在机床夹具中的位置基本是确定的,一批工件在机床夹具中的位置也是基本一致的。由于增加支承钉可使工件在机床夹具中定位稳定,所以对保证工件工序加工精度有好处。

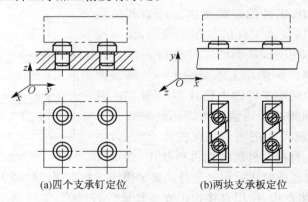

(a)四个支承钉定位　　　　　　(b)两块支承板定位

图 6-6　过定位

在某些零件如箱体或发动机连杆的加工中,经常采用零件上一主要平面及该平面上的两个孔组合定位,称为一面两孔定位,如图 6-7 所示。工件的定位基准是底面 A 和两孔中心线,定位元件为一面两销。如果两个定位销均为短圆柱销时,见图 6-7(a),则当工件两孔的中心距与机床夹具上两个短圆柱销的中心距相差较大时,孔 1 与短圆柱销 4 相配后,孔 2 有可能套不进短圆柱销 3。其原因是沿两孔中心线方向的自由度被两个短圆柱销重复限制了。其改进方法是将短圆柱销 3 改为削边定位销 5,并将削边定位销 5 的长轴方向与两销连心线垂直,见图 6-7(b),这样就不会产生过定位。若只采用增大销孔配合间隙来消除干涉,则会增大定位误差,因而没有采用的价值。

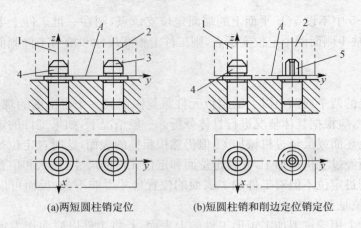

(a)两短圆柱销定位　　　　(b)短圆柱销和削边定位销定位

图 6-7　一面两孔定位

1、2—孔；3、4—短圆柱销；5—削边定位销

6.2.2　定位方式

工件在各种不同的机床上进行加工时,由于其尺寸、形状、加工要求和生产批量不同,因而其定位方式也不相同。工件的定位方式归纳起来主要有直接找正法、划线找正法和夹具定位法。

1. 直接找正法

在直接找正法中,工件的定位是由操作者利用划针、百分表等量具直接校准工件的待加工表面,也可校准工件上某一个相关表面,从而使工件获得正确的位置。如图6-8所示,在内圆磨床上磨削一个与外圆表面有很高同轴度要求的筒形工件的内孔时,为保证加工时工件占据其外圆表面轴心线与磨床头架回转轴线相一致的正确位置,加工前可先把工件装在四爪卡盘上,用百分表在外圆表面上直接对外圆表面进行找正,直至认

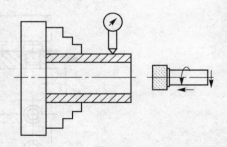

图 6-8　直接找正法

为该外圆表面已取得正确位置后用夹盘将其夹牢固定。找正用的外圆表面即为定位基准。

在单件、小批量生产中,使用直接找正安装是比较普遍的,如轴类、套类、圆盘类工件在卧式或立式车床上的安装,齿坯在滚齿机上的安装等。如果工件的定位精度要求很高,用机床夹具不能保证这样高的定位精度时,就只能采用直接找正法。

2. 划线找正法

按加工要求预先在待加工的工件表面上画出加工表面的位置线,如图 6-9 所示的找正线,然后在机床上按画出的线找正工件的方法,称为划线找正法。图 6-9 中,在一个长方体毛坯上车削一个圆柱面,为保证该圆柱面在工件上有正确的位置,可先在毛坯上将加工面的位置划线表示出来,然后在四爪夹盘上夹持工件,并使用划针盘对工件进行找正夹紧。在这种情况下,划线所表示的待加工表面即为定位基准。

通过划线将工件需要加工的表面轮廓画出来,并保证工件的加工表面具有足够的、均匀的加工余量和相互位置精度。但是划线找正法的定位精度比较低,一般为 0.2～0.5 mm,因

为线本身有一定的宽度,划线又有划线误差,找正时还有观察误差。这种定位方式不但广泛用于单件、小批量生产中,而且更适用于形状复杂的大型、重型铸锻件以及加工尺寸偏差较大的毛坯。

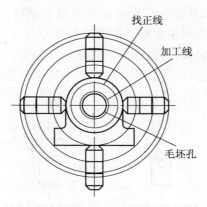

图 6-9　划线找正法

上述两种定位方式虽然有生产率低的缺点,但不需专用的机床、夹具和量具。现场中,通常第一道工序采用划线找正法安装,当加工出已加工表面后,其他工序就可以采用直接找正法安装。

3. 夹具定位法

当需要进行大批量生产时,若工件仍按上述两种定位方式进行安装,则生产率和加工精度都远远不能满足要求。为此,必须根据工件某一加工工序的要求,设计专用的、保证定位精度和提高生产率的机床夹具。夹具定位法是直接利用夹具上的定位元件使工件获得正确位置的定位方法。由于夹具的定位元件与机床和刀具的相对位置均已预先调整好,故工件定位时不必再逐个调整。这种定位方式具有迅速、可靠,定位精度较高的特点,因而广泛用于成批生产和大量生产中。

6.2.3　定位方法与定位元件

工件的定位表面有各种形式,如平面、外圆、内孔等,对于这些定位表面,需要采用一定结构的定位元件,以保证定位元件的定位表面和工件的定位基准面相接触或配合,从而实现工件的定位。一般来说,定位元件的设计应满足下列要求:

(1)定位元件要有与工件相适应的加工精度。

(2)定位元件要有足够的刚度,不允许受力后发生变形。

(3)定位元件要有耐磨性,以便在使用中保持定位精度。一般定位元件多采用低碳钢渗碳淬火或中碳钢淬火,硬度为 58～62 HRC。

下面分析各种典型定位表面的定位方法与定位元件。

1. 工件以平面定位

在机械加工中,利用工件上的一个或几个平面作为定位基准来定位工件的方式,称为平面定位,如箱体、机座、支架、板盘类零件等,多以平面作为定位基准。平面定位所用的定位元件称为基本支承,包括固定支承、可调支承、自位支承和辅助支承。

1)固定支承

固定支承是指高度尺寸固定,不能调整的支承,包括固定支承钉和固定支承板两类。固定支承钉用于较小平面的支承,而固定支承板用于较大平面的支承。

如图 6-10 所示为用于平面定位的几种常用固定支承钉,它们利用顶面对工件进行定位。其中,图 6-10(a)中的平头固定支承钉常用于精基准面的定位。图 6-10(b)中的球头固定支承钉常用于粗基准面的定位,以保证良好的接触。图 6-10(c)中的网纹头固定支承钉常用于要求较大摩擦力的侧面定位。由于图 6-10(d)中的带衬套固定支承钉便于拆卸和更换,一般用于批量大、磨损快且需要经常修理的场合。固定支承钉限制一个自由度。

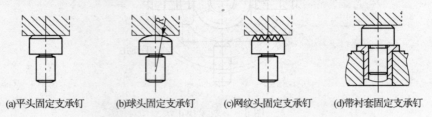

(a)平头固定支承钉　　(b)球头固定支承钉　　(c)网纹头固定支承钉　　(d)带衬套固定支承钉

图 6-10　用于平面定位的几种常用固定支承钉

固定支承板有较大的接触面积,可使工件定位稳固。一般较大的精基准平面定位多用固定支承板作为定位元件。如图 6-11 所示为两种常用的固定支承板。图 6-11(a)的平板式固定支承板,结构简单、紧凑,但不易清除落入沉头螺孔中的切屑,一般用于侧面定位。图 6-11(b)的斜槽式固定支承板在结构上做了改进,即在固定支承板上开两个斜槽作为固定螺钉使用,清屑容易,适用于底面定位。短支承板限制一个自由度,长支承板限制两个自由度。

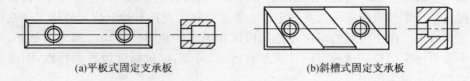

(a)平板式固定支承板　　　　　　　　(b)斜槽式固定支承板

图 6-11　两种常用的固定支承板

2)可调支承

可调支承的顶端位置可以在一定的范围内调整。它用于未加工过的平面定位,以调节补偿各批毛坯尺寸误差,一般不是对每个加工工件进行调整,而是一批工件毛坯调整一次。如图 6-12 所示为几种常用的可调支承。图中按要求高度调整好可调支承螺钉 1 后,用螺母 2 锁紧。

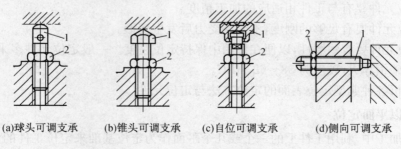

(a)球头可调支承　　(b)锥头可调支承　　(c)自位可调支承　　(d)侧向可调支承

图 6-12　几种常用的可调支承

1—可调支承螺钉；2—螺母

3）自位支承

自位支承又称为浮动支承，在定位过程中，自位支承本身所处的位置随工件定位基准面的变化而自动调整并与之相适应。如图 6-13 所示为几种常用的自位支承。尽管每一个自位支承与工件间可能是两个或三个定位支承点接触，但实质上仍然只起一个定位支承点的作用，只限制工件的一个自由度。自位支承常用于毛坯表面、断续表面和阶梯表面的定位。

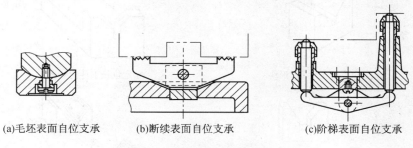

(a)毛坯表面自位支承　　　(b)断续表面自位支承　　　(c)阶梯表面自位支承

图 6-13　几种常用的自位支承

4）辅助支承

辅助支承是在工件实现定位后才参与支承的定位元件，不起定位作用，只能提高工件加工时刚度或起辅助定位作用。如图 6-14 所示为几种常用的辅助支承。图 6-14(a)和图 6-14(b)中的辅助支承用于小批量生产，图 6-14(c)中的辅助支承用于大批量生产。

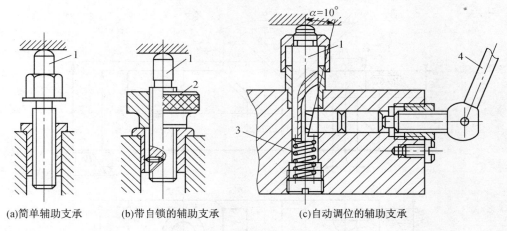

(a)简单辅助支承　　　(b)带自锁的辅助支承　　　(c)自动调位的辅助支承

图 6-14　几种常用的辅助支承
1—支承；2—螺母；3—弹簧；4—手轮

2. 工件以外圆表面定位

工件以外圆表面作为定位基准时，根据外圆表面的完整程度、加工要求和安装方式，可以在 V 形块、定位套、半圆套等中定位。其中最常用的是在 V 形块中定位。

1）V 形块

V 形块是用得最广泛的外圆表面定位元件，有固定式 V 形块和活动式 V 形块之分。如图 6-15 所示为常用的固定式 V 形块。图 6-15(a)中的 V 形块可用于较短的精基准定位。图 6-15(b)中的 V 形块可用于较长的粗基准(或阶梯轴)定位。图 6-15(c)中的 V 形块可用于两段精基准面相距较远的场合。图 6-15(d)中的 V 形块是在铸铁底座上镶淬火钢垫而制成的,可用于定位基准直径与工件长度较大的场合。根据工件与 V 形块的接触母线长度,固定式 V 形块可以分为短 V 形块和长 V 形块,前者限制工件两个自由度,后者限制工件四个自由度。如图 6-16 所示为 V 形块的结构尺寸。

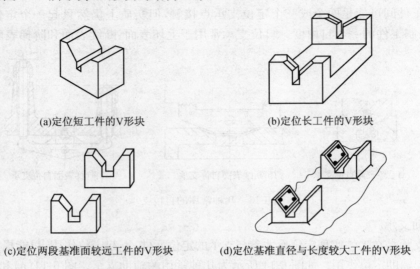

(a)定位短工件的V形块　　　　　　　　(b)定位长工件的V形块

(c)定位两段基准面较远工件的V形块　　　　(d)定位基准直径与长度较大工件的V形块

图 6-15　常用的固定式 V 形块

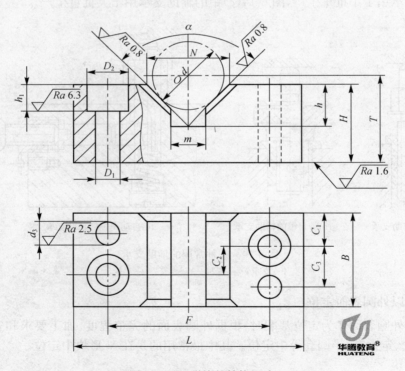

图 6-16　V 形块的结构尺寸

如图 6-17 所示的活动式 V 形块限制工件在 y 轴方向上的移动自由度。它除了有定位作用外,还兼有夹紧作用。

V 形块定位的优点如下:

（1）对中性好，即能使工件的定位基准轴线对中在 V 形块两斜面的对称平面上，在左右方向上不会发生偏移，且安装方便。

（2）应用范围较广。不论定位基准是否经过加工，不论是完整的圆柱面还是局部圆弧面，都可采用 V 形块定位。

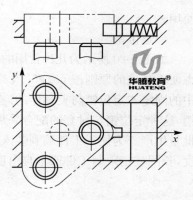

图 6-17　活动式 V 形块

V 形块上两斜面间的夹角一般选用 60°、90°和 120°，其中以 90°应用最多。其典型结构和尺寸均已标准化，设计时可查国家标准手册。V 形块的材料一般用 20 钢，渗碳深度为 0.8～1.2 mm，淬火硬度为 60～64 HRC。

2）定位套

工件以外圆表面作为定位基准在定位套内孔中定位，这种定位方法一般适用于精基准定位，如图 6-18 所示。图 6-18(a)中的套筒定位限制工件四个自由度。图 6-18(b)中的锥套定位限制工件五个自由度。

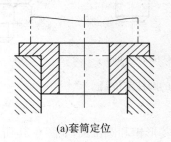
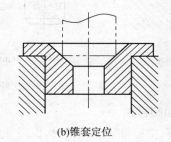

(a)套筒定位　　　　　　　　(b)锥套定位

图 6-18　工件在定位套内定位

3）半圆套

如图 6-19 所示为半圆套结构简图。其中下半圆起定位作用，上半圆起夹紧作用。图 6-19(a)中的可卸式半圆套与图 6-19(b)中的铰链式半圆套相比，后者装卸工件方便。短半圆套限制工件两个自由度，长半圆套限制工件四个自由度。

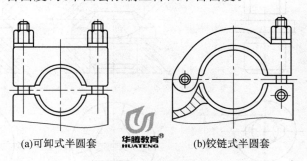

(a)可卸式半圆套　　　　　　　　(b)铰链式半圆套

图 6-19　半圆套结构简图

3. 工件以圆孔定位

有些工件，如套筒、法兰盘、拨叉等以孔作为定位基准，此时采用的定位元件有定位销、菱形销和圆锥销、定位心轴（圆柱心轴和圆锥心轴）等。圆孔定位还经常与平面定位联合使用。

1)定位销

如图 6-20 所示为几种常用的圆柱定位销。其工作部分的直径 d 通常根据加工要求和考虑便于装夹的原则按 g5、g6、f6 或 f7 进行设计和制造。图 6-20(a)、图 6-20(b)和图 6-20(c)中的固定式定位销与夹具体的连接采用过盈配合。图 6-20(d)为带衬套的可换式圆柱定位销,这种定位销与衬套的配合采用间隙配合,故其位置精度较固定式定位销低,一般用于大批量生产。为便于工件顺利装入,定位销的头部应有 15°倒角。短圆柱销限制工件两个自由度,长圆柱销限制工件四个自由度。

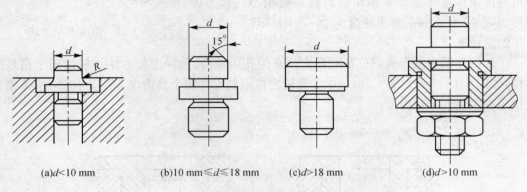

(a)$d<10$ mm　　　(b)10 mm$\leqslant d \leqslant 18$ mm　　　(c)$d>18$ mm　　　(d)$d>10$ mm

图 6-20　几种常用的圆柱定位销

2)菱形销和圆锥销

在加工套筒、空心轴等类工件时,也经常用到菱形销和圆锥销,如图 6-21 所示。图 6-21(a)中的菱形销,定位时只在该接触方向限制工件一个自由度,在需要避免过定位时使用;图 6-21(b)中的圆锥菱形销常用于毛坯孔的定位;图 6-21(c)中的圆锥销常用于已加工孔的定位。

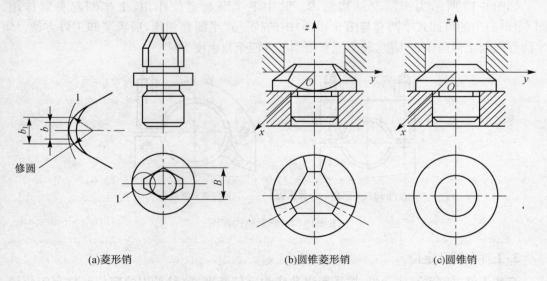

(a)菱形销　　　　　(b)圆锥菱形销　　　　　(c)圆锥销

图 6-21　菱形销和圆锥销

3)定位心轴

定位心轴主要用于套筒类和空心盘类工件的车、铣、磨及齿轮加工。常用的有圆柱心轴和圆锥心轴等。如图 6-22(a)所示的间隙配合圆柱心轴的定位精度不高,但装卸工件较方便。如图 6-22(b)所示的过盈配合圆柱心轴,常用于对定位精度要求高的场合。如图 6-22(c)所示的小锥度心轴,当工件孔的长径比 $L/D>1$ 时,工作部分可略带锥度。短圆柱心轴限制工件两个自由度,长圆柱心轴限制工件四个自由度。圆锥心轴定位方式是圆锥面与圆锥面接触,要求锥孔和圆锥心轴的锥度相同,接触良好,因此,其定位精度与角向定位精度均较高,而轴向定位精度取决于工件孔和心轴的尺寸精度。圆锥心轴限制工件五个自由度,即除了绕轴线转动的自由度没有限制外均已限制。

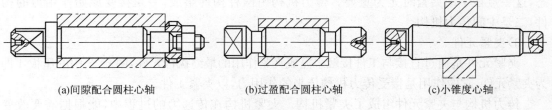

(a)间隙配合圆柱心轴　　　　　(b)过盈配合圆柱心轴　　　　　(c)小锥度心轴

图 6-22　几种常用的定位心轴

6.3　工件的夹紧

6.3.1　夹紧装置的组成和设计原则

在机械加工过程中,工件会受到切削力、离心力、惯性力等的作用。为了保证在这些外力作用下,工件仍能在机床夹具中保持已由定位元件所确定的加工位置,而不致发生振动和位移,在机床夹具结构中必须设置一定的夹紧装置将工件可靠地夹牢。

工件定位后,将工件固定并使其在加工过程中保持定位位置不变的装置,称为夹紧装置。

1. 夹紧装置的组成

夹紧装置由动力源装置、传力机构和夹紧元件三部分组成。如图 6-23 所示为夹紧装置。

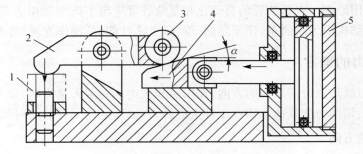

图 6-23　夹紧装置

1—工件;2—压板;3—滚子;4—斜楔;5—气缸

1)动力源装置

动力源装置是产生夹紧作用力的装置。按夹紧力的来源,夹紧分为手动夹紧和机动夹紧两种。手动夹紧的力源来自人力,比较费时、费力。为了改善劳动条件和提高生产率,目前在大批量生产中均采用机动夹紧。机动夹紧的力源来自气动、液压、气液联动、电磁、真空等动力夹紧装置。图 6-23 中的气缸就是一种动力源装置。

2)传力机构

动力源装置所产生的力或人力要正确地作用到工件上,因此,需有适当的传力机构。传力机构是把原动力传递给夹紧元件的。传力机构的作用是改变作用力的方向和作用力的大小,具有一定的自锁性能,以便在夹紧力消失后仍能保证整个夹紧系统处于可靠的夹紧状态,这一点在手动夹紧时尤为重要。传力机构由两种构件组成,一是接受原始作用力的构件,二是中间传力机构。

3)夹紧元件

夹紧元件是通过直接与工件接触来完成夹紧作用的最终执行元件,图 6-23 中的压板 4 即为夹紧元件,它的作用是接受传力机构传来的作用力,以夹紧工件。

传力机构与夹紧元件组成了夹紧机构。夹紧机构在传递力的过程中,能根据需要改变原始作用力的方向、大小和作用点。图 6-23 中的压板 4 把水平的作用力改变为垂直的夹紧力,使夹紧元件(压板)将工件压紧。手动夹具的夹紧机构还应具有良好的自锁性能,以保证人力作用停止后,仍能可靠地夹紧工件。

2. 夹紧装置的设计原则

夹紧装置的设计和选用是否正确,对保证工件的精度、提高生产率和减轻工人劳动强度有很大影响。因此,设计夹紧装置应遵循以下原则:

(1)工件不移动原则。夹紧过程中,应不改变工件定位后所占据的正确位置。

(2)工件不变形原则。夹紧力的大小要适当,既要保证夹紧可靠,又应使工件在夹紧力的作用下不致产生加工精度所不允许的变形。

(3)工件不振动原则。对刚性较差的工件,或者进行断续切削,以及不宜采用气缸直接压紧的情况,应提高支承元件和夹紧元件的刚性,并使夹紧部位靠近加工表面,以避免工件和夹紧装置的振动。

(4)安全可靠原则。传力机构应有足够的夹紧行程,手动夹紧要有自锁性能,以保证夹紧可靠。

(5)经济实用原则。夹紧装置的自动化和复杂程度应与生产纲领相适应,在保证生产效率的前提下,其结构应力求简单,便于制造、维修,工艺性能好;操作方便、省力,使用性能好。

6.3.2　夹紧力的确定

确定夹紧力就是确定夹紧力的方向、作用点和大小。确定夹紧力时,要分析工件的结构特点、加工要求、切削力和其他作用在工件上的外力,以及定位元件的结构和布置方式。

1. 夹紧力的方向

夹紧力的方向与工件定位的基本配置情况以及工件所受外力的作用方向等有关。选择时必须遵守以下准则:

　　（1）夹紧力的方向应有助于定位稳定，且主夹紧力应朝向主要定位基准面。如图 6-24 所示，在工件上镗孔，要求孔的轴线与工件左端面垂直。因此，工件以孔的左端面与定位元件的 A 面接触，A 面为主要定位基准面，并使夹紧力的方向垂直 A 面。只有这样，不论工件左端面与底面的夹角误差有多大，左端面都能始终紧靠支承面，才能保证垂直度要求。若要求所镗孔与底面平行，则夹紧力应垂直于 B 面。

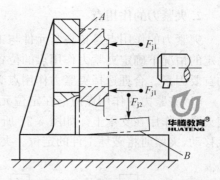

图 6-24　夹紧力应朝向主要定位基准面

　　（2）夹紧力的方向尽可能与切削力和工件重力同向。当夹紧力的方向与切削力和工件重力的方向均相同时，加工过程中所需的夹紧力可最小，从而能简化夹紧装置的结构，便于操作，减小工人劳动强度。但实际生产中，很难达到理想的状态，所以在选择夹紧方向时，应考虑在满足夹紧要求的条件下，使夹紧力越小越好。如图 6-25（a）所示，若夹紧力与切削力同向，则切削力由机床夹具的固定支承承受，所需夹紧力较小。如图 6-25（b）所示，若夹紧力与切削力反向，则夹紧力至少要大于切削力。

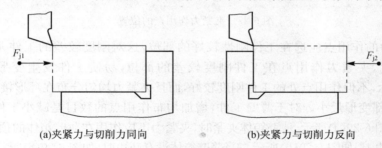

(a)夹紧力与切削力同向　　　　　　(b)夹紧力与切削力反向

图 6-25　夹紧力与切削力方向

　　（3）夹紧力的方向应是工件刚性较好的方向。由于工件在不同方向上刚度不等，不同的受力表面也因其接触面积大小而变形各异。尤其在夹压薄壁零件时，更需注意使夹紧力指向工件刚性最好的方向。如图 6-26 所示的薄壁套筒工件，它的轴向刚度比径向刚度大。图 6-26（a）中用三爪自定心卡盘径向夹紧套筒，将使工件产生较大变形。若改成图 6-26（b）的形式，用螺母轴向夹紧工件，则不易产生变形。

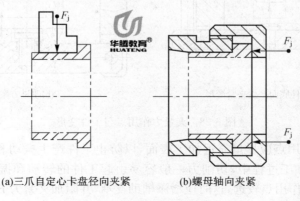

(a)三爪自定心卡盘径向夹紧　　　(b)螺母轴向夹紧

图 6-26　薄壁套筒工件的夹紧

2. 夹紧力的作用点

夹紧力的作用点是指夹紧元件与工件接触的一小块面积。选择作用点是指在夹紧方向已定的情况下确定夹紧力作用点的位置和数目。夹紧力作用点的选择是达到最佳夹紧状态的首要因素。合理选择夹紧力作用点必须遵守以下准则：

(1)夹紧力的作用点应落在定位元件的支承范围内，应尽可能使夹紧点与支承点对应，使夹紧力作用在支承上。如图 6-27 所示，如果夹紧力作用在支承范围之外，会使工件倾斜或移动，夹紧时将破坏工件的定位。夹紧力作用点的正确位置见图 6-27 中的箭头。

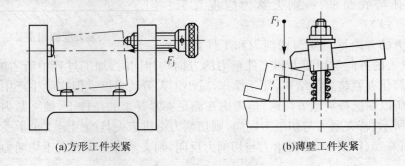

(a)方形工件夹紧   (b)薄壁工件夹紧

图 6-27　夹紧力作用点的位置

(2)夹紧力的作用点应选在工件刚性较好的部位，这对刚度较差的工件尤其重要。如图 6-28(a)所示，夹紧力作用点在工件刚度较差的部位，易使工件发生变形。如改为如图 6-28(b)所示，不但作用点处的工件刚度较好，而且夹紧力均匀分布在环形接触面上，可使工件整体及局部变形最小。对于薄壁工件，增加均布作用点的数目是减小工件夹紧变形的有效方法。如图 6-29(a)所示，薄壁箱体夹紧时，夹紧力不应作用在薄壁箱体的顶面，而应作用在刚性好的凸边上，如图 6-29(b)所示。当薄壁箱体没有凸边时，如图 6-29(c)所示，将单点夹紧改为三点夹紧，使着力点落在刚性较好的箱壁上，降低了着力点的压强，减小了工件的夹紧变形。

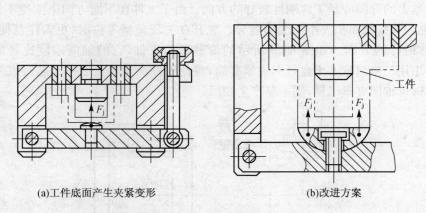

(a)工件底面产生夹紧变形   (b)改进方案

图 6-28　夹紧力作用点与工件变形

(3)夹紧力的作用点应尽量靠近加工表面，以防止工件产生振动和变形，提高定位的稳定性和可靠性。在加工过程中，切削力一般容易引起工件的转动和振动。如图 6-30 所示，加工面离夹紧力 F_j 作用点较远，这时应增添辅助支承，并附加夹紧力 F_j'，以减少工件受切削力后产生位置变动、变形或振动。

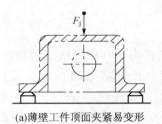  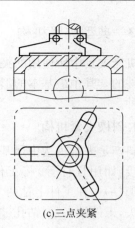

(a)薄壁工件顶面夹紧易变形　　　(b)薄壁工件夹紧力作用于凸边　　　(c)三点夹紧

图 6-29　薄壁箱体夹紧力的作用点

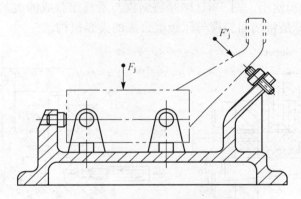

图 6-30　增添辅助支承和附加夹紧力

3. 夹紧力的大小

夹紧力的大小,对于保证定位稳定、夹紧可靠,确定夹紧装置的结构尺寸,都有着密切的关系。夹紧力的大小要适当,若过小,则夹紧不牢靠,在加工过程中工件可能发生移位而破坏定位,其结果轻则影响加工质量,重则造成工件报废甚至发生安全事故。此外,夹紧力过大会使工件变形,也会对加工质量不利。

理论上,夹紧力的大小应与作用在工件上的其他力(力矩)相平衡,而实际上,夹紧力的大小还与工艺系统的刚度、夹紧机构的传递效率等因素有关,其计算是很复杂的。因此,实际设计中常采用估算法、类比法和试验法确定所需的夹紧力。

当采用估算法确定夹紧力的大小时,为简化计算,通常将机床夹具和工件看成一个刚性系统。根据工件所受切削力、夹紧力(大型工件应考虑重力、惯性力等)的作用情况,找出加工过程中对夹紧最不利的状态,按静力平衡原理计算出理论夹紧力,最后再乘以安全系数作为实际所需夹紧力,即

$$F_{j实} = KF_{j理} \tag{6-1}$$

式中,$F_{j实}$ 为实际所需夹紧力(N);K 为安全系数,粗略计算时,粗加工取 $K=2.5\sim3$,精加工取 $K=1.5\sim2$;$F_{j理}$ 为在一定条件下,由静力平衡原理计算出的理论夹紧力(N)。

夹紧力三要素的确定,实际是一个综合性问题。必须全面考虑工件结构特点、工艺方法、定位元件的结构和布置等多种因素,才能最后确定并具体设计出较为理想的夹紧装置。

6.3.3　典型夹紧机构

机床夹具中所使用的夹紧机构绝大多数都是利用斜面将楔块的推力转变为夹紧力来夹紧工件的。其中最基本的形式就是直接利用有斜面的楔块,偏心轮、凸轮、螺钉等都是楔块的变种。

1.斜楔夹紧机构

斜楔是夹紧机构中最基本的增力和锁紧元件。斜楔夹紧机构是利用楔块上的斜面直接或间接(如用杠杆等)将工件夹紧的机构。如图 6-31 所示为几种常用的斜楔夹紧机构。图 6-31(a)中在工件上钻两个互相垂直的 $\phi8$ mm、$\phi5$ mm 孔组。钻孔时,工件装入后,锤击斜楔大头,工件被夹紧,钻孔被夹紧。钻孔完毕后,锤击斜楔小头,工件被松开。这种直接用斜楔夹紧工件的夹紧力较小,而且操作也不方便,因此,在实际生产中应用不多,而多数是将斜楔与其他机构联合起来使用。图 6-31(b)是将斜楔与滑柱组合成的夹紧机构,一般用气动或液压驱动。图 6-31(c)是将端面斜楔与压板组合成的夹紧机构。

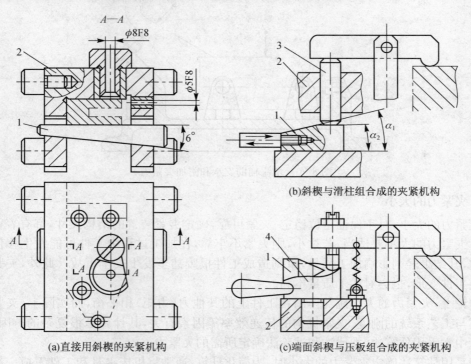

(a)直接用斜楔的夹紧机构　　(b)斜楔与滑柱组合成的夹紧机构　　(c)端面斜楔与压板组合成的夹紧机构

图 6-31　几种常用的斜楔夹紧机构
1—斜楔;2—夹具体;3—滑柱;4—压板

选用斜楔夹紧机构时,应根据需要确定斜角 α。凡有自锁要求的斜楔夹紧,其斜角 α 必须小于 2ϕ(ϕ 为摩擦角),为可靠起见,通常取 $\alpha=6°\sim8°$。在现代机床夹具中,斜楔夹紧机构常与气压、液压传动装置联合使用,由于气压、液压传动装置可保持一定压力,因而斜楔斜角 α 不受 $6°\sim8°$ 的限制,可取的更大些,一般取 $15°\sim30°$。斜楔夹紧机构结构简单、操作方便,但传力系数小、夹紧行程短、自锁能力差,其很少用于手动操作装置,而主要用于机动夹紧且毛坯质量较高的场合。

2. 螺旋夹紧机构

螺旋夹紧机构是由螺钉、螺母、垫圈、压板等元件组成,采用螺旋直接夹紧或与其他元件组合实现夹紧工件的机构。它不仅结构简单,容易制造,而且自锁性能好,夹紧可靠,夹紧力和夹紧行程都较大,是机床夹具中用得最多的一种夹紧机构。

如图 6-32 所示为几种常用的螺旋夹紧机构。图 6-32(a)中的螺钉夹紧机构,其螺钉头部常装有摆动压块,可防止螺杆夹紧时带动工件转动和损伤工件表面,螺杆上部装有手柄,夹紧时不需要扳手,操作方便、迅速。螺钉夹紧机构的缺点是夹紧动作慢,工件装卸费时。图6-32(b)中的螺母夹紧机构可以直接用扳手拧紧螺母来夹紧工件。在螺母和工件之间加垫圈,使工件所受的夹紧力均匀,并避免夹紧螺杆弯曲。在夹紧机构中,螺旋压板夹紧机构应用很普遍。由杠杆原理可知,图 6-32(c)中的螺旋压板夹紧机构所产生的夹紧力小于作用力,主要用于夹紧行程较大的场合。图 6-32(d)中的螺旋钩形压板夹紧机构的特点是结构紧凑、使用方便,已在实际生产中得到了普遍应用,并且已经标准化。

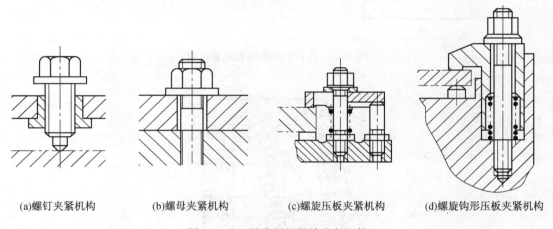

(a)螺钉夹紧机构　　　(b)螺母夹紧机构　　　(c)螺旋压板夹紧机构　　(d)螺旋钩形压板夹紧机构

图 6-32　几种常用的螺旋夹紧机构

3. 偏心夹紧机构

偏心夹紧机构是由偏心元件直接夹紧或与其他夹紧元件组合而实现对工件夹紧的机构。它是利用转动中心与几何中心偏移的圆盘或轴作为夹紧元件。它的工作原理也是基于斜楔的工作原理,近似于把一个斜楔弯成圆盘形。偏心元件一般有圆偏心和曲线偏心两种类型,圆偏心因结构简单、容易制造而得到广泛应用。

偏心夹紧机构结构简单、制造方便,与螺旋夹紧机构相比,还具有夹紧迅速、操作方便等优点。其缺点是夹紧力和夹紧行程均不大、自锁能力差、结构不抗振,故一般适用于夹紧行程及切削负荷较小且平稳的场合。在实际使用中,偏心轮直接作用在工件上的偏心夹紧机构不多见。偏心夹紧机构一般多和其他夹紧元件联合使用。如图 6-33 所示为几种常用的偏心夹紧机构,其中图 6-33(a)为偏心轮夹紧机构,图 6-33(b)和图 6-33(c)为偏心压板夹紧机构。

4. 铰链夹紧机构

铰链夹紧机构是一种增力夹紧机构,采用以铰链相连接的连杆作为中间传力元件。根据铰链夹紧机构中所采用的连杆数量,可将铰链夹紧机构分为单臂铰链夹紧机构、双臂铰链夹紧机构及三臂和多臂铰链夹紧机构等类型。如图 6-34 所示为几种常用的铰链夹紧机构。

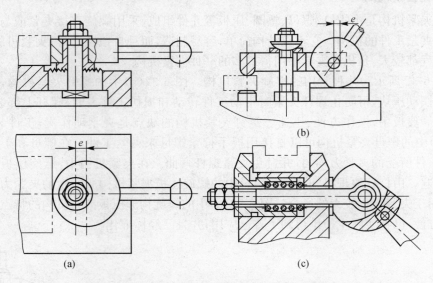

图 6-33　几种常用的偏心夹紧机构

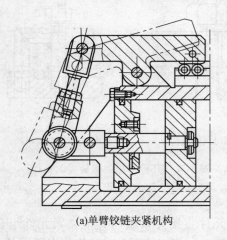

(a)单臂铰链夹紧机构

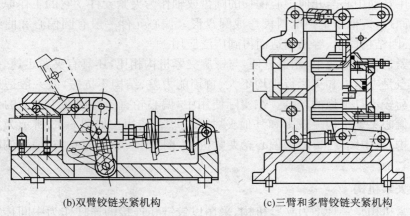

(b)双臂铰链夹紧机构　　　　　　(c)三臂和多臂铰链夹紧机构

图 6-34　几种常用的铰链夹紧机构

铰链夹紧机构具有结构简单、扩力大、摩擦损失小的优点,因此,得到了广泛的应用。但其自锁性很差,一般不单独使用,多与气动、液压等夹具联合使用,作为扩力机构,以弥补气缸或气室力量的不足。

5. 联动夹紧机构

在工件的装夹过程中,有时需要夹具同时有几个点对工件进行夹紧,有时则需要同时夹紧几个工件,而有些机床夹具除了夹紧动作外,还需要松开或固紧辅助支承等,这时为了提高生产率,减少工件装夹时间,可以采用各种联动机构。如图 6-35(a)所示,夹紧力作用在两个相互垂直的方向上,称为双向联动夹紧机构。如图 6-35(b)所示,用一个原始作用力,通过一定的机构对数个相同或不同的工件进行夹紧,称为多件联动夹紧机构。

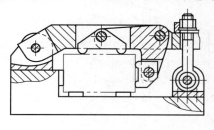 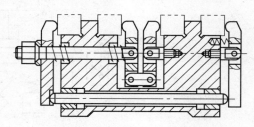

(a)双向联动夹紧机构 (b)多件联动夹紧机构

图 6-35 常用的联动夹紧机构

联动夹紧装置便于实现多件加工,故能减少机动时间。又因其采用集中操作,简化了操作程序,可减少动力装置数量、辅助时间和工人劳动强度等,能有效地提高生产率,因此,在大批量生产中应用广泛。

6.3.4 机床夹具的动力源装置

机床夹具的动力源有手动、气动、液压、气液组合、电动、电磁、弹力、离心力和真空吸力等。随着机械制造工业的迅速发展,自动化和半自动化设备的推广,以及在大批量生产中要求尽量减轻操作人员的劳动强度,现在大多采用气动、液压等夹紧动力源来代替人力夹紧动力源,这类夹紧机构还能进行远距离控制,其夹紧力可保持稳定,夹紧机构也不必考虑自锁,夹紧质量也比较高。

设计夹紧机构时,应同时考虑所采用的动力源。选择动力源时通常应遵循以下两条原则:

(1)经济合理。采用某一种动力源时,首先应考虑使用的经济效益,不仅应使动力源设施的投资减少,而且应使机床夹具结构简化,降低机床夹具的成本。

(2)与夹紧机构相适应。动力源的确定很大程度上决定了其所采用的夹紧机构,因此,动力源必须与夹紧机构的结构特性、技术特性以及经济价值相适应。

1. 手动动力源

选用手动动力源的夹紧装置一定要具有可靠的自锁性能以及较小的原始作用力,故手动动力源多用于螺栓、螺母施力机构和偏心施力机构的夹紧装置。设计这种夹紧装置时,应考虑操作者体力和情绪的波动对夹紧力的大小波动的影响,应选用较大的裕度系数。

2. 气动动力源

气动动力源夹紧装置的介质是压缩空气。一般压缩空气由压缩空气站供应。经过管路损失后,通到夹紧装置中的压缩空气为 4～6 个大气压。在设计计算时,通常以 4 个大气压来计算较为安全。气动传动系统中的气压传动装置是气缸,常用的气缸有两种形式,即活塞式气缸和薄膜式气缸。与活塞式气缸相比,薄膜式气缸具有密封性好、结构简单、寿命较长等优点。薄膜式气缸的缺点是工作行程较短。

　　气动动力源夹紧装置如图 6-36 所示。气源产生的压缩空气经车间总管路送来,先经空气过滤器 1,使其中的润滑油雾化并随之进入送气系统,以对其中的运动部件进行充分润滑,再进入减压阀 2,使压缩空气压力减至稳定的工作压力,又经油雾器 3、单向阀 4,以防止压缩空气回流,造成夹紧装置松开。换向阀 5 通过控制压缩空气进入气缸 6 的前腔或后腔来实现夹紧装置的夹紧或松开。

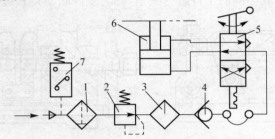

图 6-36　气动动力源夹紧装置
1—空气过滤器;2—减压阀;3—油雾器;4—单向阀;5—换向阀;6—气缸;7—压力继电器

　　气缸是将压缩空气的工作压力转换为活塞的移动,以此驱动夹紧机构实现对工件夹紧的执行元件。它的种类很多,按活塞的结构不同可分为活塞式气缸和膜片式气缸两大类,按安装方式的不同可分为固定式气缸、摆动式气缸和回转式气缸等,按工作方式的不同还可分为单向作用气缸和双向作用气缸。

　　气动动力源夹紧装置中的空气不会变质,也不会产生污染,且在管道中的压力损失小,但气压较低,当需要较大的夹紧力时,气缸就要很大,致使夹具结构不紧凑。另外,由于空气的压缩性大,因而机床夹具的刚度和稳定性较差。此外,气动动力源夹紧装置还有较大的排气噪声。

3. 液压动力源

　　液压动力源夹紧装置是利用液压油作为工作介质来传力的一种装置。其工作原理及结构与气动动力源夹紧装置相似。它们的共同优点是操作简单、动作迅速、辅助时间短。液压动力源夹紧装置与气动动力源夹紧装置比较,其具有压力大、体积小、结构紧凑、夹紧力稳定、吸振能力强、不受外力变化的影响等优点。液压动力源夹紧装置特别适用于重力切削或加工大型工件时的多处夹紧。但如果机床本身没有液压传动系统时,需设置专用夹紧液压传动系统,这样会使机床夹具成本提高。液压动力源夹紧装置的传动系统与普通液压传动系统类似,但系统中常设有蓄能器,用以储存压力油,以提高液压泵电动机的使用效率。在工件夹紧后,液压泵电动机可停止工作,靠蓄能器补偿漏油,保持夹紧状态。

4. 气液组合动力源

　　气液组合动力源夹紧装置的介质仍为压缩空气。但它综合了气动动力源夹紧装置与液压动力源夹紧装置的优点,又克服了它们的部分缺点,所以得到了发展和使用。它的工作原理如图 6-37 所示,压缩空气进入气缸 5 的上腔,推动气缸活塞 4 左移,活塞杆 3 随之在增压缸 2 内左移。因活塞杆 3 的作用面积小,使增压缸 2 和工作缸 6 内的油压增加,并推动工作缸活塞 1 上抬,将工件夹紧。

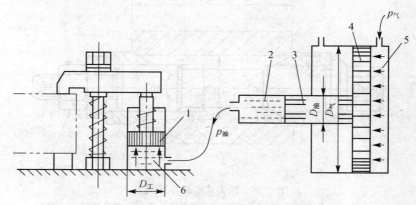

图 6-37　气液组合动力源夹紧装置的工作原理
1—工作缸活塞;2—增压缸;3—活塞杆;4—气缸活塞;5—气缸;6—工作缸

5.电动和电磁动力源

电动扳手和电磁吸盘都属于电动动力源,在流水作业线上常采用电动扳手代替手动扳手,不仅提高了生产效率,而且克服了手动时施力的波动,减轻了工人的劳动强度,是获得稳定夹紧力的方法之一。电磁动力源主要用于要求夹紧力稳定的精加工机床夹具。

6.4　各类机床夹具

6.4.1　车床夹具

车床夹具主要用于加工工件的内外圆柱面、圆锥面、回转成形面、螺纹及端平面等。根据工件的加工特点及车床夹具在车床上的安装位置,可将车床夹具分为两大类:一类是安装在车床主轴上的车床夹具,加工时工件安装在车床夹具上同车床主轴一起做回转主运动;另一类是安装在车床的拖板上或床身上的车床夹具,工件也安装在车床的拖板上,刀具安装在车床的主轴上。

当工件定位基准面为单一圆柱表面或与被加工表面相垂直的平面时,安装在车床主轴上的车床夹具可采用各种通用车床夹具,如三爪自定心卡盘、四爪单动卡盘、顶尖、花盘等。当工件定位基准面较复杂或有其他特殊要求时,如为了获得高的定位精度或在大批量生产时要求有较高的生产率,应设计专用车床夹具。

1. 车床夹具的分类

1)心轴类车床夹具

心轴类车床夹具常用于加工以孔作为定位基准的工件。心轴类车床夹具按照与机床主轴的连接方式可分为顶尖式心轴车床夹具和锥柄式心轴车床夹具。

如图 6-38 所示为顶尖式心轴车床夹具。工件 3 以孔口 60°角定位车削外圆表面。当旋转螺母 6 时,活动顶尖套 4 左移,从而使工件 3 定心夹紧。顶尖式心轴车床夹具结构简单,夹紧可靠,操作方便,适用于加工内、外圆无同轴度要求或只需加工外圆的套筒类零件。

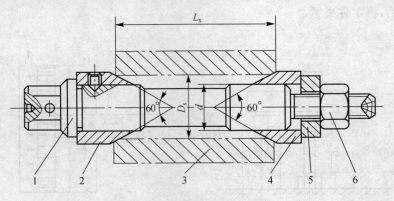

图 6-38　顶尖式心轴车床夹具

1—心轴;2—固定顶尖套;3—工件;4—活动顶尖套;5—快换垫圈;6—螺母

2)角铁式车床夹具

角铁式车床夹具是类似角铁的夹具体。它常用于加工壳体、支座、接头等类工件上的圆柱面及端面。

如图 6-39 所示为花盘角铁式车床夹具。工件 1 以两孔在圆柱定位销 4 和削边定位销 3 上定位,工件 1 底面直接在夹具体 6 的角铁平面上定位,两螺钉压板分别在两定位销孔旁把工件 1 夹紧。校正套 7 用来引导加工轴孔的刀具,平衡块 8 用以消除回转时的不平衡。花盘角铁式车床夹具上还设置了轴向定位基准面,它与圆柱定位销 4 保持确定的轴向距离,以控制刀具的轴向行程。该夹具以主轴外圆表面作为定位基准面进行安装。

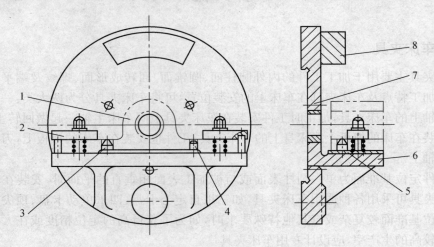

图 6-39　花盘角铁式车床夹具

1—工件;2—压板;3—削边定位销;4—圆柱定位销;

5—支承板;6—夹具体;7—校正套;8—平衡块

2. 车床夹具的设计特点

车床夹具的设计特点如下：

（1）因为整个车床夹具随车床主轴一起回转，所以要求它结构紧凑，轮廓尺寸尽可能小，重量尽可能轻，重心尽可能靠近回转轴线，以减小惯性力和回转力矩。

（2）车床夹具应具备消除回转中的不平衡现象的平衡能力，以减小振动等不利影响。一般应设置配置块或减重孔以消除回转中的不平衡现象。

（3）与主轴连接的部分是车床夹具的定位基准，其应有较准确的圆柱孔（或圆锥孔）。其结构形式和尺寸应依照具体使用的车床而定。

（4）为使车床夹具使用安全，应尽可能避免夹具上有尖角或凸起部分，必要时可在车床回转部分加上防护罩。

6.4.2 铣床夹具

1. 铣床夹具的分类

铣床夹具主要用于加工零件上的平面、键槽、缺口及成形表面等。铣床夹具按使用范围可分为通用铣床夹具、专用铣床夹具和组合铣床夹具三类。铣床夹具按工件在铣床上加工的运动特点可分为直线进给铣床夹具、圆周进给铣床夹具、沿曲线进给铣床夹具（如仿形装置）三类。此外，铣床夹具还可按自动化程度和夹紧动力源的不同（如气动、电动、液压）以及装夹工件数量的多少（如单件、双件、多件）等进行分类。其中，最常用的分类方法是按通用、专用和组合进行分类的。

如图 6-40 所示为铣工件上斜面的单件铣床夹具。工件以一面两孔定位，为保证夹紧力作用方向指向主要定位面，两个压板的前端应做成球面。此外，为了确定对刀块的位置，还在该夹具上设置了工艺孔。图 6-40(b) 为设计计算该夹具上工艺孔 O 点位置的尺寸关系图。

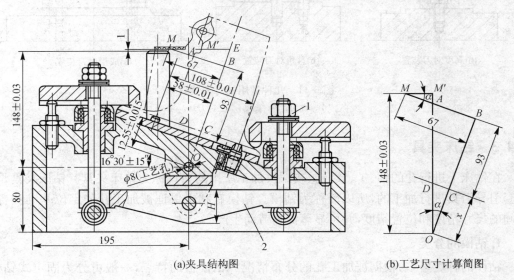

(a)夹具结构图　　　　(b)工艺尺寸计算简图

图 6-40　铣工件上斜面的单件铣床夹具

1—螺母；2—杠杆

2. 铣床夹具的设计特点

铣床夹具与其他机床夹具的不同之处在于,它通过定位键在机床上定位,且用对刀装置决定铣刀相对于铣床夹具的位置。

1)铣床夹具的总体结构

铣削加工的切削力较大,又是断续切削,加工中易引起振动,因此,铣床夹具的受力元件要有足够的强度和刚度。铣床夹具的夹紧机构所提供的夹紧力应足够大,且要求有较好的自锁性能。为了提高铣床夹具的工作效率,应尽可能采用机动夹紧机构和联动夹紧机构,并在可能的情况下采用多件夹紧和多件加工。

2)铣床夹具的对刀装置

在工作台上安装好铣床夹具后,还要调整刀具对铣床夹具的相对位置,以便于进行定距加工。为了使刀具与工件被加工表面的相对位置能迅速而正确地对准,在铣床夹具上可采用对刀装置。对刀装置由对刀块和塞尺等组成,其结构尺寸已标准化。各种对刀块的结构可以根据工件的具体加工要求进行选择。如图 6-41 所示为几种常用的对刀装置,图 6-41(a)中的高度对刀装置用于加工平面时对刀。图 6-41(b)中的直角对刀装置用于加工键槽或台阶面时对刀。图 6-41(c)中的成形对刀装置用于加工成形表面时对刀。塞尺用于检查刀具与对刀块之间的间隙,以避免刀具与对刀块直接接触。

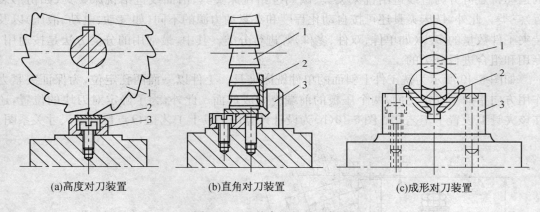

(a)高度对刀装置　　　　　(b)直角对刀装置　　　　　(c)成形对刀装置

图 6-41　几种常用的对刀装置
1—铣刀；2—塞尺；3—对刀块

6.4.3　钻床夹具

在钻床上进行孔的钻、扩、铰、锪、攻螺纹加工所用的夹具称为钻床夹具。钻床夹具是用钻套引导刀具进行加工的,所以简称为钻模。钻模有利于保证被加工孔的定位基准和各孔之间的尺寸精度和位置精度,并可显著提高劳动生产率。

1. 钻模的分类

钻模的种类繁多,根据被加工孔的分布情况和钻模板的特点,一般可分为固定式钻模、回转式钻模、移动式钻模、翻转式钻模、盖板式钻模和滑柱式钻模等几种类型。

1)固定式钻模

固定式钻模在使用过程中,其钻床夹具和工件在钻床上的位置固定不变。它常用于在立式钻床上加工较大的单孔或在摇臂钻床上加工平行孔系。

在立式钻床上安装钻模时,一般先将装在主轴上的定尺寸刀具(精度要求高时用心轴)伸入钻套中,以确定钻模的位置,然后将其紧固。这种加工方式的钻孔精度较高。如图 6-42 所示为固定式钻模,该钻模可用来加工工件上的小孔。

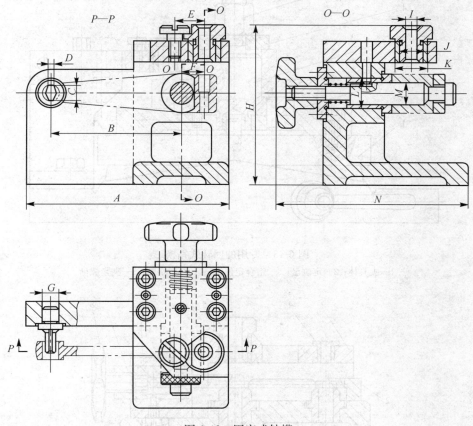

图 6-42　固定式钻模

2)回转式钻模

在钻削加工中,回转式钻模使用较多,它用于加工同一圆周上的平行孔系或分布在圆周上的径向孔。它包括立轴回转式钻模、卧轴回转式钻模和斜轴回转式钻模三种基本形式。由于回转台已经标准化,因而回转式夹具的设计,在一般情况下是将设计专用的工件夹具和标准回转台联合使用,必要时才设计专用的回转式钻模。如图 6-43 所示为专用的回转式钻模,可用其加工工件上均布的径向孔。工件在定位盘 2 和带键的组合定位销 3 上定位。工件的夹紧是通过夹紧螺母 5 和开口垫圈 4 完成的。夹具体 1 通过定位盘 2 底面的衬套孔,装在通用转台的转盘中心的定位销中,然后用螺钉紧固。

3)移动式钻模

移动式钻模用于钻削中、小型工件同一表面上的多个孔。如图 6-44 所示为移动式钻模。工件以连杆端面及连杆头的大、小头圆弧面作为定位基面,在定位套 9、10,固定 V 形块 2 及活动 V 形块 7 上定位。先通过手轮 8 推动活动 V 形块 7 压紧工件,然后转动手轮 8 带动螺钉 13 转动,压迫钢球 12,使两片半月键 11 向外胀开而锁紧。活动 V 形块 7 带有斜面,使工件在夹紧分力作用下与定位套 9、10 贴紧。通过移动钻模使钻头分别在两个钻套 4、5 中导入，从而加工工件上的两个孔。

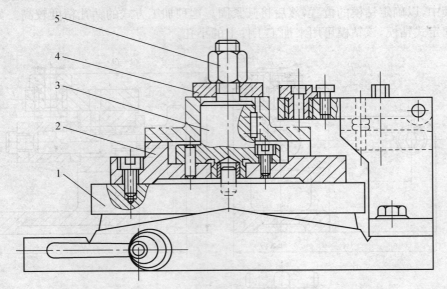

图 6-43　专用的回转式钻模

1—夹具体；2—定位盘；3—组合定位销；4—开口垫圈；5—夹紧螺母

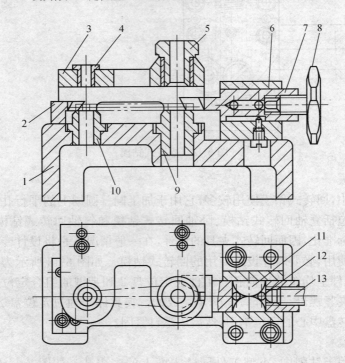

图 6-44　移动式钻模

1—夹具体；2—固定 V 形块；3—钻模板；4、5—钻套；6—支座；7—活动 V 形块；
8—手轮；9、10—定位套；11—半月键；12—钢球；13—螺钉

4）翻转式钻模

翻转式钻模主要用于加工中、小型工件分布在不同表面上的孔。如图 6-45 所示为加工套筒上四个径向孔的翻转式钻模。工件以内孔及端面在台肩销 1 上定位，用快换垫圈 2 和螺母 3 夹紧。钻完一组孔后翻转 60°钻另一组孔。该钻模的结构比较简单，但每次钻孔都需找正钻套相对钻头的位置，所以辅助时间较长，而且翻转费力。因此，钻模连同工件的总重量不能太重，加工批量也不宜过大。

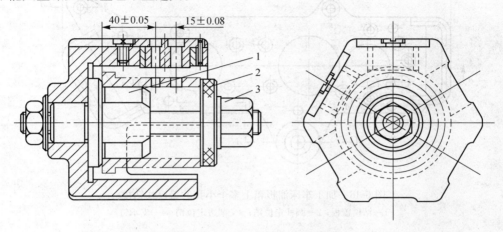

图 6-45　加工套筒上四个径向孔的翻转式钻模
1—台肩销；2—快换垫圈；3—螺母

5）盖板式钻模

盖板式钻模没有夹具体，其钻模盖板上除钻套外，一般还装有定位元件和夹紧装置，只要将盖板式钻模覆盖在工件上即可进行加工。

如图 6-46 所示为加工车床溜板箱上多个小孔的盖板式钻模。在钻模盖板 1 上不仅装有钻套，还装有圆柱定位销 2、削边定位销 3 和支承钉 4。因钻小孔，钻削力矩小，故未设置夹紧装置。

盖板式钻模结构简单，一般多用于加工大型工件上的小孔。因其在使用时需经常搬动，故质量不宜超过 10 kg。为了使盖板式钻模的质量得到减轻，可在钻模盖板上设置加强肋，以减小盖板厚度，加设减轻质量用的窗孔，或选用铸铝件作为盖板材料。

6）滑柱式钻模

滑柱式钻模是一种带有升降钻模板的通用可调夹具。如图 6-47 所示为手动滑柱式钻模的通用结构。它由夹具体、三根滑柱、升降钻模板、传动和锁紧机构等组成。使用时，只要根据工件的形状、尺寸和加工要求等具体情况，专门设计、制造相应的定位、夹紧装置和钻套等，装在夹具体 5 的平台和升降钻模板 3 上的适当位置就可用于加工。转动操纵手柄 6，经过齿轮齿条的啮合传动和左右滑柱的导向，便能顺利地带动升降钻模板 3 升降，将工件夹紧或松开。

这种手动滑柱式钻模的机械效率较低，夹紧力不大，此外，由于滑柱和导孔为间隙配合（一般为 H7/f7），因此，被加工孔的垂直度和孔的位置尺寸难以达到较高的精度。但是其自锁性能可靠、结构简单、操作迅速，具有通用可调的优点，不仅可在大批量生产中广泛使用，而且也已推广到小批量生产中。

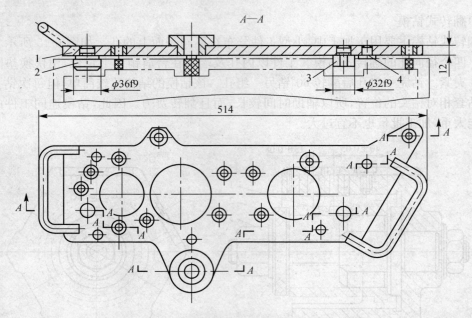

图 6-46　加工车床溜板箱上多个小孔的盖板式钻模

1—钻模盖板；2—圆柱定位销；3—削边定位销；4—支承钉

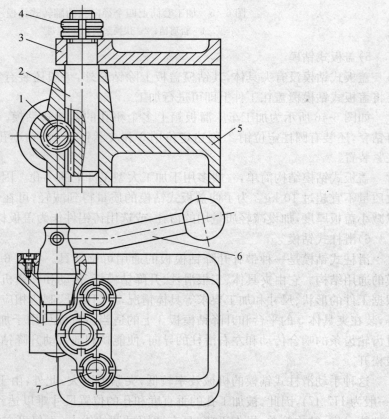

图 6-47　手动滑柱式钻模的通用结构

1—斜齿轮；2—螺旋齿轮轴；3—升降钻模板；4—锁紧螺母；5—夹具体；6—操纵手柄；7—滑柱

2. 钻床夹具的设计特点

钻床夹具的主要特点是都有一个安装钻套的钻模板。钻套和钻模板是钻床夹具的特殊元件。

1) 钻套

钻套装配在钻模板或夹具体上，其作用是确定被加工孔的位置和引导刀具加工。钻套按其结构和使用特点可分为以下四种类型：

(1) 固定钻套。如图 6-48(a) 和图 6-48(b) 所示，固定钻套分为 A、B 两种类型。固定钻套与钻模板或夹具体之间采用 H7/n6 或 H7/r6 配合。它具有结构简单、钻孔精度高的特点，适用于单一钻孔工序和小批量生产。

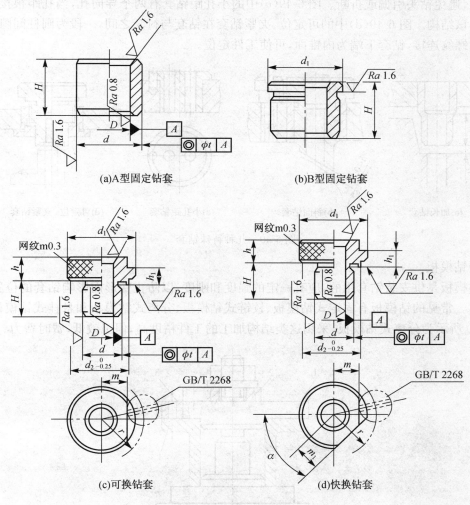

(a) A 型固定钻套　　　　　　　(b) B 型固定钻套

(c) 可换钻套　　　　　　　(d) 快换钻套

图 6-48　标准钻套

(2) 可换钻套。如图 6-48(c) 所示为可换钻套。当工件为单一钻孔工序并要进行大批量生产时，为便于更换磨损的钻套，应选用可换钻套。可换钻套与衬套之间采用 F7/m6 或 F7/k6 配合，衬套与钻模板之间采用 H7/n6 配合。当可换钻套磨损后，可卸下螺钉，更换新的钻套。螺钉能防止加工时可换钻套的转动或退刀时可换钻套随刀具自行拔出。

（3）快换钻套。如图 6-48(d)所示为快换钻套。当工件需钻、扩、铰多工序加工时，为能快速更换不同孔径的钻套，应选用快换钻套。快换钻套的有关配合与可换钻套相同。更换快换钻套时，将快换钻套削边转至螺钉处，即可取下快换钻套。快换钻套削边的方向应考虑刀具的旋向，以免快换钻套随刀具自行拔出。

以上三类钻套已标准化，其结构参数、材料、热处理方法等可查阅有关手册。

（4）特殊钻套。由于工件形状或被加工孔位置的特殊性，需要设计特殊结构的钻套。如图 6-49 所示为几种特殊钻套。图 6-49(a)中的加长钻套是在凹面中钻孔的钻套，由于钻模板无法接近加工表面，使得上下部分的孔径不一，因而减少了刀具与钻套的接触长度。图 6-49(b)为在斜面上钻孔的钻套，用于在斜面或圆弧面上钻孔，排屑空间的高 $h < 0.5$ mm，可增加钻头刚度，避免钻头引偏或折断。图 6-49(c)中的小孔距钻套有两个导向孔，当孔距很接近时，可采用该结构。图 6-49(d)中的可定位、夹紧钻套在钻套与衬套之间，一段为圆柱间隙配合，一段为螺纹连接，钻套下端为内锥面，可使工件定位。

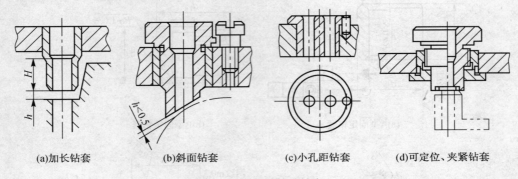

(a)加长钻套　　　　(b)斜面钻套　　　　(c)小孔距钻套　　　　(d)可定位、夹紧钻套

图 6-49　几种特殊钻套

2）钻模板

钻模板是供安装钻套用的，应有一定的强度和刚度，以防止变形而影响钻套的位置和引导精度。常见的钻模板有固定式钻模板、铰链式钻模板、分离式钻模板和悬挂式钻模板。如图 6-50 所示为分离式钻模板，采用这类结构加工的工件精度高，但工效低，费时费力。

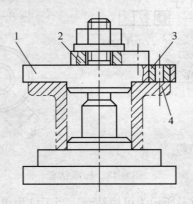

图 6-50　分离式钻模板
1—钻模板；2—钻套；3—压板；4—工件

6.5　现代机床夹具

6.5.1　自动线夹具

自动线是由多台自动化单机,借助工件自动传输系统、自动线夹具、控制系统等组成的一种加工系统。常见的自动线夹具有随行夹具和固定自动线夹具两种。

现以随行夹具为例介绍自动线夹具的结构。随行夹具常用于形状复杂且无良好输送基面或虽有良好输送基面但材质较软的工件。工件安装在随行夹具上,随行夹具除了完成对工件的定位和夹紧外,还带着工件按照自动线的工艺流程由自动线运输机构运送到各台机床的机床夹具上。工件在随行夹具上通过自动线上的各台机床完成全部工序的加工。

如图 6-51 所示为随行夹具在自动线机床上的工作简图。随行夹具 1 由带棘爪的步伐式输送带 2 运送到机床上。固定夹具 4 除了在输送支承 3 上用一面两销定位以及夹紧装置使随行夹具 1 定位并夹紧外,还提供输送支承面 A_1。杠杆 5、液压缸 6、钩形压板 8 为夹紧装置。

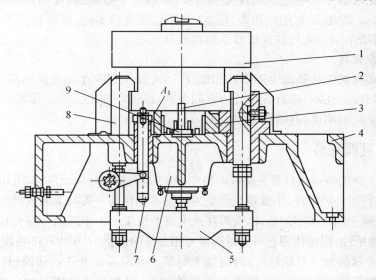

图 6-51　随行夹具在自动线机床上的工作简图

1—随行夹具；2—输送带；3—输送支承；4—固定夹具；5、9—杠杆；6—液压缸；7—定位机构；8—钩形压板

6.5.2　组合夹具

组合夹具是一种标准化、系列化、通用化程度很高的柔性化夹具,目前在我国已基本普及。它由一套预先制造好的具有不同几何形状、不同尺寸的高精度元件与合件组成,包括基础件、支承件、定位件、导向件、压紧件、紧固件、其他件和合件等,使用时按照工件的加工要求,采用组合的方式组装成所需的夹具。

1.组合夹具的特点

组合夹具把专用夹具的设计、制造、使用、报废的单向过程变为组装、拆卸、清洗入库、再组装的循环过程。与专用夹具相比,组合夹具虽然初次投资较大,但使用时可大量减少专用夹具的设计和制造工作,缩短生产准备周期,节省了工时和材料,降低了生产成本,还可以减少夹具库房面积,有利于管理。

组合夹具的元件精度高、耐磨,并且实现了完全互换,元件加工精度一般为 IT7～IT6。用组合夹具加工的工件,位置精度一般可达 IT9～IT8,若精心调整,则位置精度可达 IT7。

组合夹具用过后可方便拆卸,供下次另行组装使用。组合夹具系统的应用范围很广,不受工件形状的限制,能组装成钻、铣、刨、车、镗等机床专用夹具,也能组装成检验、装配、焊接等夹具,最适用于新产品试制和产品经常更换的单件、小批量生产以及临时任务。

组合夹具的主要缺点是体积较大,刚度较差,一次投资多,成本高,这使组合夹具的推广、应用受到一定限制。

2. 组合夹具的分类

根据组合夹具组装连接基面的形状,可将其分为槽系和孔系两大类。

1)槽系组合夹具

槽系组合夹具的组装基面为 T 形槽,夹具元件由键、螺栓等定位,紧固在 T 形槽内。因夹具元件的位置可沿 T 形槽的纵向作无级调节,故组装十分灵活,使用范围广,是最早发展起来的组合夹具。根据 T 形槽的槽距、槽宽、螺栓直径规格不同,槽系组合夹具有小型槽系组合夹具、中型槽系组合夹具和大型槽系组合夹具三种。

2)孔系组合夹具

孔系组合夹具的组装基面为圆形孔和螺纹孔,夹具元件的连接通常用两个圆柱销定位,螺钉紧固,根据孔径、孔距、螺钉直径分为不同系列,以适应加工工件。孔系组合夹具较槽系组合夹具具有更高的刚度,且结构紧凑。

6.5.3　通用可调夹具

通用可调夹具的特点是只要更换或调整个别定位、夹紧或导向元件,即可用于多种零件的加工,从而使多种零件的单件、小批量生产变为一组零件在同一夹具上的成批生产。产品更新换代后,只要是属于同一类型的零件,就可在此夹具上加工。由于通用可调夹具具有较强的适应性和良好的继承性,因而使用它可大量减少专用夹具的数量,缩短生产准备周期,降低成本。

通用可调夹具的加工对象较广,有时加工对象不确定。如滑柱式钻模,只要更换不同的定位、夹紧、导向元件,便可用于不同类型工件的钻孔;又如可更换钳口的台虎钳、可更换卡爪的卡盘等,均适用于不同类型工件的加工。

本 章 小 结

机床夹具由定位支承元件、夹紧装置、连接定向元件、对刀元件或导向元件、夹具体以及其他装置或元件组成。通过对本章的学习,应重点掌握定位和夹紧的相关知识,以及机床夹具设计的有关内容。

定位就是确定工件在夹具中的正确位置,是通过在夹具上设置正确的定位元件与工件定位面的接触来实现的。工件的定位有完全定位、不完全定位、欠定位和过定位,要根据具体加工要求而定。欠定位在夹具设计中是不容许的,而过定位则应有条件地采用。不同的定位元件限制不同的自由度,针对不同工件的加工要求合理选择和设计夹具的定位方法与定位元件。

夹紧是为了克服切削力等外力干扰而使工件在空间中保持正确的定位位置的一种手段。夹紧一般在定位步骤之后,有时定位与夹紧是同时进行的。常用的夹紧装置和典型的夹紧机构具有各自的特点,应根据具体情况合理地确定夹紧力的大小、方向和作用点。

车、铣、钻等不同的机床,其夹具设计具有各自典型的特点,应根据具体设计任务,遵循夹具设计的基本要求和步骤进行设计。

习　题　6

6-1　机床夹具由哪几个部分组成?各部分分别起什么作用?

6-2　什么是六点定位原则?

6-3　根据六点定位原则,分析如图题 6-3 所示的定位方案中,各定位元件所限制的自由度。

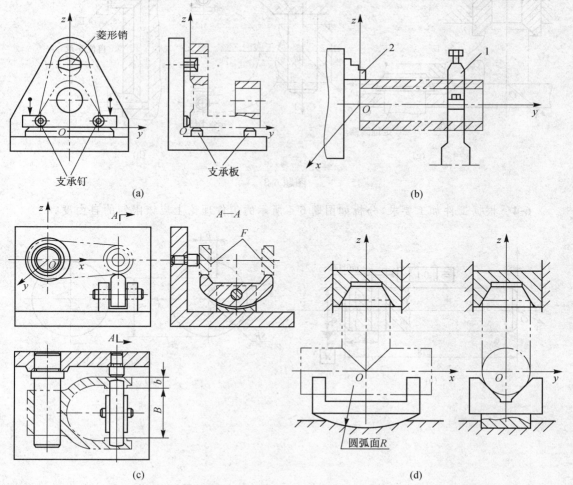

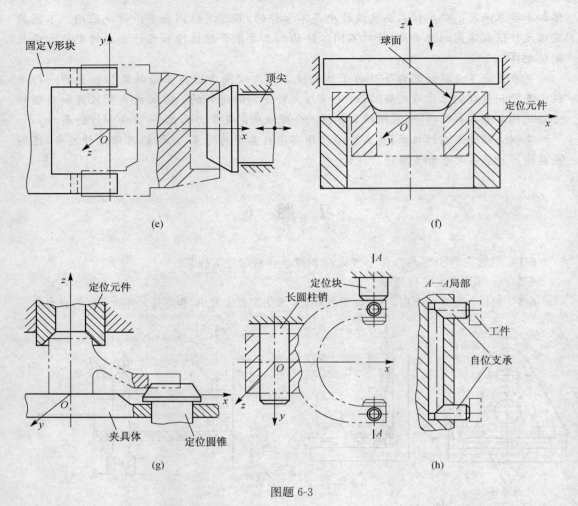

图题 6-3

6-4 根据工件加工要求,分析如图题 6-4 所示的工件理论上应该限制的自由度。

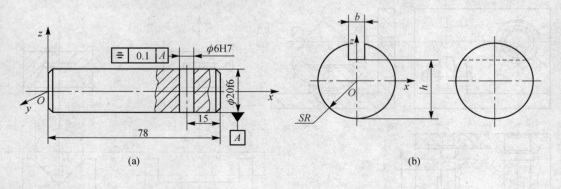

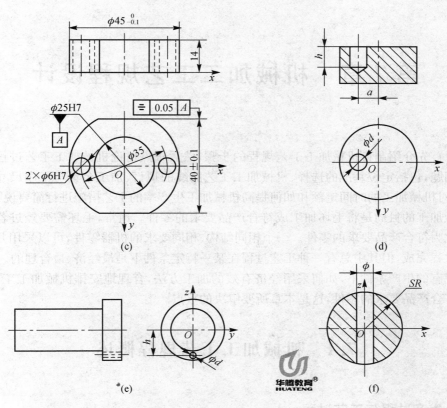

图题 6-4

6-5　什么是完全定位、不完全定位、欠定位和过定位?

6-6　不完全定位和欠定位是否都不允许使用? 为什么?

6-7　什么是固定支承、可调支承、自位支承和辅助支承?

6-8　夹紧装置的组成和设计原则是什么?

6-9　简述夹具夹紧力的确定原则。

6-10　螺旋夹紧机构的优缺点是什么?

6-11　气动动力源夹紧装置与液压动力源夹紧装置的共同优点是什么?

6-12　分别简述车、铣、钻床夹具的设计特点。

6-13　钻套的种类有哪些? 它们分别适用于什么场合?

第 7 章　机械加工工艺规程设计

本章首先介绍制订机械加工工艺规程的步骤,然后重点讨论机械加工工艺过程设计中的主要问题,包括定位基准的选择、机械加工工艺路线的拟订、加工余量与工序尺寸的确定等,最后对机械加工的时间定额和如何提高机械加工生产率的工艺措施进行简要说明。

机械加工的目的是将毛坯加工成符合产品要求的零件。通常,毛坯需要经过若干工序才能转化为符合产品要求的零件。一个相同结构、相同要求的机器零件,可以采用几种不同的工艺过程完成,但其中总有一种工艺过程在某一特定条件下是最经济、最合理的。

在现有的生产条件下,如何采用经济有效的加工方法,合理地安排机械加工工艺路线,以获得符合产品要求的零件,这是本章所要解决的重点。

7.1　机械加工工艺规程概述

7.1.1　生产过程与工艺过程

机械产品的生产过程是指将原材料转变为成品的全过程。这里所指的成品可以是一台机器、一个部件,也可以是某种零件。对于机械制造而言,生产过程包括原材料、半成品和成品的运输和保存,生产和技术准备工作,如产品的开发和设计,工艺及工艺装备的设计与制造,各种生产资料的准备以及生产组织,毛坯的制造和处理,零件的机械加工、热处理及其他表面处理,部件或产品的装配、检验、调试、油漆和包装等。生产过程往往由许多工厂或工厂的许多车间联合完成,这有利于专业化生产,有利于提高生产率、保证产品质量、降低生产成本。

在生产过程中凡直接改变生产对象的形状、尺寸、相对位置和性质等,使其成为半成品或成品的过程称为工艺过程。工艺过程可分为毛坯制造、机械加工、热处理和装配等。它是生产过程的核心组成部分。

7.1.2　机械加工工艺过程的组成

机械制造过程中,凡直接改变零件形状、尺寸、相对位置和性能等,使其成为半成品或成品的过程称为机械制造工艺过程,它包括机械加工工艺过程和机器装配工艺过程。其中,机械加工工艺过程是机械产品生产过程的一部分,是对机械产品中的零件采用各种机械加工方法直接用于改变毛坯的形状、尺寸、表面粗糙度以及物理力学性能,使之成为合格零件的全部劳动过程。

机械加工工艺过程由一个或若干个依次排列的工序组成。工序是指由一个或一组工人在同一台机床或同一个工作地,对一个或同时对几个工件连续完成的那一部分机械加工工艺过程。工序是组成机械加工工艺过程的基本单元,也是制订生产计划、进行成本核算的基本单元。工人、工作地、工件与连续作业构成了工序的四个要素,若其中任一要素发生变更,则将会构成另一道工序。

　　一个机械加工工艺过程需要包括哪些工序,是由被加工零件的结构复杂程度、加工精度要求及生产类型所决定的。如图 7-1 所示的阶梯轴,因不同的生产批量,就有不同的机械加工工艺过程,分别见表 7-1 与表 7-2。

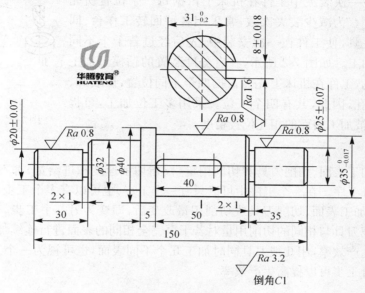

图 7-1　阶梯轴

表 7-1　阶梯轴机械加工工艺过程(单件、小批量生产)

工序号	工序内容	设　备
1	车端面,钻中心孔;车外圆,切退刀槽和倒角	车床
2	铣键槽	铣床
3	磨外圆	磨床
4	去毛刺	钳工台

表 7-2　阶梯轴机械加工工艺过程(大量生产)

工序号	工序内容	设　备
1	铣端面,钻中心孔	铣床
2	车一端外圆,切退刀槽和倒角;车另一端外圆,切退刀槽和倒角	车床
3	铣键槽	铣床
4	磨外圆	磨床
5	去毛刺	钳工台

　　每个工序可分为若干个安装、工位、工步和走刀工序。

1. 安装

　　安装是指工件每经一次装夹后所完成的那部分工序。在一道工序中,工件在加工位置上至少要装夹一次,有的工件可能会装夹几次。表 7-2 中的第 2、4 道工序,须调头经过两次安装才能完成其工序的全部内容。

工件在加工中,应尽可能减少装夹次数,多一次装夹就多一次安装误差,同时也增加了装卸辅助时间。

2. 工位

工位是指在一次装夹中工件在机床上占据每一个位置所完成的那部分工序。为减少装夹次数,常采用各种回转工作台、回转夹具或移动夹具,使工件在一次安装中,先后经过若干个不同位置顺次进行加工。如图 7-2 所示,在有分度装置的钻模上加工零件上的四个孔,工件在机床上先后占据四个不同位置,即装卸、钻孔、扩孔和铰孔,因此,共有四个工位。采用多工位加工,可提高生产率,保证被加工表面的相互位置精度。

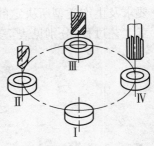

图 7-2　多工位加工

3. 工步

工步是在加工表面、切削刀具和切削用量(仅指切削速度和进给量)都不变的情况下所完成的那一部分工序。在一个工序中可以只有一个工步,也可以有多个工步,一般构成工步的任一因素,如加工表面、切削刀具或切削用量改变后,即变为另一个工步。在一次安装中可把采用同一把刀具与相同的切削用量对若干个完全相同的表面进行连续加工看做一个工步。为了提高生产效率,用几把刀具同时加工几个不同表面,也可视为一个工步,称为复合工步。采用复合工步可以提高生产效率。

4. 走刀

在一个工步中,若要切掉的金属层很厚,则可分几次切削,每切削一次就称为一次走刀。

7.1.3　生产类型

不同的生产类型,其生产过程和生产组织、车间的机床布置、毛坯的制造方法、采用的工艺装备、加工方法以及工人的熟练程度等都有很大的不同,因此,在制订机械加工工艺路线时必须明确该产品的生产类型。

生产纲领是指企业在计划期内应当生产的产品产量和进度计划。计划期通常为一年,所以生产纲领也称为年产量。

对于零件而言,产品的产量除了制造机器所需要的数量外,还包括一定的备品和废品,因此,零件的年产量应按下式计算

$$N = Qn(1+a)(1+b) \tag{7-1}$$

式中,N 为零件的年产量(件/年);Q 为产品的年产量(台/年);n 为每台产品中该零件的数量(件/台);$a\%$ 为该零件的备品率;$b\%$ 为该零件的废品率。

生产类型是指企业(或车间、工段)生产专业化程度的分类。人们按照产品的年产量、投入生产的批量,可将生产分为单件生产、批量生产和大量生产三种类型。

1. 单件生产

单个生产不同结构和尺寸的产品,很少重复甚至不重复,这种生产称为单件生产,如新产品试制、维修车间的配件制造和重型机械制造等都属于此种生产类型。其特点是生产的

产品种类较多,而同一产品的产量很小,工作地点的加工对象经常改变。

2. 批量生产

一年中分批轮流制造几种不同的产品,每种产品均有一定的数量,这种生产称为批量生产,如一些通用机械厂、某些农业机械厂、陶瓷机械厂、造纸机械厂、烟草机械厂等的生产都属于此种生产类型。其特点是生产的产品种类较少,有一定的生产数量,工作地点的加工对象周期性地改变,加工过程周期性地重复。

同一产品每批投入生产的数量称为批量。根据批量的大小又可分为小批量生产、中批量生产和大批量生产。小批量生产的工艺特征接近单件生产,大批量生产的工艺特征接近大量生产。

3. 大量生产

同一产品的生产数量很大,大多数工作地点经常按一定节奏重复进行某一零件的某一工序的加工,这种生产称为大量生产。如自行车制造和一些链条厂、轴承厂等专业化生产都属于此种生产类型。其特点是同一产品的产量大,工作地点较少改变,加工过程重复。

生产类型取决于产品的年产量、尺寸大小及复杂程度。产品的生产类型与年产量的关系见表 7-3。

表 7-3　产品的生产类型与年产量的关系

产品的生产类型		产品的年产量(台/年)		
		重型机械	中型机械	小型机械
单件生产		<5	<20	<100
批量生产	小批量生产	5～100	20～200	100～500
	中批量生产	100～300	200～500	500～5 000
	大批量生产	300～1 000	500～5 000	5 000～50 000
大量生产		>1 000	>5 000	>50 000

生产类型不同,产品的制造工艺、工装设备、技术措施、经济效果等也不同。大批量生产采用高效的工艺及设备,经济效果好;单件、小批量生产采用通用设备及装备,生产效率低,经济效果较差。各种生产类型的工艺特征见表 7-4。

表 7-4　各种生产类型的工艺特征

工艺特征	单件生产	批量生产	大量生产
毛坯的制造方法	铸件用木模手工造型,锻件用自由锻	铸件用金属模造型,部分锻件用模锻	铸件广泛用金属模机器造型,锻件用模锻
零件的互换性	无需互换,互配零件,可成对制造,多数用修配法装配	大部分零件有互换性,少数用修配法装配	全部零件有互换性,某些精度要求高的配合采用分组装配
机床设备及其布置	采用通用机床,按机床类别和规格采用机群式排列	部分采用通用机床,部分采用专用机床,按零件加工分工段排列	广泛采用生产率高的专用机床和自动机床,按流水线形式排列

续表

工艺特征	单件生产	批量生产	大量生产
夹具	很少用专用夹具,可由划线和试切法达到设计要求	多数采用专用夹具,部分用划线法进行加工	广泛采用专用夹具,用调整法达到精度要求
刀具和量具	采用通用刀具和万能量具	较多采用专用刀具和专用量具	广泛采用高生产率的刀具和量具
对技术工人的要求	需要技术熟练的工人	各工种需要一定熟练程度的技术工人	对机床调整工人技术要求高,对机床操作工人技术要求低
对工艺文件的要求	只有简单的工艺过程卡	有详细的工艺过程卡或工艺卡,零件的关键工序有详细的工序卡	有工艺过程卡、工艺卡和工序卡等详细的工艺文件

7.1.4　机械加工工艺规程内容及制订步骤

机械加工工艺规程是将产品或零件、部件的制造工艺过程和操作方法按一定格式固定下来的技术文件。它是在具体生产条件下,本着最合理、最经济的原则编制而成的,经审批后用来指导生产的法规性文件。机械加工工艺规程包括零件加工工艺流程、加工工序内容、切削用量、采用设备及工艺装备、工时定额等。

1. 机械加工工艺规程的作用

机械加工工艺规程是机械制造工厂最主要的技术文件,是机械制造工厂规章制度的重要组成部分,其作用主要有:

(1)机械加工工艺规程是组织和管理生产的基本依据。工厂进行新产品试制或产品投产时,必须按照机械加工工艺规程提供的数据进行技术准备和生产准备,以便合理编制生产计划,合理调度原材料、毛坯和设备,及时设计、制造工艺装备,科学地进行经济核算和技术考核。

(2)机械加工工艺规程是指导生产的主要技术文件。它是在结合机械制造工厂的具体情况,总结实践经验的基础上,依据科学的理论和进行必要的工艺实验后制订的,它反映了机械加工过程中的客观规律。工人必须按照机械加工工艺规程进行生产,才能保证产品质量,才能提高生产效率。但机械加工工艺规程不是固定不变的,工艺人员应注意不断地总结实际经验,及时汲取国内外的先进工艺技术,对现行工艺不断地进行改进和完善,以便更好地指导生产。

(3)机械加工工艺规程是新建和扩建机械制造工厂的原始资料。在新建或扩建机械制造工厂时,只有以机械加工工艺规程和生产纲领为依据,才能正确地确定生产所需的机床和其他设备的种类、规格及数量,车间的面积,机床的布置,工人的工种、等级以及辅助部门的安排等。

(4)机械加工工艺规程是进行技术交流、开展技术革新的基本资料。典型和标准的机械加工工艺规程能缩短生产的准备时间,提高经济效益。先进的机械加工工艺规程必须广泛吸取合理化建议,不断交流工作经验,才能适应科学技术的不断发展。机械加工工艺规程是开展技术革新和技术交流必不可少的技术语言和基本资料。

2. 制订机械加工工艺规程的原则

制订机械加工工艺规程时,必须遵循以下原则:

(1)必须充分利用本企业现有的生产条件。

(2)必须可靠地加工出符合图样要求的零件,保证产品质量。

(3)必须保证良好的劳动条件,提高劳动生产率。

(4)在保证产品质量的前提下,尽可能降低消耗、降低成本。

(5)应尽可能采用国内外先进工艺技术。

由于机械加工工艺规程是直接指导生产和操作的技术文件,因此,还应做到清晰、正确、完整和统一,所用术语、符号、编码、计量单位等都必须符合相关标准。

3. 制订机械加工工艺规程的原始资料

制订机械加工工艺规程时,必须依据以下原始资料:

(1)产品的装配图和零件的工作图。

(2)产品的生产纲领和生产类型。

(3)本企业现有的生产条件,包括毛坯的生产条件或协作关系、工艺装备和专用设备及其制造能力、工人的技术水平以及各种工艺资料和标准等。

(4)产品验收的质量标准。

(5)国内外同类产品的新技术、新工艺及其发展前景等的相关信息。

4. 制订机械加工工艺规程的步骤

制订机械加工工艺规程的步骤大致如下:

(1)熟悉和分析制订机械加工工艺规程的主要依据,确定零件的生产纲领和生产类型。

(2)分析产品装配图和零件工作图,审查图样上的尺寸、视图和技术要求是否完整、正确和统一,找出主要技术要求,分析关键的技术问题,审查零件的结构工艺性。

(3)确定毛坯,包括选择毛坯类型及其制造方法。

(4)选择定位基准或定位基面。

(5)拟订工艺路线。

(6)确定各工序需用的设备及工艺装备。

(7)确定加工余量、工序尺寸及其公差。

(8)确定各主要工序的技术要求及检验方法。

(9)确定各工序的切削用量和时间定额,并进行技术经济分析,选择最佳工艺方案。

(10)填写工艺文件。

7.2 机械加工工艺规程设计的准备工作

7.2.1 零件结构工艺分析

零件的结构工艺性是指所设计的零件在不同类型的具体生产条件下,零件毛坯的制造、零件的加工和产品的装配所具备的可行性和经济性。零件结构工艺性涉及面很广,具有综合性,必须全面综合分析。零件的结构对机械加工工艺过程的影响很大,不同结构的两个零件尽管都能满足使用要求,但它们的加工方法和制造成本却可能有很大的差别。所谓具有良好的结构工艺性,应是在不同生产类型的具体生产条件下,对零件毛坯的制造、零件的加工和产品的装配,都能以较高的生产率和最低的成本,采用较经济的方法进行,并能满足使

用性能的结构。此外,零件结构工艺性还要考虑以下要求:

(1)设计的结构要有足够的加工空间,以保证刀具能够接近加工部位,且应留有必要的退刀槽和越程槽等。

(2)设计的结构应便于加工,如应尽量避免使用钻头在斜面上钻孔。

(3)尽量减少加工面积,特别是减少精度高的表面数量和面积,合理规定零件的精度和表面粗糙度。

(4)从提高生产率的角度考虑,在结构设计中应尽量使零件上相似的结构要素,如退刀槽、键槽等规格相同,并应使类似的加工面,如凸台面、键槽等位于同一平面上或同一轴截面上,以减少换刀或安装次数,以及调整时间。

(5)零件结构设计应便于加工时的安装与夹紧。

(6)零件的结构尺寸(如轴径、孔径、齿轮模数、螺纹、键槽、过渡圆角半径等)应标准化,以便在生产中采用标准刀具和通用量具,使生产成本降低。

(7)零件具有足够的刚度,才能承受夹紧力和切削力,提高切削用量,提高工效。

在制订机械加工工艺规程时,主要应对零件结构工艺性进行分析。零件结构工艺性的对比见表7-5。

表 7-5　零件结构工艺性的对比

工序号	A 结构工艺性差	B 结构工艺性好	说　明
1			B结构留有退刀槽,便于进行加工,并能减少刀具和砂轮的磨损
2			B结构采用相同的槽宽,可减少刀具种类和换刀时间
3			要与具体的生产类型相适应。A结构适合于大批量生产,B结构适合于小批量生产
4			A结构不便引进刀具,难以实现孔的加工

续表

工 序 号	A 结构工艺性差	B 结构工艺性好	说　　明
5	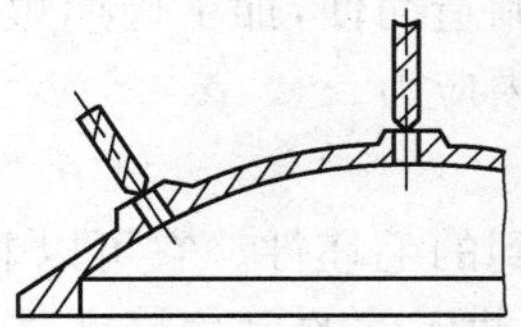	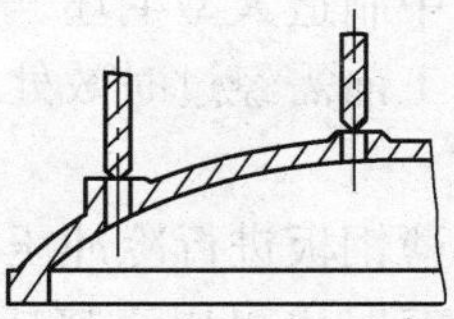	零件加工表面应尽量分布在同一方向上,或互相垂直的表面上。B 结构孔的轴线应当平行
6	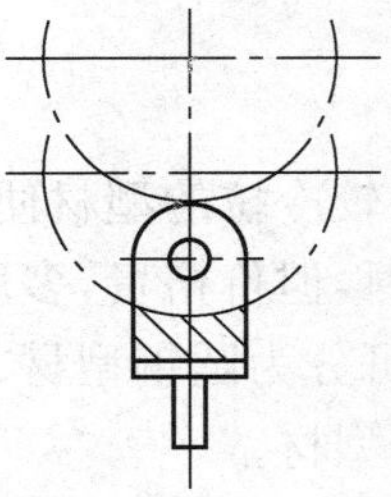	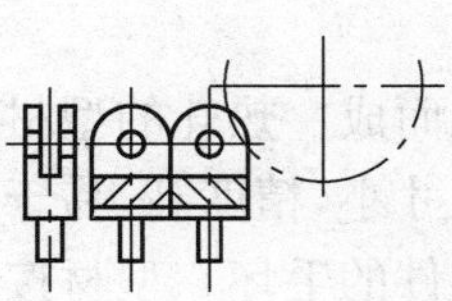	零件设计的结构要便于多刀或多件加工。B 结构可将毛坯排列成行,便于多件连续加工
7	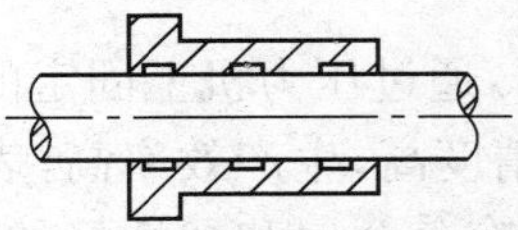	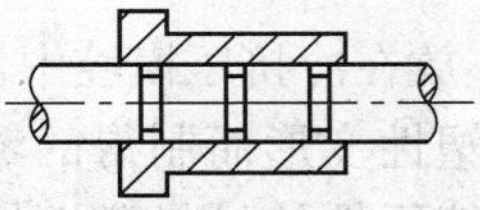	将 A 结构的内沟槽改成 B 结构轴的外沟槽加工,使加工与测量都很方便
8	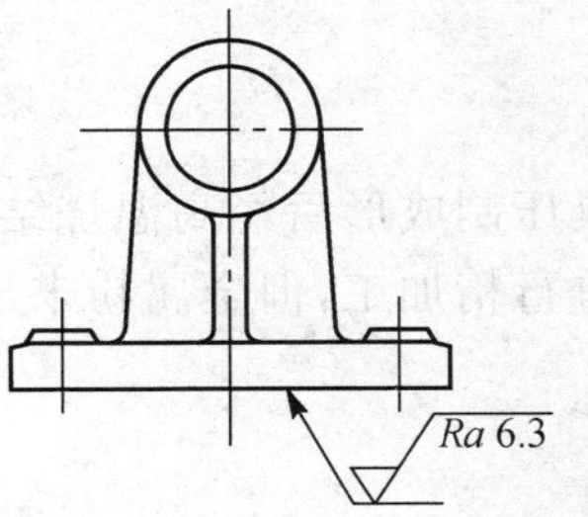 *Ra* 6.3	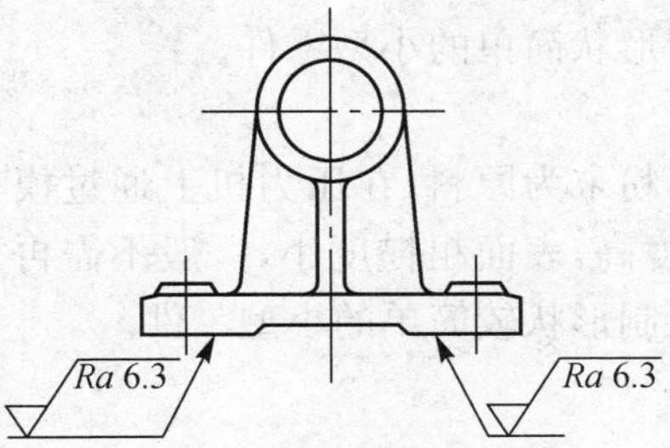 *Ra* 6.3　　*Ra* 6.3	B 结构可减少底面的加工劳动量,且有利于减少平面误差,提高接触刚度

7.2.2　毛坯的确定

零件是由毛坯按照其技术要求经过各种加工而最后形成的。毛坯选择的正确与否,不仅影响产品质量,而且对制造成本也有很大的影响。因此,正确地选择毛坯有着重大的技术经济意义。选择毛坯的基本任务是选定毛坯的种类和制造方法,确定其精度。

1. 毛坯的种类

1)铸件

铸件适用于形状复杂的零件,但其机械性能较低。根据铸造方法的不同,铸件又分为砂型铸造铸件、金属型铸造铸件、离心铸造铸件、压力铸造铸件、精密铸造铸件。

2)锻件

锻件是具有高强度和韧性的毛坯,适用于强度要求高、形状比较简单的零件,其锻造方法有自由锻和模锻两种。自由锻是在锻锤或压力机上,用手工操作而成形的锻造方法。它的精度低,加工余量大,生产率低,适用于单件、小批量生产。模锻是在锻锤或压力机上,通过专用锻模锻制成形的锻造方法。它的精度和表面粗糙度均比自由锻好,可以使毛坯形状更接近工件形状,且加工余量小,生产效率高,适用于中、小批量生产。

3）焊接件

焊接件是根据需要将型材或钢板焊接而成的毛坯。它需要经过热处理才能进行机械加工，适用于在单件、小批量生产中制造大型毛坯。其优点是制造简便，加工周期短，毛坯重量轻；缺点是抗振动性差，机械加工前需经过时效处理以消除内应力。

4）冲压件

冲压件是通过冲压设备对薄钢板进行冷冲压加工而得到的毛坯件。它可以非常接近成品要求，冲压件可以作为毛坯，有时也可以直接成为成品。冲压件的尺寸精度高，适用于加工批量较大而厚度较小的中、小型零件。

5）型材

型材主要通过热轧或冷拉而成。热轧的型材精度低，价格较冷拉的型材便宜，可用于一般零件的毛坯。冷拉的型材尺寸小，精度高，易于实现自动送料，但价格贵，多用于批量较大且在自动机床上进行加工的零件的毛坯。型材按其截面形状可分为圆钢型材、方钢型材、六角钢型材、扁钢型材、角钢型材、槽钢型材以及其他特殊截面的型材。

6）冷挤压件

冷挤压件就是把金属毛坯放在冷挤压模腔中，在室温下，通过压力机上固定的凸模向毛坯施加压力，使金属毛坯产生塑性变形而制得的零件。其精度高，生产效率高，表面粗糙度小，不需再进行机械加工。冷挤压件的材料塑性好，主要为有色金属和塑性好的钢材，适用于在大批量生产中制造形状简单的小型零件。

7）粉末冶金件

粉末冶金件以金属粉末为原料，在压力机上通过模具压制成形后经高温烧结而成。其生产效率高，零件的精度高，表面粗糙度小，一般不需再进行精加工，但金属粉末成本较高，适用于大批量生产中压制形状较简单的小型零件。

2. 毛坯的选择

毛坯的种类和制造方法对零件的加工质量、生产率、材料消耗及加工成本都有影响。提高毛坯精度，可减少机械加工的劳动量，提高材料利用率，降低机械加工成本，但会使毛坯制造成本增加。因此，选择毛坯时应综合考虑下列因素。

1）零件的材料及其力学性能

一般情况下，确定了零件的材料也就大致确定了毛坯的种类。钢制零件当其形状不复杂、力学性能要求不太高时可选择型材；当其形状复杂、力学性能要求不太高时可选择铸件或焊接件。重要的钢制零件为保证其力学性能，应选择锻件。

2）零件的结构和尺寸

形状复杂的零件常采用铸件，但对于形状复杂的薄壁件，一般不能采用砂型铸造。对于一般用途的阶梯轴，若各段直径相差不大、力学性能要求不高，则可选择棒料；倘若各段直径相差较大，为了节省材料，应选择锻件。

3）生产类型

为降低材料消耗和机械加工的劳动量，大量生产的零件应选择精度和生产率都比较高的毛坯制造方法，用于毛坯制造的昂贵费用可由材料消耗的减小和机械加工费用的降低来补偿。例如，铸件采用金属模机器造型或融模铸造，锻件采用胎膜锻、模锻、精锻。零件产量较小时应选择精度和生产率较低的毛坯制造方法，这样可相对地缩短生产周期，降低毛坯的制造费用。

4）现有生产条件

选择毛坯种类时,要结合本企业的具体生产条件,如现场毛坯制造的实际水平和能力、设备状况、成本费用及外协的可能性等。

5）充分考虑利用新技术、新工艺和新材料的可能性

为了节约材料和能源,减少机械加工余量,提高经济效益,只要有可能,就必须尽量采用精密铸造、精密锻造、冷挤压、粉末冶金和工程塑料等新技术、新工艺和新材料。

7.3　定位基准的选择

7.3.1　基准的概念及其分类

在零件的设计和加工过程中,经常要用到某些点、线、面来确定其要素间的几何关系,这些作为依据的点、线、面称为基准。作为基准的点、线、面在工件上不一定具体存在,如几何中心、对称线、对称平面等。根据基准的功用不同可将其分为设计基准和工艺基准两大类。

1. 设计基准

在零件图上确定某些点、线、面的位置时所依据的那些点、线、面,即在设计图样上所采用的基准称为设计基准。如图 7-3 所示的零件,其轴心线 O—O 是外圆和内孔的设计基准,端面 A 是端面 B、C 的设计基准,内孔 $\phi20H8$ mm 的轴心线是 $\phi28k6$ mm 外圆柱面径向圆跳动的设计基准。这些基准是从零件使用性能和工作条件的要求出发,以适合零件结构工艺性而选定的。

2. 工艺基准

工艺基准是在制造零件和装配机器的过程中所使用的基准。工艺基准又分为工序基准、定位基准、测量基准和装配基准,它们分别用于工件某一工序加工、定位以及工件的测量、检验和零件的装配。

1）工序基准

在工序图上使用的基准称为工序基准。工序基准是工艺人员根据零件加工精度要求、所采用的夹具要求及加工方法等确定的,它反映在工艺文件上或者工序图上。如图 7-4 所示,端面 C 为端面 T 的工序基准,端面 T 又为端面 B 的工序基准。

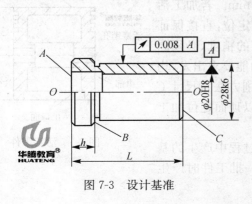

图 7-3　设计基准

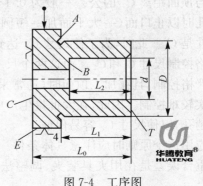

图 7-4　工序图

2）定位基准

工件在加工时，用以确定工件相对于机床及刀具相对位置的表面称为定位基准。例如，车削齿轮外圆和左端面时，若用已经加工过的内孔将工件安装在心轴上，则孔的轴线就是齿轮外圆和左端面的定位基准。图 7-4 中的工件被夹持在三爪自定心卡盘上车外圆，其尺寸的定位基准为工件外圆的中心线。

3）测量基准

在加工中或加工后，用以测量零件已加工表面的尺寸和位置时所采用的基准称为测量基准。图 7-4 中尺寸 L_1 可用深度卡尺来测量，端面 T 就是端面 A 的测量基准。

4）装配基准

装配时用来确定零件或部件在产品中的相对位置所采用的基准称为装配基准。如齿轮的内孔就是该齿轮的装配基准。

上述各种基准应尽可能重合。在设计机器零件时，应尽量选用装配基准作为设计基准，在编制零件的加工工艺规程时，应尽量选用设计基准作为工序基准，在加工及测量工件时，应尽量选用工序基准作为定位基准及测量基准，以消除由于基准不重合而引起的误差。

7.3.2　定位基准的选择原则

在起始工序中，只能选择未经加工的毛坯表面作为定位基准，这种基准称为粗基准。用加工过的表面作为定位基准，则称为精基准。粗基准考虑的重点是如何保证各加工表面有足够的加工余量，而精基准考虑的重点是如何减少误差。在选择定位基准时是从保证工件精度要求出发的，因此，分析定位基准选择的顺序就应从精基准到粗基准。

1. 精基准的选择

选择精基准应考虑如何保证加工精度和装夹可靠方便，一般应遵循基准重合原则、基准统一原则、互为基准原则、自为基准原则和便于装夹原则。

1）基准重合原则

基准重合原则是指应尽可能选择设计基准作为定位基准。为避免基准不重合而引起的误差，保证加工精度应遵循基准重合原则。在对加工面位置尺寸和位置关系有决定性影响的工序中，特别是当位置公差要求较严时，一般不应违反这一原则。否则将由于存在基准不重合误差而增大加工难度。

例如，如图 7-5 所示的活塞零件，设计要求活塞销孔的中心线与顶面距离 C_1 的公差一般为 $0.1\sim0.2$ mm。若加工活塞销孔时以止口面（一大平面加一短圆柱面）定位，直接保证的尺寸是 C_2。此时，为了使尺寸 C_1 达到规定的精度，必须同时严格控制尺寸 C 和 C_2。而这两个尺寸从功能要求出发，均不需严格控制，且在加工顶面时（通常采用车削方法），尺寸 C 也确实较难控制。因此，在大批量生产中，常以顶面定位加工活塞销孔，以使尺寸 C_1 容易保证。

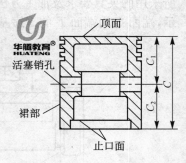

图 7-5　活塞零件

应用这个原则时应注意具体条件。定位过程中产生的基准不重合误差是在用夹具装夹、调整法加工一批工件时产生的。若用试切法加工,每个活塞都可以直接测量尺寸 C_1,直接保证设计要求,则不存在基准不重合误差。在带有自动测量功能的数控机床上加工时,可在工艺中安排坐标系测量检查工步,即每个零件加工前由 CNC 系统自动控制测量头检测设计基准并自动计算、修正坐标值,消除基准不重合误差。在这种情况下,可不必遵循基准重合原则。

　　2)基准统一原则

　　基准统一原则是指在工件加工过程中应尽可能采用同一个定位基准加工工件上的各个表面。例如,加工轴类零件时,一般都采用两个顶尖孔作为统一精基准来加工轴类零件上的所有外圆表面和端面,这样可以保证各外圆表面间的同轴度和端面对轴心线的垂直度。齿轮的齿坯和齿形加工多采用齿轮的内孔及基准端面作为定位基准。采用基准统一原则可以简化机械加工工艺规程的制订,减少夹具数量,节约夹具设计和制造费用;同时由于减少了基准的转换,更有利于保证各表面间的相互位置精度。

　　图 7-5 中的活塞零件,采用活塞止口面定位可以方便地加工活塞的其他表面,故选其作为统一精基准。实际上,活塞止口面的圆孔并无功能要求,之所以对其进行加工,完全是为了作定位基准使用。

　　在实际生产中,经常使用的统一基准形式有:

　　(1)轴类零件常使用两顶尖孔作为统一精基准。

　　(2)箱体类零件常使用一面两孔(一个较大的平面和两个距离较远的销孔)作为统一精基准。

　　(3)盘套类零件常使用止口面作为统一精基准。

　　(4)套类零件常使用一长孔和一止推面作为统一精基准。

　　采用基准统一原则时,若统一的基准面和设计基准一致,且符合基准重合原则,则既能获得较高的精度,又能减少夹具种类,是最理想的方案。用孔作为定位基准加工外圆、端面和齿面,既符合基准重合原则又符合基准统一原则。但实际情况,这两个原则很难同时满足,这时应优先选用基准统一原则。因为采用这一原则,可避免基准的多次转换,多次转换基准会产生多个基准不重合误差。在这种优先选用基准统一原则的情况下,如果要弥补某个重要表面的基准不重合误差,可在最后增加一道工序,用基准重合原则把该重要表面再加工一次,即可达到理想的要求。

　　3)互为基准原则

　　对工件上两个相互位置精度要求比较高的表面进行加工时,可以利用两个表面互相作为基准,反复进行加工,以保证位置精度要求。例如,为保证套类零件内、外圆表面较高的同轴度要求,可先以孔作为定位基准加工外圆,再以外圆作为定位基准加工内孔,这样反复多次,就可使两者的同轴度达到很高的要求。

　　如图 7-6 所示为卧式铣床主轴简图。前端锥孔 3 对支承轴颈 1、2 的同轴度要求很高,为保证这一要求,采用互为基准原则进行加工。有关的工艺过程如下:先以精车后的前后支承轴颈 1、2 作为基准,粗、精车前端锥孔 3(通孔已钻出)及后端锥孔 4;分别以前端锥孔 3 和后端锥孔 4 定位,粗、精磨支承轴颈 1、2 及各外圆表面;再以支承轴颈 1、2 作为基准,粗、精磨前端锥孔 3。通过这样的互为基准、反复加工,确保支承轴颈 1、2 的同轴度误差满足设计要求。

图 7-6　卧式铣床主轴简图

1、2—支承轴颈；3—前端锥孔；4—后端锥孔

4）自为基准原则

某些加工表面加工余量小而均匀时，可选择这些加工表面本身作为定位基准。如图 7-7 所示，在导轨磨床上磨床身导轨面时，就是以导轨面本身作为基准，用百分表来找正定位的。另外，在原有孔的基础上扩孔、镗孔、铰孔以及拉孔，用无心磨床磨外圆表面等，都是以加工表面本身作为定位基准的。

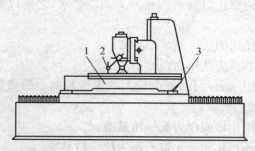

图 7-7　在导轨磨床上磨床身导轨面

1—工件（床身）；2—百分表；3—楔块

5）便于装夹原则

所选择的精基准，尤其是主要定位面，应有足够大的面积和精度，以保证定位准确、可靠，同时还应使夹紧机构简单、操作方便。

2. 粗基准的选择

粗基准选择是否合理，直接影响到各个加工表面加工余量的分配，以及加工表面和非加工表面的相互位置关系。粗基准选择应遵循合理分配加工余量的原则、保证相互位置要求的原则、便于装夹的原则和粗基准一般不得重复使用的原则。

1）合理分配加工余量的原则

当零件上具有较多需要加工的表面时，粗基准的选择应有利于合理地分配各加工表面的加工余量。在加工余量分配时，应考虑以下两点：

（1）应保证各加工表面都有足够的加工余量。如图 7-8 所示，阶梯轴由于锻造的误差，使两段轴径产生了 3 mm 的偏心，在这种情况下，应选择 $\phi55$ mm 的外圆表面作为粗基准，因其在两段轴径中加工余量最小。如果选择 $\phi108$ mm 的外圆表面作为粗基准加工 $\phi55$ mm 的轴径时，由于偏心的原因，致使一侧的加工余量不足，造成工件报废。

（2）以加工余量小而均匀的重要表面作为粗基准，以保

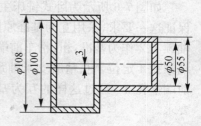

图 7-8　阶梯轴粗基准的选择

证该表面加工余量分布均匀、表面质量高。如图 7-9 所示,在床身零件中,导轨面是最重要的表面,它不仅精度要求高,而且要求导轨面具有均匀的金相组织和较高的耐磨性。由于在铸造床身时,导轨面是倒扣在砂箱的最底部浇铸成型的,导轨面材料质地致密,砂眼、气孔相对较少,因此,要求加工床身时导轨面的实际切除量应尽可能小而均匀,故应选导轨面作为粗基准加工床身底面,见图 7-9(a),然后再以加工过的床身底面作为精基准加工导轨面,此时从导轨面上去除的加工余量较小且均匀,见图 7-9(b)。

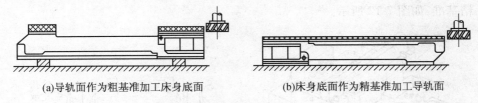

(a)导轨面作为粗基准加工床身底面　　　　　　(b)床身底面作为精基准加工导轨面

图 7-9　床身加工粗基准的选择

2)保证相互位置要求的原则

如果首先要求保证工件上加工面与不加工面的相互位置要求,则应以不加工面作为粗基准。如图 7-10 所示,加工时,若以不加工外圆表面 1 作为粗基准定位(如用三爪卡盘装夹外圆表面 1),则加工后内孔加工面 2 与外圆表面 1 同轴,可以保证零件壁厚均匀,但内孔加工面 2 的加工余量不均匀,见图 7-10(a)。若以内孔毛面 3 作为粗基准定位(如用四爪卡盘装夹外圆表面 1,以内孔毛面 3 直接找正),则内孔加工面 2 与内孔毛面 3 同轴,可以保证加工余量均匀,但内孔加工面 2 与外圆表面 1 不同轴,即壁厚不均匀,见图 7-10(b)。

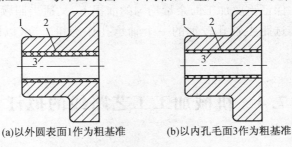

(a)以外圆表面1作为粗基准　　　　　　(b)以内孔毛面3作为粗基准

图 7-10　粗基准选择比较

1—不加工外圆表面;2—内孔加工面;3—内孔毛面

3)便于装夹的原则

要求选用的粗基准面尽可能平整、光洁,且有足够大的尺寸,不允许有锻造飞边、铸造浇、冒口或其他缺陷,也不宜选用铸造分型面作为粗基准。

4)粗基准一般不得重复使用的原则

在同一尺寸方向上粗基准通常只允许使用一次,这是因为粗基准加工的表面一般都很粗糙,重复使用同一粗基准所加工的两组表面之间位置误差会相当大,因此,粗基准一般不得重复使用。

无论是选择粗基准还是选择精基准,上述原则都不可能同时满足,有时甚至互相矛盾,因此,选择基准时,必须具体情况具体分析,权衡利弊,保证零件的主要设计要求。

3. 定位基准选择实例分析

选择如图 7-11 所示的主轴箱体零件的定位基准。

1)精基准的选择

根据基准重合原则,应以箱体底面作为定位精基准。但由于该零件有其特殊性——箱体内墙上有孔需要加工,且内墙至两端面距离较大,镗孔时需配置镗孔支承,以加强镗杆的刚度。若采用箱体底面定位,加工内墙孔时箱口朝上,需使用吊架支承,增加了加工的难度,见图7-11。为便于保证孔系的加工精度和提高生产效率,在大批量生产中多采用顶面及顶面上两工艺孔作为统一精基准。而在中小批量生产中则采用底面和导向面(图中未标出)作为统一精基准,如图7-12所示。

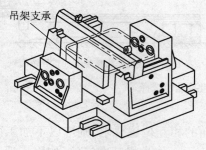

图 7-11　主轴箱体零件

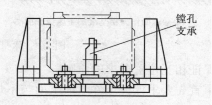

图 7-12　以底面和两销孔定位

2)粗基准的选择

主轴箱体零件上最重要的加工面是主轴孔,为使主轴孔加工余量均匀,加工统一精基准面时应选择两主轴孔作为粗基准。此外,为保证装入箱体内的齿轮和其他回转件与箱体内壁有足够的间隙,即在保证重要加工面余量均匀的前提下,又适当照顾到加工面与不加工面之间的位置关系,还需选距主轴孔较远的一个轴承孔作为粗基准,以限制箱体转动自由度(一点定位)。

7.4　机械加工工艺路线的拟订

7.4.1　表面加工方法的选择

机器零件的结构形状虽然多种多样,但它们都是由一些最基本的几何表面(外圆、孔、平面等)组成的,机器零件的加工过程实际就是获得这些几何表面的过程。同一种表面可以选用各种不同的加工方法加工,但每种加工方法的加工质量、加工时间和所花费的费用却是各不相同的。工程技术人员的任务就是要根据具体加工条件(生产类型、设备状况、工人的技术水平等)选用最适当的加工方法,加工出合乎图样要求的机器零件。

具有一定技术要求的加工表面,一般都不是只通过一次加工就能达到图样要求的,对于精密零件的主要表面,往往要通过多次加工才能逐步达到加工质量要求。

在选择加工方法时,总是首先根据零件主要表面的技术要求和工厂具体条件,选定该表面终加工工序的加工方法,然后再逐一选定该表面各有关前导工序的加工方法,即主要表面的加工方案和加工方法选定后,再选定次要表面的加工方案和加工方法。

选择加工方法既要保证零件表面的质量,又要争取高生产效率,同时还应考虑以下因素:

（1）首先应根据每个加工表面的技术要求确定加工方法和分几次加工。这种方案必须保证零件达到图样要求方面是稳定而可靠的，并在生产率和加工成本方面是最经济合理的。

（2）应选择相应的能获得经济加工精度和经济表面粗糙度的加工方法。加工时，不要盲目采用高的加工精度和小的表面粗糙度的加工方法，以免增加生产成本，浪费设备资源。例如，外圆柱表面的加工精度为 IT7，表面粗糙度为 $Ra0.4\ \mu m$ 时，一般通过精车就可以达到要求，但对操作人员的技术水平要求较高，不如磨削经济。

（3）应考虑工件材料的性质。例如，淬火钢精加工应采用磨床加工，但有色金属的精加工为避免磨削时堵塞砂轮，则应采用金刚镗或高速精细车削等。

（4）要考虑工件的结构和尺寸。例如，对于加工精度为 IT7 的孔，采用镗、铰、拉和磨削等都可达到要求。但箱体上的孔一般不宜采用拉或磨削，加工大孔时宜选择镗削，加工小孔时宜选择铰孔。

（5）要根据生产类型选择加工方法。大批量生产时，应采用生产率高、质量稳定的专用设备和专用工艺装备加工。单件、小批量生产时，则只能采用通用设备和工艺装备以及一般的加工方法。

（6）还应考虑本企业的现有设备情况和技术条件以及充分利用新工艺、新技术的可能性。应充分利用企业的现有设备和工艺手段，节约资源，发挥群众的创造性，挖掘企业潜力；同时应重视新技术、新工艺，设法提高企业的工艺水平。

（7）其他特殊要求。其他特殊要求包括工件表面纹路要求、表面力学性能要求等。例如，一个加工精度为 IT6、表面粗糙度为 $Ra0.2\ \mu m$ 的钢质外圆表面，其最终加工工序选用精磨，则其前导加工工序可分别选为粗车、半精车和粗磨。主要表面的加工方案和加工工序选定后，再选定次要表面的加工方案和加工工序。

7.4.2　加工阶段的划分

为了保证零件的加工质量、生产效率和经济性，通常在安排机械加工工艺路线时，将其划分为几个阶段。对于一般精度的零件，可划分为粗加工、半精加工和精加工三个阶段。对精度要求高和特别高的零件，还需安排精密加工（含光整加工）和超精密加工阶段。各阶段的主要任务为：

（1）粗加工阶段。粗加工阶段主要去除各加工表面的大部分加工余量，并加工出精基准。

（2）半精加工阶段。减少粗加工阶段留下的误差，使加工面达到一定的精度，为精加工做好准备，并完成一些精度要求不高表面的加工。

（3）精加工阶段。精加工阶段主要是保证零件的尺寸、形状、位置精度及表面粗糙度，这是相当关键的加工阶段。大多数表面到此加工完毕，也为少数需要进行精密加工或光整加工的表面做好准备。

（4）精密加工和超精密加工阶段。精密加工和超精密加工阶段采用一些高精度的加工方法，如精密磨削、珩磨、研磨、金刚石车削等，进一步提高表面的尺寸、形状精度，降低表面粗糙度，最终达到图样的精度要求。

将零件的加工过程划分为几个加工阶段的主要目的是：

（1）保证零件加工质量。粗加工阶段要切除加工表面上的大部分加工余量，切削力和切削热量都比较大，装夹工件所需夹紧力也较大，被加工工件会产生较大的受力变形和受热变形。此外,粗加工阶段从工件上切除大部分加工余量后,残存在工件中的内应力要重新分布,也会使工件产生变形。如果加工过程不划分阶段,把各个表面的粗、精加工工序混在一起交错进行,那么安排在工艺过程前期通过精加工工序获得的加工精度势必会被后续的粗加工工序所破坏,这是不合理的。加工过程划分为几个阶段后,粗加工阶段产生的加工误差可以通过半精加工和精加工阶段逐步予以修正,这样安排零件的加工质量容易得到保证。

(2)有利于及早发现毛坯缺陷并得到及时处理。粗加工各表面后,由于切除了各加工表面的大部分加工余量,可及早发现毛坯缺陷(气孔、砂眼、裂纹和加工余量不够),以便及时报废或修补,不会浪费后续精加工工序的制造费用。

(3)有利于合理利用机床设备。粗加工工序需选用功率大、精度不高的机床加工,精加工工序则应选用高精度机床加工。在高精度机床上安排粗加工工序,机床精度会迅速下降,将某一表面的粗、精加工工序安排在同一机床上加工是不合理的。

加工阶段的划分不是绝对的。例如,对一些加工质量不高、刚性较好、毛坯精度较高、加工余量小的工件,也可不划分或少划分加工阶段;对于一些刚性好的重型零件,由于装夹费时,也常在一次装夹中完成粗、精加工,为了弥补不划分加工阶段引起的缺陷,可在粗加工之后松开工件,让工件的变形得到恢复,稍留间隔后用较小的夹紧力重新夹紧工件再进行精加工。

7.4.3　加工顺序的安排

复杂零件的机械加工要经过切削加工、热处理和辅助工序,在拟定机械加工工艺路线时必须将三者统筹考虑,合理安排加工顺序。

1. 切削加工的安排

切削加工安排的总原则是:前期工序必须为后续工序创造条件,做好基准准备。其具体原则如下:

(1)先基准面后其他。先基准面后其他是指应首先安排被选作精基准的表面的加工,再以加工出的精基准作为定位基准,安排其他表面的加工。该原则还有另外一层意思,是指精加工前应先修一下精基准。例如,对于精度要求高的轴类零件,第一道加工工序就是以外圆表面作为粗基准加工两端面及顶尖孔,再以顶尖孔定位完成各表面的粗加工;精加工开始前首先要修整顶尖孔,以提高轴在精加工时的定位精度,然后再安排各外圆表面的精加工。

(2)先粗后精。一个零件通常由多个表面组成,各表面的加工一般都需要分阶段进行。在安排加工顺序时,应先集中安排各表面的粗加工,中间根据需要依次安排半精加工,最后安排精加工和光整加工。对于精度要求较高的工件,为了减小因粗加工引起的变形对精加工的影响,通常粗、精加工不应连续进行,而应分阶段、间隔适当时间进行。

(3)先主后次。主要表面一般指零件上的设计基准面和重要工作面。这些表面是决定零件质量的主要因素,对其进行加工是工艺过程的主要内容,因此,在确定加工顺序时,要首先考虑加工主要表面的工序安排,以保证主要表面的加工精度。在安排好主要表面加工顺序后,常从加工的方便与经济角度出发,安排次要表面的加工。例如,车床主轴箱体工艺路线,在加工作为定位基准的工艺孔时,可以同时方便地加工出箱体顶面上所有紧固孔,故将这些紧固孔安排在加工工艺孔的工序中进行加工。此外,次要表面和主要表面之间存在相互位置要求,常要求在主要表面加工后,以主要表面定位进行加工。

(4)先面后孔。先面后孔主要是对箱体和支架类零件的加工而言的。一般这类零件上既有平面,又有孔或孔系,这时应先将平面(通常是装配基准)加工出来,再以平面为基准加工孔或孔系。此外,在毛坯面上钻孔或镗孔容易使钻头引偏或打刀,此时也应先加工面,再加工孔,以避免上述情况的发生。

2. 热处理的安排

热处理的安排主要取决于零件的材料和热处理的目的。热处理根据其目的,一般可分为预备热处理、最终热处理、时效处理和表面处理。

1)预备热处理

预备热处理的目的是消除毛坯制造过程中产生的内应力,改善金属材料的切削加工性能,为最终热处理做准备。属于预备热处理的有调质、退火、正火等,其一般安排在粗加工前后。安排在粗加工前,可改善金属材料的切削加工性能;安排在粗加工后,有利于消除残余内应力。

2)最终热处理

最终热处理的目的是提高金属材料的力学性能,如提高零件的硬度和耐磨性等。属于最终热处理的有淬火—回火、渗碳淬火—回火、渗氮等,对于仅要求改善力学性能的工件,有时正火、调质等也可作为最终热处理。最终热处理一般应安排在粗加工、半精加工后或精加工前后。变形较大的热处理,如渗碳淬火、调质等,应安排在精加工前进行,以便在精加工时纠正热处理的变形;变形较小的热处理,如渗氮等,应安排在精加工后进行。

3)时效处理

时效处理的目的是消除内应力减少工件变形。时效处理分自然时效、人工时效和冰冷处理三大类。自然时效是指将铸件在露天放置几个月或几年。人工时效是指将铸件以 $50\sim100\ ℃/h$ 的速度加热到 $500\sim550\ ℃$,保温数小时或更久,然后以 $20\sim50\ ℃/h$ 的速度随炉冷却。冰冷处理是指将零件置于 $-80\sim0\ ℃$ 的某种气体中停留 $1\sim2\ h$。时效处理一般安排在粗加工后、精加工前,对于精度要求较高的零件可在半精加工后再安排一次时效处理。冰冷处理一般安排在回火处理后、精加工后或机械加工工艺过程的最后。

4)表面处理

为了表面防腐或表面装饰,有时需要对表面进行涂镀或发蓝等处理。涂镀是指在金属、非金属基体上沉积一层所需的金属或合金的过程。发蓝处理是一种钢铁的氧化处理,是指将钢铁放入一定温度的碱性溶液中,使零件表面生成 $0.6\sim0.8\ \mu m$ 致密而牢固的 Fe_3O_4 氧化膜的过程,依处理条件的不同,该氧化膜呈现亮蓝色直至亮黑色,所以又称为煮黑处理。这种表面处理通常安排在机械加工工艺过程的最后。

零件机械加工的一般工艺路线为毛坯制造—退火或正火—主要表面的粗加工—次要表面的加工—调质或失效—主要表面的半精加工—次要表面的加工—淬火或渗碳淬火—修基准—主要表面的精加工—表面处理。

3. 辅助工序的安排

为保证零件制造质量,防止产生废品,需在下列场合安排检验工序:

(1)粗加工全部结束之后。

(2)送往外车间加工的前后。

（3）工时较长的工序和重要工序的前后。

（4）最终加工之后。除了安排几何尺寸检验工序外,有的零件还要安排探伤、密封、称重、平衡等检验工序。

零件表层或内腔的毛刺对机器装配质量影响甚大,切削加工后,应安排去毛刺工序。零件在进入装配前,一般都应安排清洗工序。工件内孔、箱体内腔易存留切屑,研磨、珩磨等光整加工工序后,微小磨粒易附着在工件表面上,要注意清洗。在用磁力夹紧的工序后要安排去磁工序,不让带有剩磁的工件进入装配线。

7.4.4　工序的组合

拟定机械加工工艺路线时,选定了各表面的加工工序和划分加工阶段后,就可以将同一阶段中的各加工表面组合成若干工序。确定工序数目或工序内容的多少有两种不同的原则,即工序集中和工序分散,这两种不同的原则和设备类型的选择密切相关。

1. 工序集中与工序分散的概念

工序集中就是将工件的加工集中在少数几道工序内完成。每道工序的加工内容较多。工序集中又可分为采用技术措施集中的机械集中,如采用多刀、多刃、多轴或数控机床加工等;采用人为组织措施集中的组织集中,如普通车床的顺序加工等。

工序分散就是将工件的加工分散在较多的工序内完成。每道工序的加工内容很少,有时甚至每道工序只有一个工步。

2. 工序集中与工序分散的特点

1）工序集中的特点

工序集中的特点为:

（1）采用高效率的专用设备和工艺装备,生产效率高。

（2）减少了装夹次数,易于保证各表面间的相互位置精度,缩短辅助时间。

（3）工序数目少,机床数量、操作工人数量和生产面积都可减少,节省人力、物力,还可简化生产计划和组织工作。

（4）工序集中通常需要采用专用设备和工艺装备,使得投资大,设备和工艺装备的调整、维修较为困难,生产准备工作量大,转换新产品较麻烦。

2）工序分散的特点

工序分散的特点为:

（1）设备和工艺装备简单、调整方便、工人便于掌握,容易适应产品的变换。

（2）可以采用最合理的切削用量,减少基本时间。

（3）对操作工人的技术水平要求较低。

（4）设备和工艺装备数量多、操作工人多、生产占地面积大。

工序集中与工序分散各有特点,应根据生产类型、零件的结构和技术要求、现有生产条件等综合分析后选用。如批量小时,为简化生产计划,多将工序适当集中,使各通用机床完成更多表面的加工,以减少工序数目;而批量较大时则可采用多刀、多轴等高效机床将工序集中。工序集中的优点较多,因此,现代生产的发展多趋向于工序集中。

3. 工序集中与工序分散的选择

工序集中与工序分散各有利弊,如何选择应根据企业的生产规模、产品的生产类型、现有的生产条件、零件的结构特点和技术要求、各工序的生产节拍,进行综合分析后选定。

一般说来,单件、小批量生产采用组织集中,以便简化生产组织工作;大批量生产可采用较复杂的机械集中;对于结构简单的产品,可采用工序分散的原则;批量生产应尽可能采用高效机床,使工序适当集中;对于重型零件,为了减少装卸运输工作量,工序应适当集中;对于刚性较差且精度高的精密工件,工序应适当分散。随着科学技术的进步、先进制造技术的发展,目前的发展趋势是倾向于工序集中。

7.5 加工余量与工序尺寸的确定

7.5.1 加工余量的确定

1. 加工余量的概念

用去除材料的方法制造机器零件时,一般都要从毛坯上切除一层层材料后才能制得符合图样规定要求的零件。毛坯上被切除的金属层称为加工余量。加工余量有加工总余量和工序余量之分。工序余量是相邻两道工序的工序尺寸之差,加工总余量是毛坯尺寸与零件图样的设计尺寸之差。

工序余量包括单边余量和双边余量。如图 7-13 所示,平面的加工余量是单边余量,它等于实际切削的金属层厚度。对于外圆与内圆这样的对称表面的加工余量用双边余量表示,即以直径方向计算,其实际切削的金属层厚度为加工余量的一半。

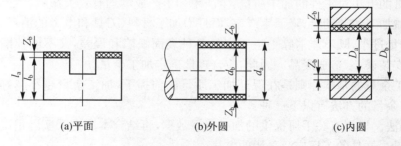

图 7-13 单边余量与双边余量

(a)平面 　(b)外圆 　(c)内圆

由于工序尺寸有偏差,各工序实际切除的金属层厚度是变化的,故工序余量有公称余量(简称为余量)、最大余量和最小余量之分。

为了便于加工,工序尺寸的公差一般按"入体原则"标注,即被包容面的工序尺寸取上偏差为零,包容面的工序尺寸取下偏差为零,毛坯尺寸的公差一般采用双向对称分布。

2. 影响加工余量的因素

正确规定加工余量的数值是十分重要的,加工余量规定得过大,不仅浪费材料,而且耗费机时、刀具和电力;但加工余量也不能规定得过小,如果加工余量留得过小,则本道加工工序就不能完全切除上道工序留在加工表面上的缺陷层,因而也就没有达到设置这道工序的目的。因此,应根据影响加工余量大小的因素合理地确定加工余量。影响加工余量大小的因素有以下几种:

（1）上道工序留下的表面粗糙度 Ra 和表面缺陷层深度 H_a。本道工序必须把上道工序留下的表面粗糙度和表面缺陷层全部切去，如果连上道工序残留在加工表面上的表面粗糙度和表面缺陷层都清除不干净，那就失去了设置本道工序的本意了。由此可知，本道工序加工余量必须包括 Ra 和 H_a 这两项因素。

（2）上道工序的尺寸公差 T_a。上道工序的加工精度越低，本道工序的公称余量越大。本道工序应切除上道工序加工误差中包含的可能产生的各种误差。

（3）上道工序留下的空间位置误差 ρ_a。工件上有一些形状误差和位置误差是没有包括在加工表面的工序尺寸公差范围内的。在确定加工余量时，必须考虑它们的影响，否则本道工序加工将无法全部切除上道工序留在加工表面上的表面粗糙度和缺陷层。

（4）本道工序的装夹误差 ε_b。装夹误差包括定位误差、夹紧误差及夹具本身的误差。由于装夹误差的影响，使工件待加工表面偏离了正确位置，因而确定加工余量时还应考虑装夹误差的影响。

空间位置误差 ρ_a 和装夹误差 ε_b 都具有方向性，它们的合成应为向量和。为保证本道工序能切除上道工序留下的表面粗糙度和表面缺陷层深度，本道工序应设置的工序余量 Z_b 可用以下公式来表示。

对于单边余量，Z_b 可表示为

$$Z_b \geqslant T_a + Ra + H_a + |\rho_a + \varepsilon_b| \tag{7-2}$$

对于双边余量，Z_b 可表示为

$$2Z_b \geqslant T_a + 2(Ra + H_a) + 2|\rho_a + \varepsilon_b| \tag{7-3}$$

3. 加工余量的确定方法

加工余量的大小对工件的加工质量、生产率和生产成本均有较大影响。加工余量过大，不仅增加机械加工的劳动量、降低生产率，而且增加了材料、刀具和电力的消耗，提高了加工成本；加工余量过小，既不能消除上道工序的各种表面缺陷和误差，又不能补偿本道工序加工时工件的安装误差，造成废品。因此，应合理地确定加工余量。

确定加工余量的基本原则是在保证加工质量的前提下，加工余量越小越好。实际工作中，确定加工余量的方法有以下三种：

（1）查表法。根据有关手册提供的加工余量数据，再结合本厂生产实际情况加以修正后确定加工余量。这是各工厂广泛采用的方法。

（2）经验估计法。根据工艺人员本身积累的经验确定加工余量。一般为了防止加工余量过小而产生废品，所估计的加工余量总是偏大。这种方法常用于单件、小批量生产。

（3）分析计算法。根据理论公式和一定的实验资料，对影响加工余量的各因素进行分析、计算来确定加工余量。这种方法较合理，但需要全面可靠的实验资料，计算也较复杂。一般只在材料十分贵重或少数大批量生产中采用。

7.5.2　工序尺寸及其公差的确定

零件上的设计尺寸一般要经过几道机械加工工序的加工才能得到，每道工序所应保证的尺寸称为工序尺寸，与其相应的公差即为工序尺寸的公差。工序尺寸及其公差的确定，不仅取决于设计尺寸、加工余量及各道工序所能达到的经济精度，而且还与工序基准、定位基准、测量基准的确定及基准的转换有关。

当工序基准、定位基准、测量基准与设计基准重合时,工序尺寸及其公差直接由各工序的加工余量和其所能达到的加工精度确定。其计算方法是由最后一道工序开始向前推算,具体步骤如下:

(1)确定毛坯加工总余量和工序余量。

(2)从最终加工工序开始,即从设计尺寸开始,逐次加上(对于被包容面)或减去(对于包容面)每道工序的加工余量,可分别得到各工序的基本尺寸。

(3)除最终加工工序取设计尺寸公差外,其余各工序按各自采用的加工方法所对应的经济加工精度确定工序尺寸公差。

(4)除最终加工工序按图样标注公差外,其余各工序按"入体原则"标注工序尺寸公差。

(5)一般毛坯余量(即加工总余量)已事先确定,由第一道加工工序的毛坯余量减去后续各半精加工和精加工的工序余量之和而求得。

例 7-1　某轴毛坯为锻件,其直径尺寸为 $\phi 50_{-0.016}^{0}$ mm,加工精度要求为 IT6,表面粗糙度为 $Ra0.8\ \mu m$,并要求高频淬火。若采用的加工方法为粗车—半精车—高频淬火—粗磨—精磨,试确定各机械加工工序的工序尺寸。

解　(1)用查表法确定各工序加工余量。由《机械加工工艺手册》查得:精磨余量为 0.1 mm,粗磨余量为 0.3 mm,半精车余量为 1.1 mm,粗车余量为 4.5 mm。

(2)计算各工序的基本尺寸。精磨工序尺寸为 50 mm,粗磨工序尺寸为 $50+0.1=$ 50.1 mm,半精车工序尺寸为 $50.1+0.3=50.4$ mm,粗车工序尺寸为 $50.4+1.1=$ 51.5 mm,毛坯工序尺寸为 $51.5+4.5=56$ mm。

(3)确定各工序加工精度和表面粗糙度。查《机械加工工艺手册》可确定:精磨加工精度为 IT6,尺寸公差为 0.016 mm,表面粗糙度为 $Ra0.4\ \mu m$;粗磨加工精度为 IT8,尺寸公差为 0.039 mm,表面粗糙度为 $Ra1.6\ \mu m$;半精车加工精度为 IT11,尺寸公差为 0.16 mm,表面粗糙度为 $Ra3.2\ \mu m$;粗车加工精度为 IT13,尺寸公差为 0.39 mm,表面粗糙度为 $Ra12.5\ \mu m$。查《机械加工工艺手册》可得锻件毛坯公差为 ±2 mm。

(4)根据加工精度查公差表,并将公差按"入体原则"标注在工序的基本尺寸上。计算结果汇总见表 7-6。

表 7-6　工序尺寸及公差的确定

工序名称	工序的加工余量/mm	工序的基本尺寸/mm	加工精度	工序尺寸及公差/mm	表面粗糙度 $Ra/\mu m$
精磨	0.1	50	IT6	$\phi 50_{-0.016}^{0}$	0.4
粗磨	0.3	$50+0.1=50.1$	IT8	$\phi 50.1_{-0.039}^{0}$	1.6
半精车	1.1	$50.1+0.3=50.4$	IT11	$\phi 50.4_{-0.16}^{0}$	3.2
粗车	4.5	$50.4+1.1=51.5$	IT13	$\phi 51.5_{-0.39}^{0}$	12.5

在工艺基准无法同设计基准重合的情况下,确定了工序的加工余量后,需通过工艺尺寸链进行工序尺寸的换算。

7.6　机床与工艺装备的选择

正确选择机床是一件很重要的工作,它不但直接影响工件的加工质量,而且还影响工件的加工效率和制造成本。所选机床的尺寸规格应与工件的形体尺寸相适应,机床精度等级应与本道工序加工要求相适应,电动机功率应与本道工序加工所需功率相适应,机床的自动化程度和生产效率应与工件生产类型相适应。

如果工件尺寸太大(或太小)或工件的加工精度要求过高,没有现成的机床可供选择时,可以考虑采用自制专用机床。可根据工序加工要求提出专用机床设计任务书,机床设计任务书应附有与该工序加工有关的一切必要的数据资料,包括工序尺寸、公差及技术条件,工件的装夹方式,该工序加工所用切削用量、工时定额、切削力、切削功率以及机床的总体布置形式等。

工艺装备选择的合理与否,将直接影响工件的加工精度、生产效率和经济效益。应根据生产类型、具体加工条件、工件结构特点和技术要求等选择工艺装备。

1. 夹具的选择

单件、小批量生产应首先采用各种通用夹具和机床附件,如卡盘、机床用平口虎钳、分度头等;对于大批量生产,为提高生产率应采用专用高效夹具;多品种中、小批量生产可采用可调夹具或成组夹具。

2. 刀具的选择

一般应优先采用标准刀具。若采用机械集中,则可采用各种高效的专用刀具、复合刀具和多刃刀具等。刀具的类型、规格和精度等级应符合加工要求。

3. 量具的选择

单件、小批量生产应广泛采用通用量具,如游标卡尺、百分尺和千分表等;大批量生产应采用极限量块和高效的专用检验夹具和量仪等。量具的精度必须与工件的加工精度相适应。

机床与工艺装备的选择不仅要考虑设备投资的当前效益,还要考虑产品改型及转产的可能性,应使其具有更大的柔性。

7.7　工艺尺寸链

7.7.1　工艺尺寸链及其计算公式

1. 工艺尺寸链的概述

1)工艺尺寸链的定义

在机器装配或零件加工过程中,互相联系且按一定顺序排列的封闭尺寸组合称为尺寸链。其中,由单个零件在加工过程中的各有关工艺尺寸所组成的尺寸链称为工艺尺寸链。

如图 7-14 所示,零件图上标注的设计尺寸为 A_1 和 A_0。当用零件的面 1 来定位加工面 2 时,得尺寸 A_1;当用调整法加工台阶面时,为了使定位稳定、可靠,并简化夹具,仍然以零件的面 1 来定位加工台阶面 3,得尺寸 A_2,于是该零件上在加工时并未直接予以保证的尺寸 A_0 就随之确定。这样相互关联的尺寸 A_1、A_2 和 A_0 就形成了一个封闭的图形,即工艺尺寸链。

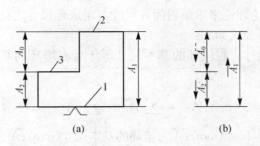

图 7-14　定位基准与设计基准重合的工艺尺寸链

2）工艺尺寸链的组成

组成工艺尺寸链的每一个尺寸称为工艺尺寸链的环。工艺尺寸链中凡属间接得到的尺寸称为封闭环，在图 7-14 的工艺尺寸链中，A_0 是间接得到的尺寸，它就是图 7-14 中工艺尺寸链的封闭环。工艺尺寸链中凡属通过加工直接得到的尺寸称为组成环，在图 7-14 的工艺尺寸链中，A_1 与 A_2 都是通过加工直接得到的尺寸，它们就是图 7-14 中工艺尺寸链的组成环。

组成环按其对封闭环的影响又可分为增环和减环。当其他组成环的大小不变时，若封闭环随着某组成环的增大而增大，则此组成环就称为增环；若封闭环随着某组成环的增大而减小，则此组成环就称为减环。在图 7-14 的工艺尺寸链中，A_1 为增环（用 $\overrightarrow{A_1}$ 表示，箭头向右），A_2 为减环（用 $\overleftarrow{A_2}$ 表示，箭头向左）。

工艺尺寸链一般都用工艺尺寸链图表示。建立工艺尺寸链时，应首先对工艺过程和工艺尺寸进行分析，确定间接保证精度的尺寸，并将其定为封闭环，然后再从封闭环出发，见图 7-14 中的虚线箭头，按照零件表面尺寸间的联系，用首尾相接的单向箭头顺序表示各组成环，这种尺寸图称为工艺尺寸链图。根据上述定义，利用工艺尺寸链图即可迅速判断组成环的性质，凡与封闭环箭头方向相同的环即为减环，凡与封闭环箭头方向相反的环即为增环。

3）工艺尺寸链的特征

通过上述分析可知，工艺尺寸链的主要特性是封闭性和关联性。

所谓封闭性是指工艺尺寸链中各尺寸的排列呈封闭形式。没有封闭的不能称为工艺尺寸链。图 7-14 中的 A_0、A_2 与 A_1 首尾相接组成封闭的尺寸组合。

所谓关联性是指工艺尺寸链中任何一个直接获得的尺寸及其精度的变化，都将影响间接获得或间接保证的那个尺寸及其精度的变化。图 7-14 中尺寸 A_1 与 A_2 的变化都将引起尺寸 A_0 的变化。

2. 工艺尺寸链的计算公式

工艺尺寸链计算的关键是正确地确定封闭环，否则计算结果是错误的。封闭环的确定取决于加工方法和测量方法。

工艺尺寸链计算有正计算、反计算和中间计算三种方式。计算已知组成环求封闭环的计算方式称为正计算。已知封闭环求各组成环的计算方式称为反计算。已知封闭环及部分组成环，计算其余的一个或几个组成环的计算方式称为中间计算。

工艺尺寸链计算有极值法与统计法（或概率法）两种。用极值法计算工艺尺寸链是从工艺尺寸链各环均处于极值条件来求解封闭环尺寸与组成环尺寸之间关系的。用统计法计算工艺尺寸链是运用概率论理论来求解封闭环尺寸与组成环尺寸之间关系的。生产中一般多采用极值法，其基本计算公式如下：

（1）封闭环的基本尺寸。封闭环的基本尺寸等于所有增环的基本尺寸之和减去所有减环的基本尺寸之和，即

$$A_{\Sigma} = \sum_{i=1}^{m} \overrightarrow{A_i} - \sum_{j=m+1}^{n-1} \overleftarrow{A_j} \tag{7-4}$$

式中，A_{Σ} 为封闭环的基本尺寸(mm)；$\overrightarrow{A_i}$ 为增环的基本尺寸(mm)；$\overleftarrow{A_j}$ 为减环的基本尺寸(mm)；m 为增环的环数；n 为工艺尺寸链的总环数。

（2）封闭环的极限尺寸。封闭环的最大极限尺寸等于所有增环的最大极限尺寸之和减去所有减环的最小极限尺寸之和，即

$$A_{\Sigma max} = \sum_{i=1}^{m} \overrightarrow{A_{i\,max}} - \sum_{j=m+1}^{n-1} \overleftarrow{A_{j\,min}} \tag{7-5}$$

式中，$A_{\Sigma max}$ 为封闭环的最大极限尺寸(mm)；$\overrightarrow{A_{i\,max}}$ 为增环的最大极限尺寸(mm)；$\overleftarrow{A_{j\,min}}$ 为减环的最小极限尺寸(mm)。

封闭环的最小极限尺寸等于所有增环的最小极限尺寸之和减去所有减环的最大极限尺寸之和，即

$$A_{\Sigma min} = \sum_{i=1}^{m} \overrightarrow{A_{i\,min}} - \sum_{j=m+1}^{n-1} \overleftarrow{A_{j\,max}} \tag{7-6}$$

式中，$A_{\Sigma min}$ 为封闭环的最小极限尺寸(mm)；$\overrightarrow{A_{i\,min}}$ 为增环的最小极限尺寸(mm)；$\overleftarrow{A_{j\,max}}$ 为减环的最大极限尺寸(mm)。

（3）封闭环的上偏差与下偏差。封闭环的上偏差等于所有增环的上偏差之和减去所有减环的下偏差之和，即

$$\text{ES}\,(A_{\Sigma}) = \sum_{i=1}^{m} \text{ES}(\overrightarrow{A_i}) - \sum_{j=m+1}^{n-1} \text{EI}(\overleftarrow{A_j}) \tag{7-7}$$

式中，$\text{ES}\,(A_{\Sigma})$ 为封闭环的上偏差(mm)；$\text{ES}(\overrightarrow{A_i})$ 为增环的上偏差(mm)；$\text{EI}(\overleftarrow{A_j})$ 为减环的下偏差(mm)。

封闭环的下偏差等于所有增环的下偏差之和减去所有减环的上偏差之和，即

$$\text{EI}\,(A_{\Sigma}) = \sum_{i=1}^{m} \text{EI}(\overrightarrow{A_i}) - \sum_{j=m+1}^{n-1} \text{ES}(\overleftarrow{A_j}) \tag{7-8}$$

式中，$\text{EI}\,(A_{\Sigma})$ 为封闭环的下偏差(mm)；$\text{EI}(\overrightarrow{A_i})$ 为增环的下偏差(mm)；$\text{ES}(\overleftarrow{A_j})$ 为减环的上偏差(mm)。

（4）封闭环的公差。封闭环的公差等于所有组成环公差之和，即

$$T(A_{\Sigma}) = \sum_{i=1}^{n-1} T(A_i) \tag{7-9}$$

式中，$T(A_{\Sigma})$ 为封闭环的公差(mm)；$T(A_i)$ 为组成环的公差(mm)。

（5）计算封闭环的竖式。封闭环还可列竖式进行计算。计算时应用口诀：封闭环和增环的基本尺寸和上下偏差照抄，减环基本尺寸变号，减环上下偏差对调且变号。竖式可用来验算用极值法计算工艺尺寸链的正确与否。例如，A_1、A_2 为增环，A_3、A_4 为减环，A_{Σ} 为封闭环，则工艺尺寸链的竖式见表 7-7。

表 7-7　工艺尺寸链的竖式

环的类型	基本尺寸/mm	上偏差 ES/mm	下偏差 EI/mm
增环$\overrightarrow{A_1}$	$+A_1$	$ES(A_1)$	$EI(A_1)$
增环$\overrightarrow{A_2}$	$+A_2$	$ES(A_2)$	$EI(A_2)$
减环$\overleftarrow{A_3}$	$-A_3$	$-EI(A_3)$	$-ES(A_3)$
减环$\overleftarrow{A_4}$	$-A_4$	$-EI(A_4)$	$-ES(A_4)$
封闭环$\overset{\cdots}{A_\Sigma}$	A_Σ	$ES(A_\Sigma)$	$EI(A_\Sigma)$

7.7.2　工艺尺寸链分析与计算实例

1. 基准不重合时工序尺寸的换算

1)测量基准与设计基准不重合时工序尺寸的换算

在工件加工过程中,有时会遇到一些表面加工后按设计尺寸不便直接测量的情况,因此,需要在零件上另选一个容易测量的表面作为测量基准进行测量,以间接保证设计尺寸的要求。这时就需要进行工序尺寸的换算。

例 7-2　如图 7-15(a)所示的零件,工序尺寸 $10_{-0.36}^{0}$ mm 不便测量,改测量孔深(A_2),通过工序尺寸 $50_{-0.17}^{0}$ mm(A_1)可间接保证工序尺寸 $10_{-0.36}^{0}$ mm(A_0)。试求工序尺寸 A_2。

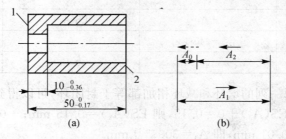

图 7-15　测量基准与设计基准不重合时工序尺寸的换算

解　(1)确定封闭环,画工艺尺寸链图,如图 7-15(b)所示。

(2)已知封闭环 $A_0=10_{-0.36}^{0}$ mm,增环 $A_1=50_{-0.17}^{0}$ mm,则由式(7-4)得 $10 = 50-A_2$,即 $A_2=40$ mm;由式(7-7)得 $0 = 0-EI_2$,即 $EI_2=0$ mm;由式(7-8)得 $-0.36 = -0.17-ES_2$,即 $ES_2=0.19$ mm。因此,$A_2=40_{0}^{+0.19}$ mm。

(3)验算封闭环公差。封闭环的公差为 $T_0=0.36$ mm,各组成环公差之和为 $T_1+T_2=0.17+0.19=0.36$ mm,即 $T_0=T_1+T_2$。因此,计算正确。

2)定位基准与设计基准不重合时工序尺寸的换算

采用调整法加工零件时,若所选的定位基准与设计基准不重合,则该零件加工表面的设计尺寸就不能由直接加工得到,这时就需要进行工序尺寸的换算,以保证设计尺寸的精度要求,并将计算的工序尺寸标注在工序图上。

例 7-3　如图 7-16(a)所示的零件,镗削零件上的孔。孔的设计基准是 C 面,设计尺寸为 100 ± 0.15 mm。为装夹方便以 A 面定位镗孔,按工序尺寸 A_3 调整机床。A、B、C 面均已加工,试求工序尺寸 A_3。

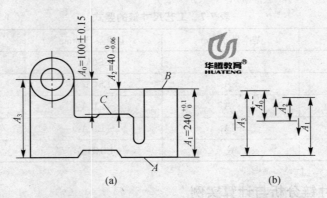

图 7-16　定位基准与设计基准不重合时工序尺寸的换算

解　(1)确定封闭环,画工艺尺寸链图,如图 7-16(b)所示。由于 A、B、C 面在镗孔前已加工,故工序尺寸 A_1、A_2 在本道工序前就已被保证精度,工序尺寸 A_3 为本道工序要直接保证精度的尺寸,故三者均为组成环,而工序尺寸 A_0 为本道工序加工后才得到的尺寸,故 A_0 为封闭环。由图 7-16(b)可知,组成环 A_2 和 A_3 为增环,A_1 为减环。由此列竖式见表 7-8。

表 7-8　定位基准与设计基准不重合时的竖式

环的类型	基本尺寸/mm	上偏差 ES/mm	下偏差 EI/mm
增环$\overrightarrow{A_2}$	40	0	−0.06
增环$\overrightarrow{A_3}$	$+A_3$	$\mathrm{ES}(A_3)$	$\mathrm{EI}(A_3)$
减环$\overleftarrow{A_1}$	−240	0	−0.1
封闭环$\overset{..}{A_0}$	100	0.15	−0.15

(2)根据表 7-8 每一列的增环和减环相加都等于封闭环,可以得到 $40+A_3-240=100$,则 $A_3=300$ mm;$0+\mathrm{ES}(A_3)+0=0.15$,则 $\mathrm{ES}(A_3)=0.15$ mm;$-0.06+\mathrm{EI}(A_3)-0.1=-0.15$,则 $\mathrm{EI}(A_3)=0.01$ mm,即 $A_3=300^{+0.15}_{+0.01}$ mm。

(3)验算封闭环公差。封闭环的公差为 $T_0=0.3$ mm,各组成环公差之和为 $T_1+T_2+T_3=0.1+0.06+0.14=0.30$ mm,即 $T_0=T_1+T_2+T_3$。因此,计算正确。

2.中间工序的工序尺寸的换算

1)从尚需继续加工表面标注的工序尺寸的换算

从待加工的设计基准(一般为基面)标注工序尺寸,因为待加工的设计基准与设计基准差一个加工余量,因此,其仍然可以作为定位基准与设计基准不重合的问题进行换算。

例 7-4　如图 7-17(a)所示为齿轮内孔及键槽加工简图,内孔直径为 $\phi 40^{+0.039}_{0}$ mm,内孔直径与键槽槽深尺寸之和为 $43.3^{+0.2}_{0}$ mm。如图 7-17(b)所示,加工顺序如下:

(1)精镗内孔至工序尺寸 $\phi 39.6^{+0.062}_{0}$ mm。

(2)插工序尺寸 A_1。

(3)热处理。

(4)磨内孔至工序尺寸 $\phi 40^{+0.039}_{0}$ mm,同时保证工序尺寸 $43.3^{+0.2}_{0}$ mm。

试确定工序尺寸 A_1。

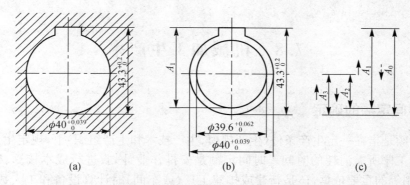

图 7-17　从尚需继续加工表面标注的工序尺寸的换算

解　(1)确定封闭环,画工艺尺寸链图(必须将孔直径化成半径来表示),如图 7-17(c)所示。

(2)已知封闭环 $A_0 = 43.3^{+0.2}_{0}$ mm,增环 $A_3 = 20^{+0.019\,5}_{0}$ mm,减环 $A_2 = 19.8^{+0.031}_{0}$ mm,则由式(7-4)得 $43.3 = 20 + A_1 - 19.8$,即 $A_1 = 43.1$ mm;由式(7-7)得 $0.2 = 0.019\,5 + ES_1 - 0$,即 $ES_1 = 0.180\,5$ mm;由式(7-8)得 $0 = 0 + EI_1 - 0.031$,即 $EI_1 = 0.031$ mm。因此,$A_1 = 43.1^{+0.180\,5}_{+0.031}$ mm $\approx 43.13^{+0.15}_{0}$ mm。

(3)验算封闭环公差。封闭环的公差为 $T_0 = 0.2$ mm,各组成环公差之和为 $T_1 + T_2 + T_3 = 0.149\,5 + 0.031 + 0.019\,5 = 0.2$ mm,即 $T_0 = T_1 + T_2 + T_3$。因此,计算正确。

2)保证渗层深度的工序尺寸的换算

有些零件的表面需进行渗氮或渗碳处理,而且在精加工后还要求保留一定的渗层深度。为此,必须合理地确定渗前加工的工序尺寸和热处理时的渗层深度。

例 7-5　如图 7-18(a)所示为一衬套,有关加工过程为粗磨内孔至工序尺寸 $\phi 144.76^{+0.04}_{0}$ mm,然后氮化处理,如图 7-18(b)所示;精磨内孔至工序尺寸 $\phi 145^{+0.04}_{0}$ mm,并保证渗氮层深度,要求渗氮层深度 A_0 为 $0.3 \sim 0.5$ mm,如图 7-18(c)所示。试求渗氮处理时工艺渗氮层深度 A_1。

解　(1)确定封闭环,画工艺尺寸链图。根据加工过程,渗氮层深度 $0.3 \sim 0.5$ mm 是在精磨内孔后间接得到的,为封闭环。按组成环的查找原则查找组成环,并画工艺尺寸链图,如图 7-18(d)所示。

(2)已知封闭环 $A_0 = 0.3^{+0.2}_{0}$ mm,增环 $A_2 = 72.38^{+0.02}_{0}$ mm,减环 $A_3 = 72.5^{+0.02}_{0}$ mm,则由式(7-4)得 $0.3 = A_1 + 72.38 - 72.5$,即 $A_1 = 0.42$ mm;由式(7-7)得 $0.2 = ES_1 + 0.02 - 0$,即 $ES_1 = 0.18$ mm;由式(7-8)得 $0 = EI_1 + 0 - 0.02$,即 $EI_1 = 0.02$ mm。因此,$A_1 = 0.42^{+0.18}_{+0.02}$ mm,即工艺渗氮层深度为 $0.44 \sim 0.60$ mm。

(3)验算封闭环公差。封闭环的公差为 $T_0 = 0.2$ mm,各组成环公差之和为 $T_1 + T_2 + T_3 = 0.16 + 0.02 + 0.02 = 0.2$ mm,即 $T_0 = T_1 + T_2 + T_3$。因此,计算正确。

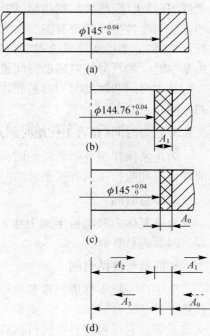

图 7-18　保证渗层深度的工序尺寸的换算

7.8　机械加工生产率

7.8.1　时间定额的确定

时间定额是指在一定生产条件(生产规模、生产技术和生产组织)下,规定生产一件产品或完成一道工序所需消耗的时间。时间定额是安排作业计划、进行成本核算、确定设备数量、人员编制等的重要依据,还是新建或扩建工厂(或车间)时计算设备和工人数量的依据。一般通过对实际操作时间的测定与分析、计算相结合的方法确定。使用中,时间定额还应定期修订,以保持平均先进水平。

完成一个零件一道工序的时间定额称为单件时间定额。它由基本时间、辅助时间、服务时间(布置工作地时间)、休息时间和准备与终结时间组成。

1. 基本时间

直接改变生产对象的尺寸、形状、相对位置以及表面状态等工艺过程所消耗的时间称为基本时间。对机械加工而言,基本时间就是切去金属所消耗的时间,包括刀具的切入和切出时间。

2. 辅助时间

为实现工艺过程必须进行的各种辅助动作所消耗的时间称为辅助时间。它主要指装卸工件、开停机床、改变切削用量、测量工件尺寸、进退刀等动作所消耗的时间。确定辅助时间的方法与零件生产类型有关。在大批量生产中,为使辅助时间规定得合理,须将辅助动作进行分解,然后通过实测或查表求得各分解动作时间,再累积相加;在中、小批量生产中,一般用基本时间的百分比对辅助时间进行估算。

基本时间和辅助时间的总和称为作业时间,它是直接用于制造产品或零件、部件所消耗的时间。

3. 服务时间(布置工作地时间)

为正常操作服务所消耗的时间称为服务时间。它主要包括换刀、修整刀具、润滑机床、清理切屑和收拾工具等所消耗的时间,一般按操作时间的 2%～7% 进行计算。

4. 休息时间

为恢复体力和满足生理卫生需要所消耗的时间称为休息时间。它一般按操作时间的 2%～4% 进行计算。

5. 准备与终结时间

为生产一批零件进行准备与结束工作所消耗的时间称为准备与终结时间。准备工作包括熟悉工艺文件、领取毛坯、安装夹具、调整机床等。结束工作包括拆卸和归还工艺装备、送交成品等。它可根据经验进行估算。

7.8.2　提高机械加工生产率的工艺措施

机械加工生产率是指工人在单位时间内制造合格产品的数量,或指用于制造单件产品所消耗的劳动时间。制订机械加工工艺规程时,必须在保证产品质量的同时提高机械加工生产率和降低产品成本,用最低的消耗生产更多、更好的产品。因此,提高机械加工生产率是一个综合性的问题。

1. 缩减基本时间的工艺措施

提高切削用量、缩减工作行程、采用多件加工都可缩减基本时间,现对其工艺措施分述如下:

(1)提高切削用量。增大切削速度、进给量和背吃刀量都可缩减基本时间。但切削用量的提高受到刀具寿命和机床条件(动力、刚度、强度)的限制。

(2)缩减工作行程。采用多刀加工可成倍缩减工作行程。例如,用几把车刀同时加工同一个表面,或用宽砂轮作切入法磨削等,均可使机械加工生产率大大提高。

(3)采用多件加工。多件加工有平行加工、顺序加工和平行顺序加工三种不同方式。平行加工是指一次走刀可同时加工几个平行排列的工件,这时加工所需的基本时间和加工一个工件的基本时间相同,因此,分摊到每个工件上的基本时间可大大减少。顺序加工是指工件按走刀方向依次安装,这种加工可以减少刀具切入和切出时间,也可以减少分摊到每个工件上的基本时间。平行顺序加工是前两种加工的综合应用,它适用于工件较小、批量较大的情况。

2. 缩减辅助时间的工艺措施

辅助时间在单件时间中占有较大比重,采取措施缩减辅助时间是提高机械加工生产率的重要途径,尤其是在大幅度提高切削用量之后,基本时间显著减少,辅助时间所占比重相对较大的情况下,更显得重要。缩减辅助时间有两种不同途径,即直接缩减辅助时间和间接缩减辅助时间。

(1)直接缩减辅助时间。直接缩减辅助时间是指尽可能使辅助动作机械化和自动化而减少辅助时间。采用先进高效夹具和各种上下料装置,可缩短装卸工件的时间。例如,在大批量生产中可采用气动、液压驱动的高效夹具;对于单件、小批量生产可实行成组工艺,采用成组夹具或通用夹具。

(2)间接缩减辅助时间。间接缩减辅助时间是指使辅助时间和基本时间部分或全部重合,以减少辅助时间。例如,采用交换夹具或交换托盘交替进行工作,使装卸工件的辅助时间与基本时间重合。

3. 缩减服务时间的工艺措施

服务时间大部分消耗在更换刀具(包括调整刀具)的工作上。缩减服务时间的主要途径是减少换刀次数和缩短换刀时间。减少换刀次数就意味着要提高刀具或砂轮的寿命,而缩短换刀时间则主要是通过改进刀具的安装方法和采用先进的对刀装置来实现的,如采用各种快换刀夹、刀具微调装置、专用对刀样板和自动换刀装置等,以减少装卸刀具和对刀所花费的时间。

4. 缩减准备与终结时间的工艺措施

在中、小批量生产中,由于批量小、品种多,准备与终结时间在单件产品的加工时间中占有较大比重,生产率难以提高,因此,应设法使零件通用化和标准化,增大批量或采用成组工艺,以减少调整机床、刀具和夹具的时间,缩减数控编程时间和调试数控程序的时间。

本 章 小 结

本章要求理解生产过程、工艺过程的概念,掌握机械加工工艺过程的组成,熟悉生产纲领和生产类型的概念;掌握机械加工工艺规程的概念,理解机械加工工艺规程的分类、作用以及制订机械加工工艺规程的原则、原始资料和步骤;掌握制订机械加工工艺规程时要解决的主要问题;掌握基准的概念、分类及选择原则;掌握加工余量的概念,学会分析影响加工余量的因素和确定加工余量的方法;掌握工序尺寸及其公差的确定,理解工艺尺寸链的计算方法;了解时间定额的确定和提高机械加工生产率的工艺措施。

本章的重点和难点在于机械加工工艺过程的概念及其组成、定位基准的概念及其选择、机械加工工艺路线的拟订以及工艺尺寸链的计算。

习 题 7

7-1 什么是机械加工工艺过程？什么是机械加工工艺规程？机械加工工艺规程在生产中起什么作用？

7-2 什么是工序、工位和工步？

7-3 制订机械加工工艺规程时应遵循哪些原则？

7-4 什么是基准？精基准和粗基准的选择原则有哪些？

7-5 选择精基准时为什么要遵循基准重合的原则？试举例说明。

7-6 零件表面加工方法的选择应遵循哪些原则？

7-7 将零件的加工过程划分为几个加工阶段的主要目的是什么？

7-8 机械加工顺序安排的原则有哪些？

7-9 什么是工序集中和工序分散？它们各有什么特点？

7-10 什么是加工余量？影响加工余量的因素有哪些？

7-11 加工一批直径为 $\phi 25_{-0.021}^{0}$ mm,表面粗糙度为 $Ra0.8\ \mu m$,长度为 55 mm 的光轴,光轴材料为 45 钢,毛坯直径为($\phi 28 \pm 0.3$) mm 的热轧棒料,试确定其在大批量生产中的工艺路线以及各工序的工序尺寸。

7-12 如图题 7-12(a)所示为一个轴套零件图,如图题 7-12(b)所示为车削工序图。如图题 7-12(c)所示为钻孔工序三种不同定位方案图。图题 7-12(c)中的三个定位方案均需保证图题 7-12(a)所规定的位置尺寸(10 ± 0.1) mm 的要求,试分别计算工序尺寸 A_1、A_2 与 A_3。

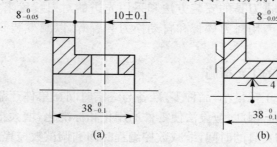

(a)　　　　　　　(b)

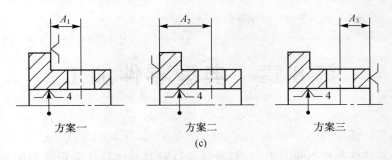

方案一   方案二   方案三

(c)

图题 7-12

7-13 如图题 7-13 所示的工艺尺寸链中（A_0、B_0、C_0、D_0 为封闭环），哪些组成环是增环？哪些组成环是减环？

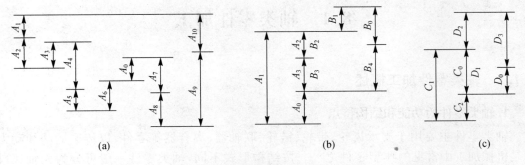

(a)   (b)   (c)

图题 7-13

7-14 如图题 7-14 所示为齿轮轴截面图，要求保证轴径尺寸为 $\phi28^{+0.024}_{+0.008}$ mm 和键槽槽深为 $t=4^{+0.16}_{0}$ mm。其加工顺序如下：

(1)车外圆至工序尺寸 $\phi28.5^{0}_{-0.1}$ mm。

(2)铣键槽槽深至工序尺寸 H。

(3)热处理。

(4)磨外圆至工序尺寸 $\phi28^{+0.024}_{+0.008}$ mm。

试求工序尺寸 H。

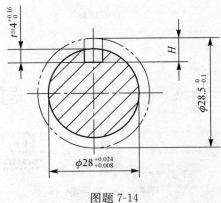

图题 7-14

7-15 什么是时间定额？提高机械加工生产率的工艺措施有哪些？

第 8 章　典型零件加工

机器中的零件有各种不同的类型,制造时要针对其具体特征采用适当的加工工艺。本章将对典型轴类零件、套筒类零件及箱体类零件的结构特点、技术要求、主要工艺问题及加工工艺过程进行综合分析。

8.1　轴类零件加工

8.1.1　轴类零件加工概述

1. 轴类零件的功能和结构特点

轴类零件主要用于支承齿轮、带轮、链轮、联轴器、离合器等零件,以传递运动和动力。它是机械加工中常见的典型零件之一。按结构形式不同,轴类零件一般可分为光轴、阶梯轴、偏心轴、空心轴、花键轴、曲轴、半轴、十字轴、凹轮轴以及各种丝杠等,如图 8-1 所示。

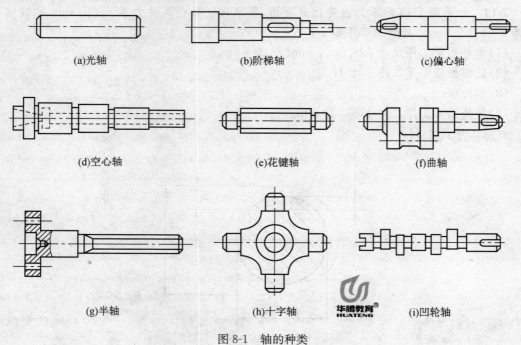

(a)光轴　　　　　(b)阶梯轴　　　　　(c)偏心轴

(d)空心轴　　　　　(e)花键轴　　　　　(f)曲轴

(g)半轴　　　　　(h)十字轴　　　　　(i)凹轮轴

图 8-1　轴的种类

轴类零件是旋转体零件,其长度大于直径,主要加工表面通常有内外圆柱面、内外圆锥面,次要加工表面通常有键槽、螺纹、沟槽、横向孔等。

2. 轴类零件的主要技术要求

根据功用和工作条件不同,轴类零件主要技术要求包括尺寸精度、几何形状精度、相互位置精度和表面粗糙度。

1)尺寸精度

尺寸精度主要指轴的直径尺寸精度和长度尺寸精度。轴颈是轴类零件的重要表面,它影响轴的回转精度,可分为两类:一类是与轴承内圈配合的外圆轴颈,即支承轴颈,用于确定轴的位置并支承轴,这类轴颈尺寸精度要求较高,通常为 IT7～IT5;另一类是与各类传动件配合的轴颈,即配合轴颈,这类轴颈尺寸精度要求稍低,通常为 IT9～IT8。轴的长度尺寸精度一般要求较低。

2)几何形状精度

几何形状精度主要指轴颈的圆度、圆柱度,其误差一般应限制在轴的直径公差范围内。对于精密轴,需在零件图上另行规定其几何形状精度。

3)相互位置精度

相互位置精度主要指配合轴颈对支承轴颈的同轴度、重要端面对轴心线的垂直度、端面间的平行度等。配合轴颈对支承轴颈的同轴度通常用径向圆跳动来标注,普通精度轴的径向圆跳动公差为 0.01～0.03 mm,高精度轴的径向圆跳动公差为 0.001～0.005 mm。

4)表面粗糙度

根据轴类零件表面工作部位的不同,可有不同的表面粗糙度,支承轴颈的表面粗糙度为 $Ra1.6～0.2\ \mu m$,配合轴颈的表面粗糙度为 $Ra3.2～0.8\ \mu m$。

3. 轴类零件的材料、热处理及毛坯

1)轴类零件的材料及热处理

轴类零件应根据不同的工作情况选择不同的材料及热处理方法。一般轴类零件常用 45 钢,经正火、调质及部分表面淬火等热处理;对中等精度而转速较高的轴可选用 40Cr 等合金钢,经调质和表面淬火处理;对高转速、重载的轴可选用 20CrMnTi、20Mn2B、20Cr 等低碳合金钢,或 27Cr2Mo1V、38CrMoAl 中碳合金氮化钢、低碳合金钢,经渗碳淬火处理;不重要或受力较小的轴可采用 Q237、Q275 等普通碳素钢;形状复杂的轴(如曲轴、凸轮轴等)可采用球墨铸铁。

2)轴类零件的毛坯

轴类零件的毛坯常采用圆棒料、锻件和铸件等毛坯形式。一般光轴或外圆直径相差不大的阶梯轴可采用圆棒料;由于毛坯经锻造后,可获得较高的抗拉、抗弯及抗扭强度,因而对外圆直径相差较大或较重要的轴大都采用锻件;对某些大型的或结构复杂的轴(如曲轴),在质量允许时才采用铸件(铸钢或球墨铸铁)。

8.1.2 轴类零件加工工艺分析

轴类零件的加工工艺因其用途、结构形状、技术要求、产量大小的不同而有差异。在轴类零件的加工中,主要问题是如何保证各加工表面的尺寸精度、主要表面之间的相互位置精度及表面粗糙度。

1. 定位基准的选择

轴类零件定位基准的选择原则如下：

(1)一般以重要的外圆表面作为粗基准定位加工出中心孔，再以轴两端的中心孔为定位精基准。轴类零件的定位基准最常用的是两中心孔。因为轴的各外圆表面、锥孔螺纹等表面的设计基准都是轴心线，所以用两中心孔定位是符合基准重合原则的。而且由于多数工序采用中心孔定位，因而能够最大限度地在一次装夹中加工出多个外圆和端面，这符合基准统一原则。

(2)用两中心孔定位虽然定位精度高，但刚性差，尤其是加工质量大的工件时不够稳固。在粗加工外圆时，为提高工件刚度，可采用轴的外圆表面作为定位基面，或以轴的外圆表面和中心孔同时作为定位基准(一夹一顶)来加工。

(3)对于空心的轴类零件，在钻出通孔后，作为定位基准的中心孔已消失。为了在通孔加工后还能使用中心孔作为定位基准，工艺上常采用带中心孔的锥堵或锥度心轴，如图 8-2 所示。当锥孔的锥度较小时(如车床主轴的 1∶20 锥孔和莫氏 6 号锥孔)，采用锥堵；当锥孔的锥度较大或中心孔为圆柱孔时，采用锥度心轴。

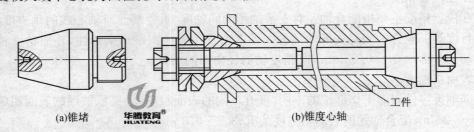

(a)锥堵　　　　　　　　(b)锥度心轴

工件

图 8-2　锥堵与锥度心轴

2. 加工方法的选择

1)外圆表面的加工

轴类零件外圆表面的加工主要采用车削，分为粗车、半精车和精车三个阶段。粗车的目的是切去毛坯硬皮和切除大部分加工余量；半精车可作为中等精度表面的终加工，也可作为精车的预加工及修整热处理后的变形；精车可保证达到加工要求或为磨削加工做准备，精度要求高的外圆表面，精加工都是用磨削的方法，但是有色金属的精加工不采用磨削而用精细车。

2)空心轴深孔(长径比大于 5 的孔)的加工

单件、小批量生产时，空心轴深孔一般在卧式车床上用接长的麻花钻加工；大批量生产时，空心轴深孔用深孔钻床及深孔钻头加工。

3)轴端两顶尖孔的加工

单件、小批量生产时，轴端两顶尖孔常在车床或钻床上通过划线找正法加工；大批量生产时，轴端两顶尖孔可在中心孔钻床上加工。此外，专用机床可在同一工序中铣出轴的两端面并加工出顶尖孔。

4)螺纹的加工

加工螺纹的方法主要包括车削螺纹(单件、小批量生产)、铣削螺纹(大批量生产)、滚压螺纹(大量生产)和磨削螺纹(精密加工)。

5)花键轴的加工

单件、小批量生产时,花键轴常在卧式铣床上用分度头分度以圆盘铣刀铣削加工;大批量生产时,花键轴广泛采用花键滚刀在专用花键轴铣床上加工。

3. 安排热处理工序

轴类零件的热处理工序一般包括毛坯热处理、预备热处理和最终热处理三个阶段。

1)毛坯热处理

轴类零件的毛坯热处理一般采用正火,其目的是消除锻造应力,细化晶粒,并使金属组织均匀,以利于切削加工。

2)预备热处理

在粗加工后、半精加工前安排调质处理,目的是获得均匀细密的回火索氏体组织,以提高工件的综合力学性能。

3)最终热处理

轴类零件的某些重要表面需经表面淬火,一般安排在精加工前,这样可以纠正因淬火引起的局部变形。

4. 中心孔的修磨

因为轴类零件的定位精基准最常用的是两端的中心孔,中心孔的质量好坏对加工精度影响很大,所以经常注意保持两端中心孔的质量是轴类零件加工的关键问题之一。中心孔的修磨是提高中心孔质量的主要手段。中心孔修磨次数越多,其精度越高,并应逐次加以提高。修磨可在车床和钻床上用油石或铸铁顶尖、橡胶轮进行。

5. 常用加工顺序

轴类零件的加工工艺路线主要是考虑外圆表面的加工顺序,并将次要表面的加工和热处理合理地穿插在其中。轴类零件生产中常用的加工顺序有下列三种情况。

1)一般精度调质钢的轴类零件加工

一般精度调质钢的轴类零件加工顺序为备料—锻造—正火—切端面、钻中心孔—粗车—调质—半精车、精车—表面淬火、回火—粗磨—次要表面加工—精磨。

2)一般渗碳钢的轴类零件加工

一般渗碳钢的轴类零件加工顺序为备料—锻造—正火—切端面、钻中心孔—粗车—半精车、精车—渗碳淬火、回火—粗磨—次要表面加工—精磨。

3)整体淬火的轴类零件加工

整体淬火的轴类零件加工顺序为备料—锻造—正火—切端面、钻中心孔—粗车—调质—半精车、精车—次要表面加工—整体淬火、回火—粗磨—实效处理—精磨。

8.1.3　轴类零件加工实例

车床主轴是轴类零件中结构最复杂、质量要求最高的零件,如图 8-3 所示为车床主轴的零件图。该主轴呈阶梯状,加工表面有外圆表面(支承轴颈、配合轴颈)、键槽、花键、螺纹、通孔、锥孔、锥面等。

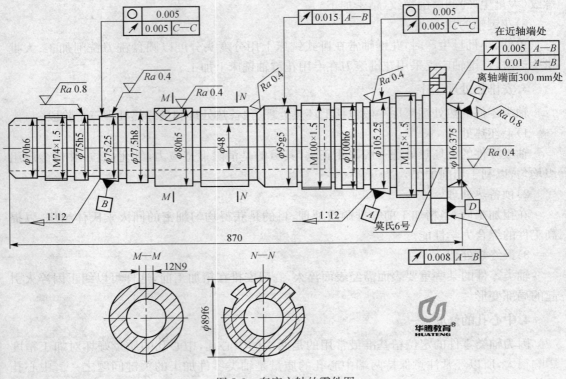

图 8-3　车床主轴的零件图

1. 车床主轴的技术要求

1)支承轴颈

支承轴颈用来安装及支承轴承,是主轴部件的装配基面,它的制造精度对主轴部件的回转精度影响极大。

主轴的两个支承轴颈 A、B,它们的圆度公差均为 0.005 mm,对轴心线的径向圆跳动公差均为 0.005 mm。A、B 两支承轴颈采用锥面结构,其锥面接触率大于 70%,表面粗糙度为 Ra0.4 μm,尺寸精度为 IT5。

2)配合轴颈

配合轴颈用来安装传动齿轮,它对支承轴颈应有一定的同轴度要求,否则会引起传动齿轮啮合不良,还会产生震动和噪声。它对支承轴颈 A、B 的径向圆跳动公差为 0.015 mm。

3)端部锥孔

主轴大端的端部锥孔(莫氏 6 号)是用来安装顶尖或刀具锥柄的,其轴线必须与支承轴颈的轴线严格同轴,否则会造成夹具和刀具的安装误差,从而影响工件的加工精度。

端部锥孔对支承轴颈 A、B 在近轴端处的径向圆跳动公差为 0.005 mm,离轴端面 300 mm 处的径向圆跳动公差为 0.01 mm,锥面接触率大于 70%,表面粗糙度为 Ra0.4 μm,硬度要求为 45~50 HRC。

小端锥孔是因工艺需要的辅助工艺锥面,以便在此插入带中心孔的工艺锥堵,为钻出深孔以后的工序准备定位基准。

4)轴头短锥面和端面

轴头短锥面 C 和端面 D 是安装卡盘的定位面,为保证卡盘的定心精度,轴头短锥面应与支承轴颈同轴,而端面应与主轴的回转中心垂直。

轴头短锥面 C 对支承轴颈 A、B 的径向圆跳动公差为 0.008 mm,表面粗糙度为 $Ra0.8\ \mu m$,端面 D 对支承轴颈 A、B 的端面圆跳动公差为 0.008 mm。

5)螺纹

主轴上的螺纹一般用来固定零件或调整轴承间隙。螺纹的精度要求是限制压紧螺母端面跳动量所必需的。当压紧螺母的端面跳动量过大时,会使被压紧的轴承内圈的轴心线倾斜,引起主轴的径向圆跳动。主轴螺纹的精度一般为 IT6。

根据以上分析,主轴的主要加工表面为两个支承轴颈、锥孔、轴头短锥面和端面以及安装齿轮的各个轴颈。

2. 车床主轴的加工工艺过程

通过对车床主轴的结构特点与技术要求的分析,结合生产批量、设备条件等因素来考虑车床主轴的加工工艺过程。当生产类型为大批量生产、材料为 45 钢、毛坯为锻件时,车床主轴的加工工艺过程见表 8-1。

表 8-1　车床主轴的加工工艺过程

工 序 号	工序名称	定位基准	加工设备
1	备料	—	—
2	锻造	—	—
3	热处理(正火)	—	—
4	锯头,切平锻件两端面	—	锯床
5	铣端面、钻中心孔	毛坯外圆	可以铣端面、钻中心孔的机床
6	粗车各外圆表面	中心孔	普通车床
7	热处理,调质 220~240 HBS	—	—
8	半精车大端各部分	中心孔	卧式车床
9	半精车小端各部分	中心孔	仿形车床
10	钻 $\phi48$ mm 深孔	前、后支承轴颈及小头端面	深孔钻床
11	车小端内锥孔	前、后支承轴颈	卧式车床
12	车大端内锥孔(配莫氏 6 号锥堵)、车轴头短锥面和端面	前、后支承轴颈	卧式车床
13	钻、铰大端面各孔	大端内锥孔和端面	立式钻床
14	热处理,局部高频淬火	—	—
15	精车各外圆表面并车槽	两锥堵中心孔	数控车床
16	粗磨各外圆表面	两锥堵中心孔	外圆磨床
17	粗磨大端莫氏 6 号内锥孔	前、后支承轴颈	内圆磨床

工 序 号	工序名称	定位基准	加工设备
18	粗、精铣花键	两锥堵中心孔	花键铣床
19	粗、精铣键槽	该键槽外圆	普通铣床
20	车大端内侧面及车螺纹	两锥堵中心孔	—
21	精磨各外圆表面	两锥堵中心孔	外圆磨床
22	粗磨支承轴颈外锥面和轴头短锥面	两锥堵中心孔	专用组合磨床
23	精磨支承轴颈外锥面和轴头短锥面	两锥堵中心孔	专用组合磨床
24	半精磨莫氏 6 号内锥孔	前、后支承轴颈	主轴锥孔磨床
25	精磨莫氏 6 号内锥孔	前、后支承轴颈	主轴锥孔磨床
26	钳工、去锐边、毛刺	—	—
27	按图样要求项目进行检查	—	—

1）主轴毛坯

主轴毛坯形式有圆棒料和锻件。前者适用于单件、小批量生产，尤其适用于光轴和外圆直径相差不大的阶梯轴；后者适用于大批量生产。本例车床主轴是阶梯轴，要进行大批量生产，因此，采用锻件。

2）主轴材料和热处理

本例车床主轴采用 45 钢。在主轴加工的过程中，应安排足够的热处理工序以保证主轴的力学性能及加工精度的要求，并改善工件的切削加工性能。

主轴毛坯锻造后应安排正火处理，以消除锻造应力，细化晶粒，控制毛坯硬度，改善切削加工性；粗加工后应安排调质处理，以提高主轴的综合力学性能，并为最终热处理准备良好的金相组织；半精加工后应安排表面淬火处理，以提高主轴的耐磨性。

3）定位基准

在空心主轴加工过程中，通常采用外圆表面和中心孔互为基准进行加工。工艺过程一开始，就以外圆表面作为粗基准铣端面、钻中心孔，为粗车外圆准备了定位基准；再以中心孔为精基准加工外圆表面。此后，在深孔加工时，以加工后的支承轴颈为精基准。在深孔加工完成后，先加工好前后锥孔，以便安装带中心孔的锥堵，以锥堵定位精加工各外圆表面。由于支承轴颈是磨锥孔的定位基准，因而磨锥孔前必须磨好支承轴颈表面。

4）加工阶段的划分

车床主轴加工基本上划分为以下三个阶段：

（1）粗加工阶段。调质以前的工序为粗加工阶段。其主要包括毛坯处理（备料、锻造和热处理）和粗加工（铣端面、钻中心孔和粗车各外圆表面等）。

（2）半精加工阶段。调质以后到局部高频淬火前的工序为半精加工阶段。其主要包括半精车外圆及端面、钻深孔、车工艺锥面（定位锥孔）以及钻、铰大端面各孔等。

（3）精加工阶段。局部高频淬火以后的工序为精加工阶段。其主要包括粗磨各外圆表面、粗磨大端莫氏 6 号内锥孔、铣花键和键槽、车螺纹，而要求较高的支承轴颈和莫氏 6 号内锥孔的精加工则放在最后进行。

可以看出,车床主轴加工阶段的划分大体以热处理为界。整个车床主轴加工工艺过程,就是以主要表面(支承轴颈和锥孔)的粗加工、半精加工、精加工为主线,适当插入其他表面的加工工序而组成的。

5)加工顺序的安排

在安排车床主轴加工顺序时,应注意以下几点:

(1)各外圆表面的加工顺序。加工各外圆表面时,应先加工大直径后加工小直径,以免一开始就降低了工件的刚度。

(2)深孔加工。深孔加工应安排在调质处理以后进行,以免调质处理使深孔变形;深孔加工要切除大量金属,加工过程会引起主轴变形;深孔加工应安排在粗车或半精车以后,以便加工时有一个较精确的支承轴颈作为定位基准。

(3)花键和键槽的加工。花键和键槽的加工一般都安排在各外圆表面精车或粗磨后、精磨各外圆表面前进行。如在精车前就铣出键槽,将会造成断续车削,影响加工质量和刀具使用寿命。但对这些表面的加工也不宜安排在主要表面最终加工工序后进行,以免破坏主要表面已有的精度。

(4)螺纹的加工。车床主轴的螺纹对支承轴颈有一定的同轴度要求。若安排在淬火前加工,则淬火后产生的变形会影响螺纹和支承轴颈的同轴度误差,因此,车螺纹应放在局部高频淬火后的精加工阶段进行。

(5)加工检验。车床主轴是加工要求很高的零件,需安排多次检验工序。检验工序一般安排在各加工阶段前后,以及重要工序前后,总检验则放在最后。

轴类零件各表面的加工顺序,按照先粗后精、先主后次、先基准后其他(即先行工序必须为后续工序准备好定位基准)的工艺原则,车床主轴工序的安排大致为毛坯制造—正火—铣端面、钻中心孔—粗车—调质—半精车—局部高频淬火—精车—粗、精磨各外圆表面—磨内锥孔。

3. 车床主轴加工中的几个工艺问题

1)锥堵的使用

使用锥堵时应注意:锥堵装上以后,直到磨内锥孔工序才能拆下,一般不允许中途更换或拆装,以免增加安装误差。

2)外圆表面的车削加工

车床主轴加工工艺中,提高生产率是车削加工的主要问题之一。在不同批量的生产条件下,车削主轴采用不同的设备:单件、小批量生产采用普通卧式车床;成批生产多采用带液压仿形刀架的车床或液压仿形车床;大批量生产则采用液压仿形车床或多刀半自动车床。

3)主轴深孔的加工

车床主轴的通孔属于深孔。深孔加工比一般孔加工要困难和复杂,具体有以下几方面原因:

(1)刀具细长,刚性差。

(2)排屑困难。

(3)冷却困难,散热条件差。

在实际生产中一般采取下列措施来改善深孔加工的不利因素:

（1）使用深孔钻头。

（2）用工件旋转、刀具进给的加工方法。

（3）在工件上预先加工出一段精确的导向孔。

（4）采用压力输送切削润滑液，并利用压力下的切削润滑液排出切屑，如图 8-4 所示。

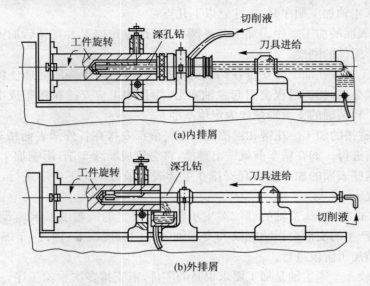

图 8-4　深孔加工原理简图

4）主轴锥孔的加工

莫氏 6 号内锥孔、支承轴颈外锥面和磨头短锥面的同轴度要求高，径向圆跳动是一项重要的精度指标。磨削莫氏 6 号内锥孔应根据互为基准的原则，一般以前、后支承轴颈作为定位基准，因此，在莫氏 6 号内锥孔前，应使作为定位基准的前、后支承轴颈达到一定的精度。磨削莫氏 6 号内锥孔有以下三种安装方法：

（1）将前支承轴颈安装在中心架上，后支承轴颈夹在磨床床头的卡盘内。磨削时严格校正两支承轴颈，前端调节中心架，后端在卡爪和轴颈间垫薄纸来调整。这种方法调整时间长，生产率低，但不需要专用夹具，因此，常用于单件、小批量生产。

（2）将前、后支承轴颈都安装在两个中心架上，用千分表校正中心架位置。工件通过弹性联轴器或万向接头与磨床床头连接。这种方法可保证前、后支承轴颈的定位精度，但由于调整中心架费时且质量不稳定，因而一般只在生产规模不大时使用。

（3）在成批生产中，大都采用专用夹具作精磨，如图 8-5 所示。夹具由底座、支架及浮动夹头三部分组成，两个支架固定在底座上，作为工件定位基准面的前、后支承轴颈放在支架的两个 V 形块上。V 形块镶有硬质合金，以提高耐磨性，并减少对前、后支承轴颈的划痕。工件的中心和磨床砂轮轴的中心等高。后端的浮动夹头用锥柄装在磨床主轴的锥孔内，工件尾端插在弹性套内，用弹簧将浮动夹头外壳与工件向左拉，通过钢球压向镶有硬质合金的锥柄端面，限制工件的轴向窜动。浮动夹头仅通过拨盘及拨销使工件旋转，而工件主轴与磨床主轴间无刚性连接，工件的回转中心线由专用夹具决定，不会受磨床主轴回转误差的影响。

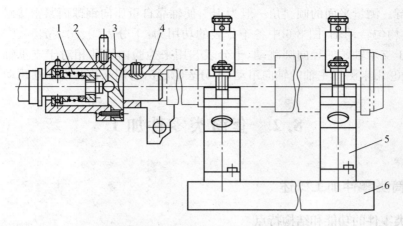

图 8-5　精磨莫氏 6 号内锥孔的专用夹具

1—弹簧；2—钢球；3—浮动夹头；4—弹性套；5—支架；6—底座

5）主轴的检验

轴类零件在加工过程中和加工结束后都要按工艺规程的要求进行检验，检验项目包括硬度、表面粗糙度、尺寸精度、形状精度、内锥孔的接触精度和位置精度。

（1）检验硬度。在热处理后用硬度计抽检或全检。

（2）检验表面粗糙度。表面粗糙度一般用样块比较法检验。

（3）检验尺寸精度。在单件、小批量生产中，一般用千分尺检验轴的直径；在大批量生产中，常采用极限卡规抽检轴的直径。轴的长度可用游标卡尺、深度游标卡尺等检验。

（4）检验形状精度。轴类零件的形状精度包括圆度误差和圆柱度误差两个方面，可用千分尺测量直径的方法检测。

（5）检验内锥孔的接触精度。内锥孔的接触精度应用专用锥度量规涂色检验，要求接触面积在 70％以上，且分布均匀。

（6）检验内锥孔的位置精度。检验内锥孔的位置精度多采用专用检具，如图 8-6 所示为车床主轴的位置精度检验示意图。

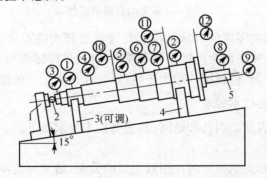

图 8-6　车床主轴的位置精度检验示意图

1—挡铁；2—钢球；3、4—V 形架；5—检验心棒

检验时，将轴的前、后支承轴颈放在同一平板上的两个 V 形架上，在轴的一端用挡铁、钢球和工艺锥堵挡住，限制其沿轴向移动。测量时先用千分表①和②调整轴的中心线，使它与

测量平面平行。测量平面的倾斜角一般为 15°，使轴靠自重压向钢球而紧密接触。

测量时，均匀转动轴，图 8-6 中各千分表的功用为：千分表③、④、⑤、⑥、⑦用来测量各处轴颈相对于支承轴颈的径向圆跳动，千分表⑧用来检验内锥孔相对于支承轴颈的同轴度误差，千分表⑨用来测量主轴的轴向窜动，千分表⑩、⑪、⑫用来检验端面圆跳动。

8.2　套筒类零件加工

8.2.1　套筒类零件加工概述

1. 套筒类零件的功能和结构特点

套筒类零件是指回转体零件中的空心薄壁件，是机械加工中常见的一种零件，在各类机器中应用很广。它主要起支承或导向作用。常见的套筒类零件有支承回转轴的各种形式的滑动轴承套、夹具中的钻套、内燃机汽缸套、液压系统中的液压缸等，如图 8-7 所示。

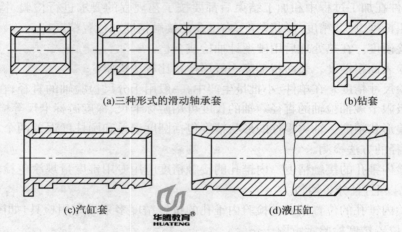

(a)三种形式的滑动轴承套　　　　　　　　　　(b)钻套

(c)汽缸套　　　　　　　　　　　　(d)液压缸

图 8-7　常见的套筒类零件

由于作用不同，套筒类零件的形状结构和尺寸有着较大的差异，但其结构仍有共同点，即零件结构不太复杂，主要表面为同轴度要求较高的内、外旋转表面，零件壁的厚度较薄，容易变形，零件尺寸大小各异，但长度一般大于直径（长径比大于 5 的深孔比较多）。

2. 套筒类零件的主要技术要求

套筒类零件的主要表面是内孔和外圆，其主要技术要求如下。

1）内孔的技术要求

内孔是套筒类零件起支承和导向作用最主要的表面，通常与运动着的轴、刀具或活塞相配合。内孔的直径尺寸精度等级一般为 IT7，精密套筒的内孔直径尺寸精度等级为 IT6；内孔的形状精度一般应控制在内孔直径公差以内，较精密的套筒应控制在内孔直径公差的 1/3～1/2，甚至更小。长套筒除了圆度要求外，还对内孔的圆柱度有要求。为保证耐磨性要求，套筒类零件的内孔表面粗糙度为 $Ra1.6～0.16\ \mu m$。此外，某些精密套筒的内孔精度要求更高,其表面粗糙度可达 $Ra0.04\ \mu m$。

2)外圆的技术要求

外圆表面是套筒类零件的支承面,常以过渡或过盈配合与箱体或机座上的孔相配合。外圆的直径尺寸精度等级一般为 IT7~IT6,形状精度应控制在外圆直径公差以内,表面粗糙度为 $Ra3.2~0.63\ \mu m$。

3)内孔对外圆的同轴度要求

如果内孔的最终加工是在装配后完成的,则可降低内孔对外圆的同轴度要求;如果内孔的最终加工是在装配前完成的,则内孔对外圆的同轴度要求较高,一般为 0.01~0.05 mm。

4)端面对内孔轴线的垂直度或端面圆跳动要求

套筒端面如果在工作中承受轴向载荷,或是作为定位基准、装配基准,则其对内孔轴线的垂直度或端面圆跳动要求较高,一般为 0.01~0.05 mm。

3. 套筒类零件的材料、热处理及毛坯

1)套筒类零件的材料

套筒类零件一般用钢、铸铁、青铜或黄铜和粉末冶金等材料制成。有些要求较高的滑动轴承套,采用双层金属结构,即应用离心铸造法在钢或铸铁轴套的内壁上浇注巴氏合金等轴承合金材料,用来提高轴承的使用寿命和节省贵重的有色金属。

2)套筒类零件的热处理

套筒类零件在加工过程中都需要进行热处理,一般安排在粗加工前或粗加工后、精加工前,目的是消除内应力,改善力学性能和切削加工性能。套筒类零件的热处理方法有调质、渗碳淬火、表面淬火、高温时效及渗氮等。

3)套筒类零件的毛坯

套筒类零件毛坯的选择与其材料、结构、尺寸及生产批量有关。内孔直径较小($d<20$ mm)的套筒一般选择热轧或冷拉棒料,也可采用实心铸件;内孔直径较大的套筒,常选用无缝钢管或带孔铸件、锻件。小批量生产时,可选择型材、砂型铸件或自由锻件;大批量生产时,则应选择高效率、高精度毛坯,采用冷挤压和粉末冶金等先进的毛坯制造工艺。

8.2.2　套筒类零件加工工艺分析

1. 定位基准的选择

套筒类零件在实际加工时,一般安装在心轴上进行加工,即先加工孔,然后以孔定位安装在心轴上,再把心轴装在前后顶尖之间来加工外圆和端面。常用的心轴主要有锥度心轴和圆柱心轴两种。

1)锥度心轴

工件压入后,靠摩擦力就可与锥度心轴固紧。锥度心轴对中性好,装夹方便,但不能承受较大的切削力,多用于外圆和端面的精车。

2)圆柱心轴

工件装入圆柱心轴后需要加上垫圈,用螺母锁紧。其夹紧力较大,可用于较大直径零件外圆的半精车和精车。圆柱心轴和工件内孔的配合有一定间隙,对中性较锥度心轴差。

2. 加工方法的选择

套筒类零件外圆表面多采用车削加工,精度高时采用磨削加工。

套筒类零件内孔加工方法较多,有钻孔、车孔、扩孔、铰孔、镗孔、磨孔、拉孔、珩孔、研磨孔及滚压加工等。内孔加工方法的选择比较复杂,需要考虑生产批量、零件结构及尺寸、精度和表面质量的要求、长径比等因素,对于精度要求较高的内孔需要采用多种方法顺次进行加工。内孔加工方法的确定,可考虑以下原则:

(1)内孔的精度、表面质量要求不高时,可采用钻孔、扩孔、车孔、镗孔等。

(2)内孔的精度要求较高且直径较小时(小于 $\phi50$ mm),可采用钻—扩—铰方案,其精度和生产率均较高。

(3)内孔的精度要求较高且直径较大时,多采用钻孔后镗孔或直接镗孔。

(4)内孔生产批量较大时,可采用拉孔。

(5)内孔有较高表面贴合要求时,可采用研磨孔。

(6)淬硬套筒零件多采用磨削孔。对于精密套筒还应增加对内孔的精密加工,如高精度磨削、珩磨、研磨等方法。

(7)加工有色金属等软材料时,可采用精镗(或金刚镗)。

3. 保证相互位置精度的方法

在机械加工中,套筒类零件的主要工艺问题是保证内孔与外圆的同轴度及端面与内孔轴线的垂直度要求和防止变形。要保证各表面间的相互位置精度,通常采用以下方法:

(1)在一次装夹中完成所有内孔与外圆表面及端面的加工。一般在卧式车床或立式车床上进行,精加工也可以在磨床上进行。此时,常用三爪卡盘或四爪卡盘装夹工件,分别如图 8-8(a)、(b)所示。这种安装方法可消除由于多次安装而带来的安装误差,保证零件内孔与外圆的同轴度及端面与内孔轴线的垂直度。但是这种安装方法由于工序比较集中,对尺寸较大(尤其是长径比较大)的套筒安装不方便,故多用于尺寸较小的套筒的车削加工。对于凸缘的短套筒,可先车凸缘端,然后掉头夹压凸缘端,这种安装方法可防止因套筒刚度降低而产生的变形,如图 8-8(c)所示。

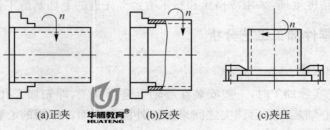

(a)正夹　　　　　(b)反夹　　　　　(c)夹压

图 8-8　短套筒的安装

(2)全部加工分在几次装夹中进行,先加工孔,然后以孔作为定位基准加工外圆表面。用这种方法加工套筒,以精加工好的内孔作为精基准最终加工外圆。当以内孔为精基准加工外圆时,常用锥度心轴装夹工件,并用两顶尖支承心轴。由于锥度心轴结构简单,制造、安装误差较小,因而可以保证比较高的同轴度要求,是套筒加工中常见的装夹方法。

(3)全部加工分在几次装夹中进行,先加工外圆,然后以外圆表面作为定位基准加工内孔。用这种方法加工套筒,以精加工好的外圆作为精基准最终加工内孔。采用这种方法装夹工件迅速可靠,但因卡盘定心精度不高,易使套筒产生夹紧变形,故加工后工件的形状与位置精度较低。为获得较高的同轴度,必须采用定心精度高的夹具,如弹性膜片卡盘、液性塑料夹具、经过修磨的三爪自定心卡盘和软爪等。较长的套筒一般多采用这种加工方法。

在实际生产中,一般以内孔与外圆互为基准、多次装夹、反复加工来提高同轴度。

4. 防止套筒变形的措施

套筒类零件由于壁薄,加工中常因夹紧力、切削力、内应力和切削热的作用而产生变形。需要热处理的薄壁套筒,如果热处理工序安排不当,也会造成不可校正的变形。防止套筒的变形可以采取如下措施。

1) 减小切削力和切削热对套筒变形的影响

减小切削力和切削热对套筒变形影响的措施如下:

(1) 粗、精加工应分开进行,并应严格控制精加工的切削用量,以减小零件加工时的变形。

(2) 内、外表面同时加工,使径向力相互抵消,如图 8-9 所示。

(3) 减小径向力,通常可增大刀具的主偏角。

(4) 在粗、精加工之间应留有充分的冷却时间,并在加工时注入足够的切削液。

2) 减小夹紧力对套筒变形的影响

减小夹紧力对套筒变形影响的措施如下:

(1) 改变夹紧力的方向,即将径向夹紧改为轴向夹紧,如采用工艺螺纹来装夹工件或工件靠螺母端面来轴向夹紧,如图 8-10 所示。

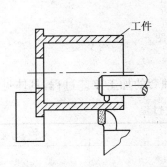
图 8-9 内、外表面同时加工

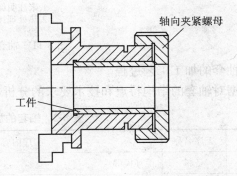
图 8-10 轴向夹紧图

(2) 当需要径向夹紧时,应尽可能使径向夹紧力沿圆周均匀分布,如使用过渡套、弹性薄膜卡盘、软爪等夹具夹紧工件。

3) 减小热处理对套筒变形的影响

热处理工序应置于粗加工后、精加工前,使热处理变形在精加工中得以修正。

8.2.3 套筒类零件加工实例

套筒类零件按其结构形状可分为短套筒和长套筒两类,这两类套筒在装夹与加工方法上有很大的差别,下面分别分析其工艺特点。

1. 轴套加工工艺分析

1)轴套的技术要求与加工特点

如图 8-11 所示的轴套属于短套筒。轴套的技术要求与加工特点为:轴套组成的表面有外圆,内孔,型孔,大、小端面,台阶面,退刀槽,内、外倒角;$\phi60^{+0.02}_{0}$ mm 外圆对 $\phi44^{+0.027}_{0}$ mm 内孔的同轴度公差为 0.03 mm,$\phi60^{+0.02}_{0}$ mm 外圆对 $\phi44^{+0.027}_{0}$ mm 内孔的径向圆跳动公差为 0.01 mm,两者表面粗糙度均为 $Ra0.8\ \mu m$;台阶面对 $\phi60^{+0.02}_{0}$ mm 外圆轴线的垂直度公差为 0.02 mm,台阶面表面粗糙度为 $Ra0.8\ \mu m$;零件热处理硬度为 50～55 HRC,需经淬火处理;生产类型为中批量生产;零件直径尺寸差异较大,零件壁薄容易变形,加工精度要求较高。

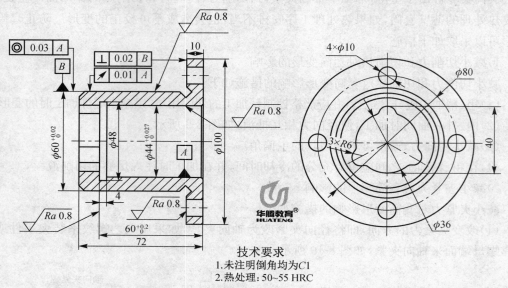

技术要求
1.未注明倒角均为C1
2.热处理:50~55 HRC

图 8-11　轴套的零件图

2)轴套的加工工艺过程

根据对轴套的结构特点和技术要求的分析,制订轴套的加工工艺过程,具体见表 8-2。

表 8-2　轴套的加工工艺过程

工序号	工序名称	工序内容	定位与夹紧
1	备料	毛坯模锻	—
2	热处理	退火,220～240 HBS	—
3	粗车	①粗车大端面,留加工余量 0.5 mm; ②粗车 $\phi100$ mm 外圆,留加工余量 1.0 mm; ③粗车 $\phi44^{+0.027}_{0}$ mm 内孔,留加工余量 1.5 mm	三爪卡盘装夹
4	掉头粗车	①掉头粗车小端面至尺寸 72.5 mm; ②粗车 $\phi60^{+0.02}_{0}$ mm 外圆,留加工余量 1.2 mm; ③粗车台阶面,留加工余量 0.8 mm; ④粗车 $\phi36$ mm 内孔至尺寸	反爪夹大端
5	检验	中间检验	—
6	热处理	调质	—

续表

工 序 号	工序名称	工序内容	定位与夹紧
7	半精车	①半精车大端面至尺寸; ②半精车 $\phi100$ mm 外圆至尺寸; ③半精车 $\phi44^{+0.027}_{0}$ mm 内孔,留粗磨、精磨余量约 0.5 mm; ④切 $\phi48$ mm 退刀槽至尺寸; ⑤倒角	三爪卡盘装夹
8	半精车	①半精车 $\phi60^{+0.02}_{0}$ mm 外圆及台阶面,留磨削余量; ②切退刀槽至尺寸; ③倒角	配心轴,以 $\phi44^{+0.027}_{0}$ mm 内孔定位,轴向夹紧工件
9	铣削	铣小端面 $3\times R6$ mm 型孔至尺寸	分度头安装
10	钻孔	钻大端面 $4\times\phi10$ mm 小孔至尺寸	专用夹具
11	钳工	去毛刺	—
12	检验	—	—
13	热处理	淬火,50~55 HRC	—
14	粗磨	粗磨 $\phi44^{+0.027}_{0}$ mm 内孔及 $\phi48$ mm 的端面,留精磨余量	以 $\phi60^{+0.02}_{0}$ mm 外圆定位
15	磨削	磨 $\phi60^{+0.02}_{0}$ mm 外圆及台阶面至尺寸	配心轴,以 $\phi44^{+0.027}_{0}$ mm 内孔定位,轴向夹紧工件
16	精磨	精磨 $\phi44^{+0.027}_{0}$ mm 内孔及 $\phi48$ mm 的端面至尺寸	以 $\phi60^{+0.02}_{0}$ mm 外圆定位
17	检验	成品检验	—

(1)轴套的材料与毛坯。本例轴套的材料采用 45 钢,毛坯用模锻件。

(2)轴套表面加工方法。$\phi60^{+0.02}_{0}$ mm 外圆及台阶面采用粗车—半精车—磨削加工,$\phi44^{+0.027}_{0}$ mm 内孔采用粗车—半精车—粗磨—精磨达到精度及表面粗糙度的要求,其余回转面以半精车满足加工要求,型孔在立式铣床上完成,四个小孔采用钻削。

(3)定位基准。主要定位基准为 $\phi44^{+0.027}_{0}$ mm 的内孔中心,加工内孔时的定位基准为 $\phi60^{+0.02}_{0}$ mm 的外圆。

(4)安装方式。加工大端面及内孔时,用三爪卡盘装夹;粗加工小端面用反爪夹大端;半精加工、精加工小端时,配心轴,以 $\phi44^{+0.027}_{0}$ mm 的内孔定位,轴向夹紧工件;加工 $3\times R6$ mm 型孔时,用分度头安装直接分度,并保证它们均布在零件的圆周上;对大端面的四个小孔用专用夹具安装,即以大端面及 $\phi44^{+0.027}_{0}$ mm 内孔作为主定位基准,利用型孔防止工件旋转,使工件轴向夹紧。

(5)保证轴套表面位置精度。先以 $\phi60^{+0.02}_{0}$ mm 外圆定位,粗磨 $\phi44^{+0.027}_{0}$ mm 内孔,再以 $\phi44^{+0.027}_{0}$ mm 内孔定位磨削外圆,最后以 $\phi60^{+0.02}_{0}$ mm 外圆定位,精磨 $\phi44^{+0.027}_{0}$ mm 内孔。内孔与外圆互为基准、多次装夹、反复加工,以满足同轴度和径向圆跳动的要求。在一次装夹中磨 $\phi60^{+0.02}_{0}$ mm 外圆及台阶面,以保证台阶面对 $\phi44^{+0.027}_{0}$ mm 内孔轴线的垂直度公差在 0.02 mm 以内。

（6）热处理安排。因模锻件的表层有硬皮,为改善切削加工性,模锻后应对毛坯进行退火处理。零件的最终热处理为淬火,满足硬度50～55 HRC要求。为尽量控制淬火变形,在零件粗加工后安排调质处理作为预备热处理。

2. 液压缸体加工工艺分析

1）液压缸体的技术要求与加工特点

如图8-12所示的液压缸体属于长套筒。液压缸体的技术要求与加工特点为:液压缸体组成的表面有外圆、内孔、内锥孔、倒角等;液压缸内有活塞往复运动,所以 $\phi70H11$ mm内孔的加工要求较高,其轴线的直线度公差为 $\phi0.15$ mm,对外圆安装基准面 A、B 的同轴度公差为 $\phi0.04$ mm,圆柱度公差为 0.04 mm,表面粗糙度为 $Ra0.32$ μm。为保证活塞在液压缸体内移动顺利且不漏油,还特别要求内孔光洁无纵向划痕,不许用研磨剂研磨;两端面对内孔的垂直度公差为 0.03 mm,表面粗糙度为 $Ra2.5$ μm;安装基准面 $\phi82h6$ mm外圆的尺寸精度为IT6,表面粗糙度为 $Ra1.25$ μm;$\phi90$ mm外圆表面中间段为非加工面;生产类型为成批生产;液压缸体壁薄容易变形,结构简单,加工面较少,加工方法变化不多。

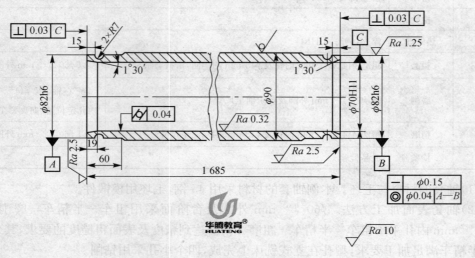

图8-12　液压缸体的零件图

2）液压缸体的加工工艺过程

根据对液压缸体的结构特点和技术要求的分析,制订液压缸体的加工工艺过程,见表8-3。

表8-3　液压缸体的加工工艺过程

工序号	工序名称	工序内容	定位与夹紧
1	备料	无缝钢管 $\phi90$ mm×12 mm×1 692 mm下料切断	—
2	粗车	①车一端 $\phi82h6$ mm外圆至 $\phi88$ mm,车工艺螺纹M88×1.5 mm(定位用); ②车端面,倒角; ③掉头车另一端 $\phi82h6$ mm外圆至 $\phi84$ mm; ④车端面(取总长1 686 mm,留加工余量1 mm),倒角	三爪自定心卡盘夹一端,另一端用中心架托(或用大头顶尖顶)

续表

工序号	工序名称	工序内容	定位与夹紧
3	深孔镗	①半精镗孔至 ϕ68 mm； ②精镗孔至 ϕ69.85 mm； ③浮动镗孔（精铰）至 ϕ70H11 mm，表面粗糙度为 $Ra2.5\ \mu m$	一端用 M88×1.5 mm 螺纹固定在夹具中，另一端搭中心架，托 ϕ84 mm 处
4	滚压孔	用滚压头滚压 ϕ70H11 mm 孔至表面粗糙度为 $Ra0.32\ \mu m$	一端用螺纹固定在夹具中，另一端搭中心架，托 ϕ84 mm 处
5	精车	①切去工艺螺纹，车 ϕ82h6 mm 外圆至尺寸，车 $R7$ mm 圆槽； ②镗 1°30′内锥孔，车端面； ③掉头车 ϕ82h6 mm 外圆至尺寸，车 $R7$ mm 圆槽； ④镗 1°30′内锥孔，车端面，取总长 1 685 mm	①一端用软爪夹，另一端用大头顶尖顶； ②一端用软爪夹，另一端用中心架托； ③一端用软爪夹，另一端用大头顶尖顶； ④一端用软爪夹，另一端用中心架托

　　(1)液压缸体的材料。液压缸体的材料一般有铸铁和无缝钢管两种。本例采用无缝钢管。

　　(2)液压缸体表面加工方法。ϕ82h6 mm 外圆加工精度为 IT6，加工方法采用粗车、精车。内孔加工精度较高，粗加工采用半精镗，半精加工采用精镗，精加工采用浮动镗，光整加工采用滚压。

　　(3)定位基准。选择安装基准面 ϕ82h6 mm 外圆作为定位基准加工内孔。

　　(4)安装方式。为防止液压缸体壁薄因受夹紧力而变形，在镗内孔时，一端用工艺螺纹旋紧工件，另一端用中心架托住外圆；在最后精车外圆时，一端用软爪夹住，另一端以内孔定位用大头顶尖顶住工件；在镗内锥孔时，用软爪夹住一端，另一端用中心架托住外圆。

8.3　箱体类零件加工

8.3.1　箱体类零件加工概述

1. 箱体类零件的功能和结构特点

　　箱体是机器或部件的基础零件，它将机器或部件中的轴、齿轮、轴承等相关零件连接成一个整体，使它们之间保持正确的相互位置，以传递运动和动力以及改变转速来完成一定的传动关系。因此，箱体的加工质量直接影响机器或部件的工作精度、使用性能和寿命。

　　常见的箱体零件有机床主轴箱、机床进给箱、减速箱、发动机缸体、机座和泵体等。根据结构形式不同，箱体可分为整体式和分离式两大类。如图 8-13 所示为常用的几种箱体的结构简图。

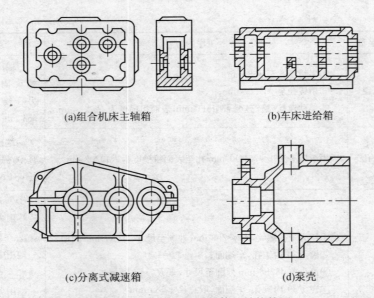

(a)组合机床主轴箱　　　　　　　　(b)车床进给箱

(c)分离式减速箱　　　　　　　　　(d)泵壳

图 8-13　常用的几种箱体的结构简图

　　箱体的结构形式虽然多种多样,但仍有一些共同特点,即箱体结构复杂,壁薄且不均匀,内部呈空腔,加工部位多,加工难度大,既有精度要求高的孔系和平面,也有许多精度要求较低的螺纹连接孔。

2. 箱体类零件的主要技术要求

　　箱体类零件中以车床主轴箱的精度要求最高,以如图 8-14 所示的车床主轴箱为例来说明其技术要求。

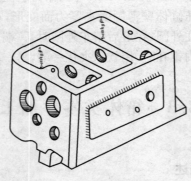

图 8-14　车床主轴箱

1)主要平面的形状精度和表面粗糙度

　　箱体的主要平面是装配基准面,装配基准面的平面度误差将影响主轴箱与床身连接时的接触刚度。若在加工时将其作为定位基准,还会影响孔的加工精度。因此,箱体的主要平面应有较高的平面度和较小的表面粗糙度。此外,箱体的主要平面间还应有较高的垂直度要求。

　　一般箱体主要平面的平面度公差为 0.03~0.1 mm,表面粗糙度为 $Ra2.5~0.63\ \mu m$,主要平面间的垂直度公差为 0.04~0.1 mm。

2）孔的尺寸精度、形状精度和表面粗糙度

孔的尺寸精度和形状精度将影响轴承与箱体孔的配合精度。孔径过大、配合过松会使轴的回转精度下降，使传动件（齿轮、联轴器等）产生振动和噪声；孔径过小、配合过紧会使轴承因外界变形而不能正常运转，使轴承寿命缩短。孔的表面粗糙度影响箱体的配合性质或接触刚度。

一般机床主轴支承孔的尺寸精度为 IT6，表面粗糙度为 $Ra0.63\sim0.32\ \mu m$，圆柱度公差一般应在孔径尺寸公差范围内。其余孔的尺寸精度为 IT7～IT6，表面粗糙度为 $Ra2.5\sim 0.63\ \mu m$。

3）孔与孔之间的相互位置精度

同一轴线上各孔应有同轴度要求，各支承孔之间应有孔距尺寸精度和平行度要求。否则不仅装配困难，轴承和轴装配到箱体将产生歪斜，使轴运转情况恶化，加剧轴承磨损，还会影响齿轮的啮合质量。

同一轴线上孔的同轴度公差一般为 0.01～0.04 mm。支承孔间的孔距公差为 0.05～0.12 mm，平行度公差应小于孔距公差。

4）孔与平面之间的相互位置精度

主要孔和主轴箱安装基准面应有平行度要求，它们决定了主轴与床身导轨的相互位置关系。一般都要规定主轴轴线对安装基准面的平行度公差。在垂直面方向上，只允许主轴前端向上偏；在水平面方向上，只允许主轴前端向前偏。另外，孔端面与其轴线应有垂直度要求。

支承孔与主要平面的平行度公差为 0.05～0.1 mm，垂直度公差为 0.04～0.1 mm。

3. 箱体类零件的材料、热处理及毛坯

1）箱体类零件的材料

箱体类零件的材料一般选 HT200～HT400 的各种牌号的灰铸铁，最常用的为 HT200，这是因为灰铸铁不仅成本低，而且具有较好的耐磨性、可铸性、可切削加工性和阻尼特性，适合箱体类零件尺寸较大、形状复杂的结构特点。在单件生产或某些简易机床的箱体加工时，为了缩短生产周期和降低成本，也可采用钢材焊接结构。负荷大的主轴箱可采用铸钢件。在特定条件下，某些箱体也可采用铝镁合金或其他铝合金材料。

2）箱体类零件的热处理

箱体类零件一般结构都比较复杂，壁厚不均，铸造时会形成较大的内应力。为保证其加工后的精度稳定，在毛坯铸造后需安排一次人工时效或退火工序，以消除内应力。对精度高的箱体或形状特别复杂的箱体，应在粗加工后再安排一次人工时效处理，以消除粗加工所造成的内应力，进一步提高箱体加工精度的稳定性。

3）箱体类零件的毛坯

箱体类零件毛坯的加工余量与生产批量、毛坯尺寸、结构和铸造方法有关，可查阅相关资料决定。一般情况下，铸铁毛坯在单件、小批量生产时，可采用木模手工造型，毛坯精度低、加工余量大；铸铁毛坯在大批量生产时，可采用金属模机器造型，毛坯精度高、加工余量小。

单件、小批量生产时直径大于 50 mm 的孔，或者成批生产时直径大于 30 mm 的孔，一般都应铸出预孔。

4. 箱体类零件的结构工艺性

1)箱体类零件基本孔的分类

箱体类零件的基本孔可分为通孔、阶梯孔、交叉孔及盲孔等。

(1)通孔。通孔的工艺性好,通孔内又以短圆柱孔(长径比小于 1.5)的工艺性为最好。当通孔为深孔(长径比大于 5)时,若加工精度要求较高,表面粗糙度要求较低,则加工就很困难。

(2)阶梯孔。阶梯孔的工艺性与孔径差有关,孔径差越小,工艺性越好;孔径差越大,且其中最小的孔径又较小,则加工较困难。

(3)交叉孔。相贯通的交叉孔工艺性较差,如图 8-15(a)所示。刀具走到贯通部分时,由于刀具径向受力不均,孔的轴线就会偏移。因此,可采取如图 8-15(b)所示的交叉孔。

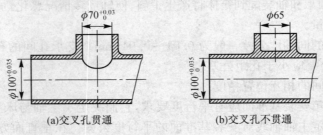

(a)交叉孔贯通　　　　　　　　　(b)交叉孔不贯通

图 8-15　交叉孔的工艺性

(4)盲孔。盲孔的工艺性最差,因为在精铰或镗盲孔时,刀具难以进给,加工情况无法观察,盲孔的内端面加工也特别困难,所以应尽量避免。

2)同一轴线孔径大小的分布形式

同一轴线孔径大小有以下三种分布形式:

(1)向一个方向递减。向一个方向递减便于镗孔时镗杆从一端伸入,逐个加工或同时加工同一轴线上的几个孔,可保证较高的同轴度和生产率。单件、小批量生产常采用这种分布形式。

(2)孔径大小从两边向中间递减。采用这种分布形式加工时便于组合机床从两边同时加工,镗杆刚度好,适合大批量生产。

(3)中间壁上的孔径大于外壁的孔径。应尽量避免采用这种分布形式加工。

3)孔系

一系列有相互位置精度要求的孔称为孔系。箱体上的孔不仅本身的精度要求高,而且孔距精度和相互位置精度要求也很高,这是箱体加工的关键。孔系可分为平行孔系、同轴孔系和交叉孔系,如图 8-16 所示。

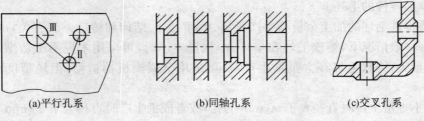

(a)平行孔系　　　　　　　　　(b)同轴孔系　　　　　　　　　(c)交叉孔系

图 8-16　箱体孔系分类

箱体外壁上的凸台应尽可能在同一高度上,以便在一次走刀中加工出来。箱体上的连接孔的尺寸规格应尽量一致,以减少刀具的数量和换刀次数。

8.3.2　箱体类零件加工工艺分析

箱体类零件的结构复杂,加工表面多,但主要加工表面是平面和孔。通常平面的加工精度相对较易保证,而精度要求较高的支承孔以及孔与孔、孔与平面之间的相互位置精度较难保证,是箱体加工的关键。

在制订箱体类零件加工工艺过程中,应重点考虑如何保证孔的自身精度以及孔与孔、孔与平面之间的相互位置精度,尤其是重要孔与重要的基准平面之间的关系。

1. 主要平面加工

箱体平面加工的主要方法有刨削、铣削和磨削三种。刨削和铣削常用作平面的粗加工和半精加工,磨削常用作平面的精加工。

对于中、小箱体,一般在牛头刨床或普通铣床上进行加工。对于大件箱体,一般在龙门刨床或龙门铣床上进行加工。刨削的生产率较低,中批量以上生产时,多采用铣削;单件、小批量生产时,对于精度高的平面用手工刮研或宽刃精刨;大批量生产时,对于精度高的平面应采用磨削。为了提高生产率,保证平面间的相互位置精度,生产中还经常采用组合铣削和组合磨削,如图 8-17 所示。

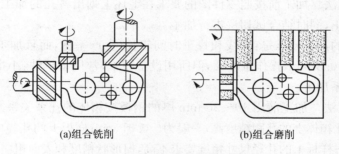

(a)组合铣削　　　　　　　　(b)组合磨削

图 8-17　箱体平面的组合铣削和组合磨削

2. 平行孔系加工

所谓平行孔系是指这样一些孔,它们的轴线互相平行且孔距也有精度要求。因此,平行孔系加工的主要技术要求是保证孔的加工精度,保证各平行孔轴线之间以及孔轴线与基准面之间的尺寸精度和相互位置精度。生产中常采用镗模法、找正法和坐标法。

1)镗模法

镗模法加工孔系是利用镗模板上的孔系保证工件上孔系位置精度的一种方法。镗孔时,工件装夹在镗模上,镗杆支承在镗模的导套里,由导套引导镗杆在工件的正确位置上镗孔,如图 8-18 所示。

镗模法的加工特点如下:

(1)孔距精度和相互位置精度主要取决于镗模的制造精度。

(2)镗杆与机床主轴采用浮动连接,机床精度对孔系加工精度影响很小。因此,可以在精度较低的机床上加工出精度较高的孔系。

(3)镗杆刚度好,有利于采用多刀同时切削,定位夹紧迅速,节省找正、调整时间,生产率高。

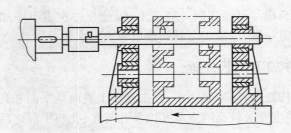

图 8-18　用镗模法加工孔系

（4）镗模的精度要求高，制造周期长，成本高。

此外，由于镗模本身具有制造误差、导套和镗杆的配合间隙和磨损，因而用镗模法加工孔系的加工精度不会很高。一般孔径尺寸精度为 IT7，表面粗糙度为 $Ra1.6\sim0.8\ \mu m$，孔与孔之间的同轴度公差和平行度公差均为 $0.02\sim0.05\ mm$，孔距精度为 $\pm0.05\ mm$。

镗模法加工广泛应用于中、小型箱体的成批及大量生产中。

2）找正法

找正法是工人在通用机床上，利用辅助工具来找正每一个要加工孔的正确位置。这种方法加工效率低，一般只适用于单件、小批量生产。

找正法包括划线找正法和样板找正法。

（1）划线找正法。加工前按照零件图的要求在毛坯上划出各孔的加工位置线，加工时按所划的线一一找正，同时结合试切法进行加工。

划线找正法的加工特点是：划线和找正时间较长，生产率低，而且加工出来的孔距精度也较低，一般为 $\pm0.3\ mm$，操作难度大，但所用设备简单，常用于单件、小批量生产及孔距精度要求不高的孔系加工。

（2）样板找正法。加工前用 $10\sim20\ mm$ 厚的钢板按箱体的孔系关系制造出样板。样板上的孔距精度应比箱体上的孔距精度高，一般为 $\pm0.01\ mm$；样板上的孔径应比工件的孔径稍大，以便镗杆通过；样板上的孔径尺寸精度要求不高，但形状精度和表面粗糙度要求较高。

使用时，将样板准确地装在被加工的箱体的端面（垂直于各孔的端面）上，在机床主轴上安装一个百分表找正器，按样板上的孔逐个找正机床主轴的位置，换上镗刀即可加工，如图 8-19 所示。

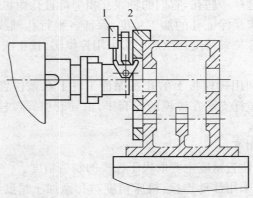

图 8-19　样板找正法
1—百分表找正器；2—样板

样板找正法的加工特点是加工中找正迅速,不易出错,孔距精度可达±0.02 mm,且样板的成本比镗模法低得多(仅为镗模法成本的 1/7 左右),常用于单件、中、小批量生产中加工大型箱体的孔系。

3)坐标法

坐标法是在加工前先将图样上被加工孔系间的孔距尺寸及其公差换算为以机床主轴中心为原点的两个互相垂直的坐标尺寸,加工时借助机床设备的测量装置,按此坐标尺寸精确地调整机床主轴和工件在水平和垂直方向的相对位置,从而间接保证孔距精度的一种镗孔方法。

坐标法的尺寸换算可利用三角几何关系及工艺尺寸链理论计算。其孔距精度取决于坐标位移精度,归根到底取决于机床坐标测量装置的精度。在现代生产实际中,利用坐标法加工孔系的机床主要是数控镗、铣床或加工中心。因此,坐标法在精密孔系的加工中应用较为广泛。

3. 同轴孔系加工

同轴孔系的加工主要是保证同轴线上各孔的同轴度。生产中常用的加工方法有镗模法、导向法和找正法。

1)镗模法

在成批生产中,一般采用镗模法,其同轴度由镗模保证。精度要求较高的单件、小批量生产也可采用镗模法加工,但镗模的制造成本较高。

2)导向法

在单件、小批量生产时,箱体孔系一般在通用机床上加工,不使用镗模,镗杆的受力变形会影响孔的同轴度,因此,可采取如下工艺方法:

(1)利用已加工孔作为支承导向。如图 8-20 所示,当箱体前壁上的孔加工完毕后,可在孔内装一导向套,以支承和引导镗杆加工后壁上的孔,保证两孔的同轴度要求。这种工艺方法适用于箱壁相距较近的同轴孔系的加工。

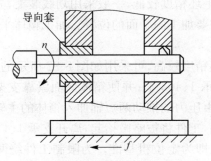

图 8-20　导向法加工同轴孔系

(2)利用镗床后立柱上的导向套作为支承导向。这种工艺方法镗杆为两端支承,刚性好,但后立柱导套的位置调整麻烦,且需要较长、较粗的镗杆,适用于大型箱体同轴孔系的加工。

3)找正法(调头镗加工)

加工时,工件一次装夹镗好一端的孔后,将镗床工作台回转 180°,再对另一端同轴线的孔进行找正加工。为保证同轴度找正,加工时应注意:首先确保镗床工作台精确回转 180°,否则两端所镗的孔轴线不重合;其次调头后应保证镗杆轴线与已加工孔轴线位置精确重合。

　　考虑工作台回转以后会带来误差,因此,在实际加工中需用工艺基准面进行校正,如图 8-21 所示。具体方法为镗孔前用装在镗杆上的百分表对箱体上与所镗孔轴线平行的工艺基准面进行校正,使其与镗杆平行;当加工完箱体 A 面上的孔,镗床工作台回转 180° 后,再用镗杆上的百分表沿此工艺基准面重新校正,保证镗杆轴线与工艺基准面的平行度,这样就确保了镗床工作台精确回转 180°;然后再以此工艺基准面作为测量基准调整主轴位置,以确保镗杆轴线与已加工孔(箱体 A 面上的孔)轴线位置精确重合,这样即可镗箱体 B 面上的孔。

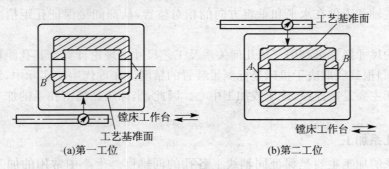

图 8-21　调头镗加工同轴孔系

　　掉头镗加工同轴孔找正较麻烦,生产率低,但工艺及工艺装备简单,镗杆短且刚性好,故适用于单件、小批量生产箱体壁面上相距较远的同轴孔系。

4. 定位基准的选择

1)粗基准的选择

　　一般都采用箱体类零件上面的重要孔作为粗基准,如主轴箱都用主轴孔和距主轴孔较远的一个轴承孔作为粗基准。

　　虽然箱体类零件都采用重要孔作为粗基准,但生产类型不同,实现以主轴孔为粗基准的工件装夹方式也是不同的。

　　(1)中、小批量生产时,毛坯精度较低,一般采用划线装夹,先找正主轴孔的中心,然后以主轴孔为粗基准找出其他需要加工的平面的位置。加工箱体平面时,按所划的线找正,装夹工件即可。

　　(2)大批量生产时,毛坯精度较高,可采用如图 8-22 所示的以主轴孔为粗基准的铣夹具粗铣顶面,先将工件放在支承 1、4、5 上,并使箱体侧面紧靠支架 3,端面紧靠挡销 9,这就完成了预定位;操纵手柄 8 后由压力油推动两短轴伸入箱体的主轴孔中,每个短轴上的活动支柱分别顶住主轴孔内的毛面,工件将被略微抬起,离开支承 1、4、5,使主轴孔轴线与夹具的两短轴轴线重合,此时,主轴孔即为定位粗基准。为限制工件绕两短轴转动,调节两个可调支承,用样板校正箱体另一轴孔的位置,使箱体端面基本水平,再调节辅助支承 2,使其与箱体底面接触,以提高工艺系统的刚度,然后再将由液压控制的两个夹紧块伸入箱体两端孔内压紧工件,即可进行加工。

2)精基准的选择

　　选择合适的定位精基准,对保证箱体的加工质量尤为重要。一般情况下,应尽可能选择设计基准作为定位精基准,使基准重合,且该精基准还可以作为箱体其他各表面加工的定位精基准,做到基准统一。实际生产中,根据生产批量的不同,有下列两种方案:

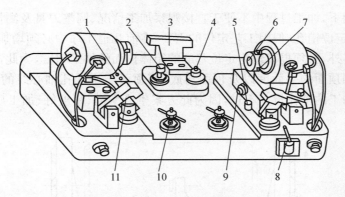

图 8-22　以主轴孔为粗基准的铣夹具

1、4、5—支承；2—辅助支承；3—支架；6—短轴；7—活动支柱；

8—手柄；9—挡销；10—可调支承；11—夹紧块

（1）单件、小批量生产。单件、小批量生产用装配基准作为定位精基准。主轴箱的底面是装配基准，也是主轴孔的设计基准，且与箱体的主要纵向孔系、端面、侧面等有直接的相互位置关系，因此，应以主轴箱的底面作为定位精基准。

此方案的优点是符合基准重合原则，消除了基准不重合误差，有利于各工序的基准统一；简化了夹具设计，定位稳定可靠，安装误差较小；由于箱体口朝上，在加工各孔时更换导向套、安装调整刀具、测量孔径尺寸、观察加工情况均非常方便；有利于清除切屑和加注切削液。

这种定位方式的不足之处是刀具系统的刚度较差。加工箱体内壁上的支承孔时，为了保证这些支承孔的相互位置精度，必须在箱体内相应位置设置导向支承模板以支承镗杆，提高镗杆的刚度。由于箱体口朝上，箱底封闭，中间导向支承模板只能用吊架的形式从箱体顶面的开口处伸入箱体内。如图 8-23 所示，每加工一个工件，吊架需装卸一次，使加工的辅助时间增加；且由于吊架刚性差，制造安装精度低，经常装卸容易产生误差，因而影响了加工孔的位置精度，所以其只适合单件、小批量生产。

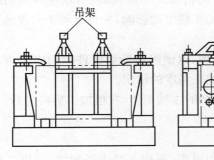

吊架

图 8-23　吊架式镗模

（2）大批量生产。大批量生产采用一面两孔作为定位精基准，即以主轴箱的顶面及两定位销孔作为定位精基准，如图 8-24 所示。

此方案的特点是箱体口朝下，中间导向支承模板可固定在夹具上，固定支架刚性强，对保证各支承孔的加工位置精度有利；夹具结构简单，工件装夹方便，辅助时间少。但由于以箱体顶面作为定位基准，使定位基准与设计基准或装配基准不重合，产生了基准不重合误差；由于箱体口朝下，加工过程中不便于直接观察加工情况、调整刀具及测量尺寸；原箱体零件上本不需要两定位销孔，但因工艺定位的需要，在前几道工序中必须增加钻—扩—铰两定位销孔的工序；另外，必须提高作为定位基准的箱体顶面的加工精度，为此，安排了磨顶面的工序，并严格控制顶面的平面度以及顶面与底面、顶面与主轴孔轴心线的尺寸精度与平行度，增加了箱体加工的工作量。不过，因为此方案生产率高、精度好、加工质量稳定，仍然适用于大批量生产。

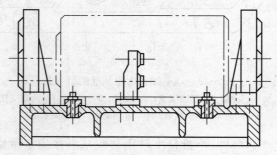

图 8-24　以主轴箱的顶面及两定位销孔作为定位精基准

5. 拟订加工工艺过程的基本原则

1）先面后孔的工艺顺序

箱体类零件的加工顺序为先加工平面，再以加工好的平面定位加工孔，符合一般加工规律。因为箱体孔的精度要求较高，加工难度大，先以孔作为粗基准加工好平面，再以平面作为精基准加工孔，可为孔的加工提供稳定可靠的定位。同时先加工平面，切去了铸件表面的不平和夹砂等缺陷，不仅有利于以后的孔加工（如减少钻头引偏）工序，也有利于保护刀具。

2）加工阶段粗、精分开

对于刚性差、批量较大、精度要求较高的箱体，通常将主要加工表面划分为粗、精加工两个阶段，即主要平面和各支承孔在粗加工后再进行主要平面和各支承孔的精加工。特别是精度和表面质量要求最高的主轴孔的精加工应放在最后，这样可以消除由粗加工所造成的内应力、切削力、切削热、夹紧力对加工精度的影响，并且有利于合理地选用设备。

3）合理安排热处理工序

箱体毛坯铸造后需进行时效处理，以消除铸造后铸件中的内应力，改善金相组织，改善工件材料的切削加工性，从而保证加工精度的稳定。

对于精密机床或壁薄而结构复杂的主轴箱体，在粗加工后再进行一次人工时效处理，以消除粗加工所造成的残余应力。

4）合理选择设备

单件、小批量生产一般选用通用机床、通用夹具进行加工，个别关键工序采用专用夹具（如孔系加工）进行加工。而大批量箱体的加工，则应广泛采用组合机床和专用夹具，如平面的加工采用龙门铣床、组合磨床，各主要孔的加工采用多工位组合机床等。

8.3.3　箱体类零件加工实例

1. 车床主轴箱的技术要求与加工特点

车床主轴箱的简图如图 8-25 所示。

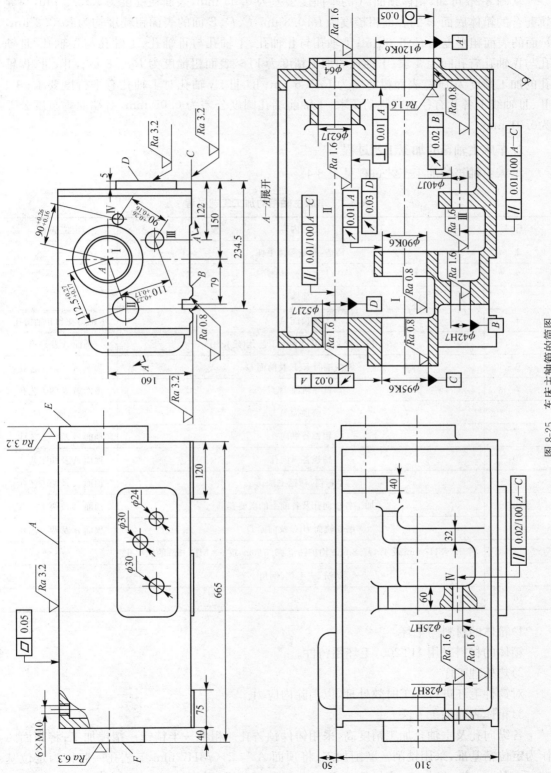

图 8-25　车床主轴箱的简图

从图 8-25 可知，箱体顶面 A 的平面度公差为 0.05 mm，表面粗糙度为 $Ra3.2\ \mu m$，与导轨配合的箱体底面 B 的表面粗糙度为 $Ra0.8\ \mu m$，C、D、E 面的表面粗糙度均为 $Ra3.2\ \mu m$，F 面的表面粗糙度为 $Ra6.3\ \mu m$；Ⅰ轴孔与Ⅱ轴孔、Ⅰ轴孔与Ⅲ轴孔、Ⅰ轴孔与Ⅳ轴孔、Ⅲ轴孔与Ⅳ轴孔有孔间距要求；Ⅰ轴孔的加工精度为 IT6，表面粗糙度为 $Ra0.8\ \mu m$，Ⅱ、Ⅲ、Ⅳ轴孔的加工精度为 IT7，表面粗糙度为 $Ra1.6\ \mu m$；Ⅱ、Ⅲ、Ⅳ轴孔对Ⅰ轴孔有平行度要求；Ⅰ、Ⅱ、Ⅲ轴线上各孔有径向圆跳动要求；Ⅰ轴前端孔圆度公差为 0.05 mm，对端面垂直度公差为0.01 mm。

2. 车床主轴箱的加工工艺过程

车床主轴箱的加工工艺过程见表 8-4。

表 8-4　车床主轴箱的加工工艺过程

工序号	工序内容	定位基准
1	铸造，制造箱体毛坯	—
2	人工时效处理	—
3	油漆	—
4	铣顶面 A	Ⅰ轴铸孔和Ⅱ轴铸孔
5	钻—扩—铰 $2\times\phi 8H7$ mm 工艺孔（定位用）	顶面 A 及外形
6	铣两端面 E、F 及前面 D	顶面 A 及两工艺孔
7	铣导轨面 B、C	顶面 A 及两工艺孔
8	磨顶面 A	导轨面 B、C
9	粗镗各纵向孔	顶面 A 及两工艺孔
10	精镗各纵向孔	顶面 A 及两工艺孔
11	半精镗、精镗主轴孔	顶面 A 及两工艺孔
12	加工各横向孔及各面上的次要孔	顶面 A 及两工艺孔
13	磨导轨面 B、C 及前面 D	顶面 A 及两工艺孔
14	将 $2\times\phi 8H7$ mm 及 $4\times\phi 7.8$ mm 均扩钻至 $\phi 8.5$ mm，攻 $6\times M10$ mm 的螺纹孔	—
15	清洗、去毛刺、倒角	—
16	检验	—

1）箱体的材料与毛坯

箱体的材料采用 HT200，毛坯用铸件。

2）热处理工序

对铸件毛坯进行人工时效处理，以消除内应力。

3）箱体表面加工方法

各纵向孔及主轴孔加工精度高，采用铸件预铸孔—粗镗—半精镗—精镗加工；将顶面 A 作为定位精基准，采用铣削—磨削加工；将顶面 A 与 $2\times\phi 8H7$ mm 工艺孔一起作为定位基准，采用钻—扩—铰加工；将导轨面 B、C 作为装配基准，采用铣削—磨削加工；$6\times M10$ mm

的螺纹孔应采用丝锥攻螺纹。

4）定位基准

铣削箱体顶面 A 应采用专用铣夹具,以 Ⅰ 轴铸孔和 Ⅱ 轴铸孔作为定位粗基准。因为是大批量生产,磨削导轨面 B、C 和精镗主轴孔时应采用主轴箱的顶面 A 和两定位销孔作为定位精基准。

5）加工阶段粗、精分开

主要平面的粗加工是铣削,精加工是磨削;主要孔的粗加工是粗镗,精加工是精镗;主要平面的粗加工完成后再进行主要平面和各支承孔的精加工;$2 \times \phi 8H7$ mm 工艺孔应采用钻—扩—铰加工。

6）加工顺序

加工的顺序为先面后孔。粗加工时,先铣削好顶面 A 后,再铣削主要平面;精加工时,先磨削好顶面 A 后,再粗镗—精镗主要孔系及磨削导轨面 B、C。

本 章 小 结

本章介绍了轴类零件、套筒类零件、箱体类零件的功能、结构特点、主要技术要求、加工工艺分析等内容。学习本章应重点掌握这三类典型零件的机械加工工艺规程的编制方法,具备初步制订零件机械加工工艺规程的能力。

习　题　8

8-1　轴类零件有哪些主要加工表面? 有哪些技术要求?

8-2　轴类零件的热处理工序是如何安排的? 其毛坯常用的材料有哪几种? 是如何选用的?

8-3　中心孔在轴类零件加工工艺过程中起什么作用? 为什么要对中心孔进行修磨? 如果工件是空心的,如何实现加工过程的定位?

8-4　在轴类零件加工工艺过程中,如何体现基准重合、基准统一、互为基准的原则?

8-5　轴类零件上的螺纹、花键等的加工一般安排在工艺过程的哪个阶段?

8-6　保证套筒类零件相互位置精度的方法有哪些?

8-7　套筒类零件加工时容易变形,可采取哪些措施防止变形?

8-8　套筒类零件加工时容易因夹紧不当产生变形,应如何处理?

8-9　简述箱体类零件的结构特点和主要技术要求。

8-10　箱体类零件加工中,安排热处理工序的作用是什么? 安排在工艺过程的哪个阶段合适?

8-11　孔系有哪几种? 其加工方法有哪些?

8-12　根据生产批量的不同,应如何选择箱体类零件的粗、精基准?

8-13　如图题 8-13 所示为蜗杆轴,材料选用 40Cr,属于小批量生产。试编制其加工工艺。

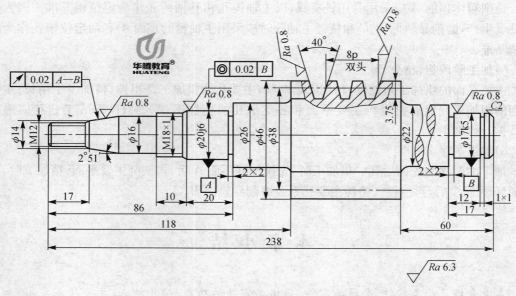

图题 8-13

8-14　试编制如图题 8-14 所示的轴承套零件的加工工艺,材料选用 ZQSn6-6-3,每批数量为 200 件。

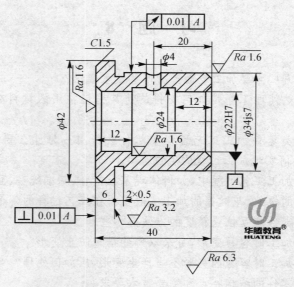

图题 8-14

第9章 机械加工质量

机器零件的加工质量是整台机器质量的基础。它是由加工精度和表面质量两方面所决定的,其高低将直接影响整台机器的使用性能和寿命。本章介绍的内容有加工精度和表面质量的概念,分析影响加工精度和表面质量的各种因素以及提高加工精度和表面质量的合理途径等。

9.1 机械加工质量概述

9.1.1 加工精度

1. 加工精度的概念

加工精度是指零件加工后的实际几何参数(尺寸、形状和表面间的相互位置)与理想几何参数的符合程度。它们之间的偏离程度称为加工误差。

在机械加工中,加工精度的高低是以加工误差的大小来评价的。加工误差大表明零件的加工精度低;反之,加工误差小表明零件的加工精度高。

在机械加工过程中,由于各种因素的影响,任何一种加工方法不管多么精密,都不可能把零件加工得绝对准确,与理想的要求完全符合。另外,一般情况下,零件的加工精度越高,则加工成本相对也越高,生产效率相对越低,因此,也不必把每个零件都加工得绝对准确,可以允许有一定的加工误差,只要加工误差不超过图样规定的变动范围,即为合格品。

零件的加工精度包含尺寸精度、形状精度和位置精度三个方面的内容,它们之间有一定的联系。通常形状精度应高于相应的尺寸精度,大多数情况下,位置精度也应高于尺寸精度。当尺寸精度要求高时,相应的形状精度、位置精度也要求高;但当形状精度要求高时,相应的尺寸精度和位置精度不一定要求高。

2. 获得加工精度的方法

1)获得尺寸精度的方法

获得尺寸精度的方法如下:

(1)试切法。试切法是指通过试切—测量—调整—再试切的反复进行,直至达到符合规定的尺寸。这种方法效率低,对操作者的技术水平要求较高,适用于单件、小批量生产。

(2)定尺寸刀具法。定尺寸刀具法是指用刀具的相应尺寸来保证工件被加工部位尺寸的方法。例如,用麻花钻钻头、铰刀、拉刀、槽铣刀和丝锥等刀具加工,以获得规定的尺寸精度。尺寸精度与刀具本身制造精度的关系很大。

（3）调整法。调整法是指按零件图规定的尺寸，预先调整好机床、夹具、刀具与工件的相对位置，经试加工测量合格后，再连续成批加工工件。尺寸精度在很大程度上取决于调整精度。此方法广泛应用于半自动机床、自动机床和自动生产线，适用于成批及大量生产。

（4）自动获得法。自动获得法是指用测量装置、进给装置和控制系统构成一个自动加工系统，使加工过程中的测量、补偿调整和切削等一系列工作自动完成。

2）获得形状精度的方法

获得形状精度的方法如下：

（1）机床运动轨迹法。机床运动轨迹法是利用切削运动中刀尖与工件的相对运动轨迹形成被加工表面形状的方法。例如，利用车床的主轴回转和刀架的进给车削外圆柱表面、内圆柱表面。

（2）成形法。成形法是利用成形刀具对工件进行加工的方法。例如，成形齿轮铣刀铣削齿轮。

（3）仿形法。仿形法是刀具按照仿形装置进给对工件进行加工的方法。例如，在仿形车床上利用靠模和仿形刀架加工阶梯轴。

（4）展成法。展成法是利用刀具和工件做展成运动进行加工的方法。例如，滚齿、插齿等。

3）获得位置精度的方法

获得位置精度的方法如下：

（1）根据工件加工过的表面进行找正的方法。

（2）用夹具安装工件，工件的位置精度由夹具来保证。

9.1.2　表面质量

实践表明，机械零件的破坏一般是从表面层开始的，因此，产品的工作性能，尤其是产品的可靠性、耐久性等，在很大程度上取决于主要零件的表面质量。

1. 表面质量的概念

表面质量包含表面层的几何特征和表面层金属的物理力学性能两个方面的内容。

1）表面层的几何特征

表面层的几何特征如图 9-1 所示。

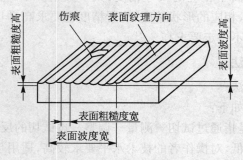

图 9-1　表面层的几何特征

表面层主要由以下几部分组成：

（1）表面粗糙度。表面粗糙度是指加工表面的微观几何形状误差。它的评定参数主要是轮廓算术平均偏差 Ra。

（2）表面波度。表面波度是介于宏观形状误差与微观表面粗糙度之间的周期性形状误差。它主要是由机械加工过程中工艺系统低频振动造成的，应作为工艺缺陷设法消除。表面波度和表面粗糙度的示意关系如图 9-2 所示。

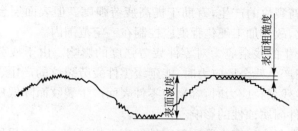

图 9-2　表面波度和表面粗糙度的示意关系

（3）表面纹理方向。表面纹理方向是指表面刀纹的方向，它取决于表面形成所采用的机械加工方法。一般对运动副或密封件要求纹理方向。

2）表面层金属的物理力学性能

机械加工过程中，由于切削力和切削热的综合作用，工件表面层金属的物理力学性能发生一定的变化，主要体现在以下几个方面：

（1）表面层金属的加工硬化（冷作硬化）。在机械加工过程中，工件表面层金属都会有一定程度的冷作硬化，使表面层金属的显微硬度有所提高。

（2）表面层金属的产生残余应力。由于切削力和切削热的综合作用，表面层金属晶格发生不同程度的塑性变形，使表面层金属产生残余应力。

（3）表面层金属的金相组织变化。在机械加工过程中，由于切削热的作用会使表面层金属的金相组织发生变化。

2. 表面质量对零件使用性能的影响

1）表面质量对零件耐磨性的影响

表面质量对零件耐磨性的影响如下：

（1）表面粗糙度对零件耐磨性的影响。表面粗糙度对零件耐磨性的影响很大。一般来说，表面粗糙度越小，其耐磨性越好。但是表面粗糙度太小，因接触面容易发生分子黏结，且润滑液不易储存，使得磨损反而增加。因此，就磨损而言，存在一个最优表面粗糙度。

（2）表面纹理方向对零件耐磨性的影响。表面纹理方向能影响两个金属表面的实际接触面积和润滑液的存留情况。轻载时，若两个金属表面的纹理方向与相对运动方向一致，则磨损最小；重载时，摩擦副的两个金属表面的纹理方向相互垂直，且运动方向平行于下表面的纹理方向时，磨损最小。

（3）表面层金属的加工硬化对零件耐磨性的影响。表面层金属的加工硬化一般能使其耐磨性提高。其主要原因是加工硬化使表面层金属的显微硬度提高，塑性降低，减少了摩擦副接触部分的弹性变形，故可减少磨损。但过度的加工硬化会使表面层金属变脆、磨损加剧，甚至出现疲劳裂纹和产生剥落现象。因此，存在一个最佳的加工硬化程度使零件的耐磨性最好。

2）表面质量对零件疲劳强度的影响

表面质量对零件疲劳强度的影响如下：

（1）表面粗糙度对零件疲劳强度的影响。在交变载荷作用下，零件表面粗糙处，划痕、裂纹等缺陷易形成应力集中，并在表面生成疲劳裂纹，造成零件的疲劳破坏。减小表面粗糙度可以提高零件的疲劳强度。

（2）表面层金属的加工硬化对零件疲劳强度的影响。表面层金属加工硬化层能阻碍已有裂纹的继续扩大和新裂纹的产生，有助于提高疲劳强度。但表面层金属的加工硬化程度过大，反而易产生裂纹，故其加工硬化程度应控制在一定范围内。

（3）表面层金属产生的残余应力对零件疲劳强度的影响。由于疲劳破坏是从零件表面开始的，当表面层金属产生残余压应力时，能延缓零件疲劳裂纹的产生、扩展，使疲劳强度提高；当表面层金属产生残余拉应力时，容易使零件表面产生裂纹而降低疲劳强度。

3）表面质量对零件耐腐蚀性的影响

零件的耐腐蚀性在很大程度上取决于零件的表面粗糙度。大气里所含气体和液体与金属表面接触时，会凝聚在金属表面上而使金属腐蚀。表面粗糙度越大，越容易积聚腐蚀性物质，凹谷越深，渗透与腐蚀作用越强烈。因此，减小零件表面粗糙度，可以提高零件的耐腐蚀性能。

4）表面质量对零件配合精度的影响

零件间的配合关系是用过盈量或间隙量来表示的。对于间隙配合的表面，如果太粗糙，初期磨损量就很大，配合表面很快就会被磨损而使间隙迅速增大，从而改变配合性质，降低配合精度；对于过盈配合的表面，表面粗糙度越大，两表面相配合时表面凸峰就越易被挤掉，从而使实际过盈量减少，降低连接强度，影响配合的可靠性。因此，配合质量要求高时，表面粗糙度要小。

表面层金属产生的残余应力会引起零件变形，使零件形状和尺寸发生变化，影响零件配合的稳定性。

9.2　影响加工精度的因素

零件在实际加工过程中，除了受工艺系统中机床、夹具、刀具的制造精度的影响外，还受切削力和切削热的作用而产生加工误差。此外，在加工方法上还可能有原理误差，因此，影响加工精度的因素主要有以下两个方面：

（1）与工艺系统本身初始状态有关的几何误差，即加工原理误差、机床误差、刀具误差和夹具误差。

（2）与加工过程有关的动误差，即工艺系统受力变形引起的误差、工艺系统受热变形引起的误差、刀具磨损和测量误差。

下面对影响加工精度的主要因素进行分析。

9.2.1　加工原理误差

加工原理误差是指采用了近似的成形运动或近似的切削刃轮廓进行加工而产生的误差。例如，在实际生产中，同一模数的齿轮铣刀一般只有 8 把，每一把铣刀只能加工该模数一定齿数范围内的齿轮，其齿形曲线是按该范围内最小齿数的齿形制造的，而实际上同一模数的齿轮、齿数不同,渐开线齿形就不同,因此,在加工其他齿数的齿轮时就存在着不同程度的加工原理误差。又如,在数控机床上用直线插补或圆弧插补方法加工复杂曲面,在普通米制丝杠的车床上加工英制螺纹等,同样产生加工原理误差。

采用近似的成形运动或近似的切削刃轮廓,虽然会带来加工原理误差,但可以简化机床或刀具的结构,有时反而能得到较高的加工精度,并且能提高生产率,使工艺过程更为经济。因此,只要加工原理误差在允许的加工精度范围内,采用近似加工在生产中仍可得到广泛的应用。

9.2.2　机床误差

机床误差包括机床安装误差、制造误差以及使用中的磨损。机床误差的项目很多,这里着重分析对工件加工精度影响较大的机床主轴回转误差、机床导轨误差和机床传动链误差。

1. 机床主轴回转误差

1)机床主轴回转误差的概念与形式

机床主轴回转误差是指主轴实际回转轴线对其理想回转轴线的漂移。在理想情况下,机床主轴回转时其轴线在空间的位置是固定不变的。但实际上,由于主轴部件中轴承、轴颈、轴承座孔等的制造误差、配合质量和润滑条件,以及回转过程中受力、受热等动态因素的影响,使机床主轴回转轴线的空间位置发生变化。

机床主轴回转误差可分解为径向圆跳动、端面圆跳动和角度摆动三种基本形式。

(1)径向圆跳动。如图 9-3(a)所示为径向圆跳动。它主要影响工件圆柱面的精度。例如,镗削时镗出的孔为椭圆形。

(2)端面圆跳动。如图 9-3(b)所示为端面圆跳动。加工端面时,端面圆跳动会使车出的端面与圆柱面不垂直;加工螺纹时,端面圆跳动会产生螺距的周期性误差。

(3)角度摆动。如图 9-3(c)所示为角度摆动。它主要影响工件的形状精度。例如,车削外圆时仍然能够得到一个圆的工件,但工件成锥形。

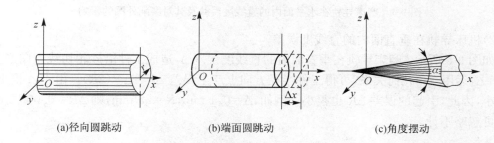

(a)径向圆跳动　　　　　　　(b)端面圆跳动　　　　　　　(c)角度摆动

图 9-3　机床主轴回转误差的基本形式

机床主轴回转精度是机床主要精度指标之一,它在很大程度上决定着工件加工表面的形状精度。尤其是在精加工时,机床主轴回转误差是影响工件圆度误差的主要因素,如坐标镗床、精密车床和精密磨床,都要求机床主轴有较高的回转精度。

2)提高机床主轴回转精度的措施

提高机床主轴回转精度的措施如下:

(1)提高主轴部件的回转精度。首先应提高轴承的回转精度,如采用高精度的滚动轴承,采用高精度的多油楔动压轴承、静压轴承;其次是提高箱体支承孔、主轴轴颈等与轴承相配合表面的加工精度。

（2）对滚动轴承进行预紧。对滚动轴承适当预紧以消除间隙，甚至产生微量过盈。由于轴承内、外圈和滚动体弹性变形的相互制约，既增加了轴承刚度，又对轴承内、外圈滚道和滚动体的误差起均化作用，因而可提高主轴的回转精度。

此外，轴类零件加工常采用两个固定顶尖支承，主轴只起传动作用，可避开主轴回转精度对加工精度的直接影响，这在精密磨削加工中是经常使用的。在这种情况下，顶尖和工件中心孔的形状误差和同轴度误差成为影响被加工工件形状精度的决定性因素，所以必须对其及时地进行修磨。

2. 机床导轨误差

机床导轨副是实现直线运动的主要部件，其制造和装配精度是影响直线运动的主要因素。机床导轨误差对零件的加工精度可产生直接的影响。

1）机床导轨在水平面内的直线度误差

如图 9-4 所示，磨床导轨在水平面内的直线度误差 Δ，造成工件在半径方向上产生 $1:1$ 的误差 $\Delta R=\Delta$。若 $\Delta=0.1$ mm，则 $\Delta R=0.1$ mm。磨削长工件时，这一误差将明显地反映在工件直径上，使工件表面产生圆柱度误差。车削外圆时，车床导轨在水平面内的直线度误差也会类似地直接反映到被加工工件的表面上。

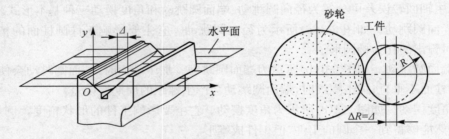

图 9-4　磨床导轨在水平面内的直线度误差及其对磨削外圆的影响

2）机床导轨在垂直面内的直线度误差

如图 9-5 所示，磨床导轨在垂直面内的直线度误差 Δ，造成工件沿砂轮切线方向产生位移 $h=\Delta$，运用三角几何关系，可得工件半径方向上产生误差 $\Delta R=\Delta^2/(2R)$。由于 Δ 很小，Δ^2 则更小，因此，引起的误差 ΔR 也很小。例如，$\Delta=0.1$ mm，$R=25$ mm，则 $\Delta R=0.000\ 2$ mm，一般可忽略不计。

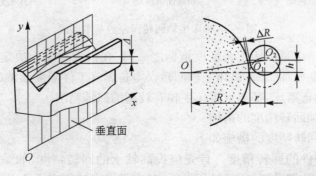

图 9-5　磨床导轨在垂直面内的直线度误差及其对磨削外圆的影响

机床导轨的直线度误差对加工精度的影响由于机床零件不同而有所不同。若机床导轨误差引起切削刃与工件的相对位移在工件的已加工表面的法线方向,则对零件的加工精度有直接影响,属于误差敏感方向;若机床导轨误差引起切削刃与工件的相对位移在工件的已加工表面的切线方向,则对零件的加工精度影响较小,可忽略不计,属于误差非敏感方向。例如,对于车床和外圆磨床,导轨在水平面内的直线度误差将引起切削刃与工件在法线方向的相对位移,所以是误差敏感方向;对于龙门刨床、平面磨床、铣床等,导轨在垂直面内的直线度误差将 1∶1 地反映在工件上,所以也是误差敏感方向。

3)机床导轨面间的平行度误差

如图 9-6 所示的车床导轨面间的平行度误差 Δ,使导轨产生扭曲,使床鞍产生横向倾斜,使刀尖相对于工件在水平和垂直两个方向上产生偏移,引起工件加工误差。其半径误差值为 Δy。机床导轨面间的平行度误差对加工精度的影响是很大的。

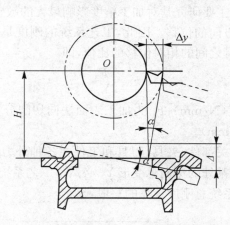

图 9-6　车床导轨面间的平行度误差

3. 机床传动链误差

机床传动链误差是指机床传动链中首末两端传动元件之间相对运动的误差。它是按展成原理加工工件(如螺纹、齿轮、蜗轮以及其他零件)时影响加工精度的主要因素。

9.2.3　工艺系统受力变形引起的误差

1. 工艺系统受力变形引起误差的基本概念

由机床、夹具、刀具和工件组成的工艺系统,在切削力、夹紧力、传动力、重力和惯性力的作用下,将产生相应的变形。这种变形将破坏切削刃和工件之间已调整好的正确位置关系,从而产生加工误差,并使表面质量恶化。如车削细长轴时,工件在切削力作用下的弯曲变形,加工后会形成鼓形圆柱度误差,如图 9-7(a)所示。又如镗孔时镗杆伸长弯曲,如图 9-7(b)所示,以及在内圆磨床上用横向切入磨孔时,由于磨头主轴弯曲变形,使加工出的孔会带有锥度的圆柱度误差,如图 9-7(c)所示。

工艺系统在外力作用下产生变形的大小,不仅取决于外力的大小,而且和工艺系统抵抗外力的能力,即工艺系统的刚度有关。

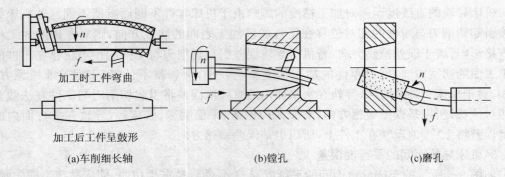

(a)车削细长轴　　　　　　　　(b)镗孔　　　　　　　(c)磨孔

图 9-7　工艺系统受力变形引起的误差

1)工艺系统刚度的概念

工艺系统受力变形时,主要研究其对加工精度影响最大的敏感方向(误差敏感方向),即通过刀尖的加工表面法线方向的位移。因此,工艺系统的刚度是指加工表面法向切削分力与该力的方向上工件与刀具之间的相对位移的比值,即

$$k_{xt} = \frac{F_p}{Y_{xt}} \tag{9-1}$$

式中,k_{xt} 为工艺系统的刚度(N/mm);F_p 为加工表面法向切削分力(N);Y_{xt} 为 F_p 方向上工件与刀具之间的相对位移(mm)。

切削加工时,机床的有关部件、夹具、刀具和工件在各种外力作用下都会产生不同程度的变形。因此,工艺系统在某处的法向总变形 Y_{xt} 必然是工艺系统中各个组成环节在同一处的法向变形的叠加。工艺系统总刚度计算的一般式为

$$k_{xt} = \frac{1}{\frac{1}{k_{jc}} + \frac{1}{k_{jj}} + \frac{1}{k_{dj}} + \frac{1}{k_g}} \tag{9-2}$$

式中,k_{jc} 为机床刚度(N/mm);k_{jj} 为夹具刚度(N/mm);k_{dj} 为刀具刚度(N/mm);k_g 为工件刚度(N/mm)。

因此,已知工艺系统各个组成部分的刚度,即可求出该系统的总刚度。用工艺系统总刚度的一般式求解时,应根据具体情况进行分析。例如,镗孔时,镗杆的受力变形将严重影响加工精度,而工件(如箱体零件)的刚度一般较大,故计算其工艺系统总刚度时可略去工件刚度这一项。

2)机床、夹具刚度的特点

在工艺系统中,刀具、工件一般结构简单,其刚度可用材料力学的有关公式进行计算,而机床、夹具的结构复杂,其刚度难以用公式表达,目前主要通过实验的方法进行测定。

2. 工艺系统受力变形对加工精度的影响

1)切削力作用点位置变化对加工精度的影响

切削过程中,工艺系统的刚度会随着切削力作用点位置的变化而变化,工艺系统的受力变形也随之变化,从而引起工件的形状误差。

(1)在车床两顶尖间车削细长轴。由于工件细长,刚度小,在切削力作用下,其变形远超过机床、夹具和刀具的受力变形。因此,机床、夹具和刀具的受力变形可忽略不计。此时,工

艺系统的变形完全取决于工件的变形,如图 9-8(a)所示。加工中,当车刀处于图示位置时,在切削分力 F_y 的作用下细长轴的轴线发生弯曲变形。工件产生的误差为鼓形圆柱度误差。

（2）在车床两顶尖间车削短轴。由于工件粗而短,刚度较大,在切削力作用下,其变形相对于机床、夹具和刀具的变形要小得多,故可忽略不计。此时,工艺系统的变形完全取决于头架（主轴箱）、后顶尖（尾座）和刀架（刀具）的变形,如图 9-8(b)所示。加工中,当车刀处于图示位置时,F_A、F_B 为切削分力 F_y 所引起的头架、尾座处的作用力。头架由 A 点移动到 A' 点的位移量为 y_4。后顶尖由 B 点移动到 B' 点的位移量为 y_{A1},刀架由 C 点移动到 C' 点的位移量为 y_d。工件的轴线由 AB 移动到 $A'B'$ 刀具切削点处,工件轴线的位移量为 y_3。工件产生的误差为双曲线圆柱度误差。

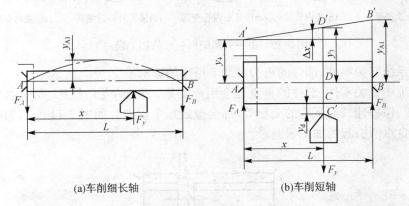

(a)车削细长轴　　　　　　　　　(b)车削短轴

图 9-8　车削时由于工件或机床刚度不足而造成的加工误差

2）切削力大小变化对加工精度的影响

毛坯外形虽然具有粗略的工件形状,但它在尺寸、形状以及表面层材料硬度上都有较大的误差和不均匀性。毛坯的这些误差在加工时使切削深度（背吃刀量）不断发生变化,从而导致切削力的变化,进而引起工艺系统的变形量产生相应的变化,使工件在加工后还保留与毛坯表面类似的形状或尺寸误差,这种现象称为误差复映,该现象所引起的加工误差称为复映误差。如图 9-9 所示,由于工件毛坯的圆柱度误差（如椭

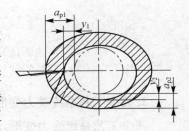

图 9-9　工件形状的误差复映

圆）,使车削时刀具的切削深度为 $a_{p1} \sim a_{p2}$,因而切削分力 F_y 也随切削深度的变化由 F_{ymax} 变到 F_{ymin}。则工艺系统也将产生相应的变形,即由 y_1 变到 y_2,这样就形成了被加工表面的圆柱度误差。当然,工件表面残留的误差比毛坯表面误差要小得多。

工艺系统刚度越高,复映误差越小。镗孔、磨内孔和车削细长轴时,工艺系统刚度较低,误差复映现象较严重。为了减小复映误差,可增加工艺系统的刚度或减小径向切削力（如增大主偏角、减小进给量）;当毛坯的复映误差较大时,可以分几次走刀来逐步消除复映误差。

3）夹紧力对加工精度的影响

当加工刚性较差的工件时,若夹紧不当,会引起工件变形而产生加工误差,特别是薄壁套筒、薄板等工件,容易产生加工误差。

用三爪自定心卡盘夹持薄壁套筒来镗孔,夹紧后外圆与内孔呈三棱形,如图 9-10(a)所示;镗孔后内孔呈圆形,如图 9-10(b)所示;松开三爪自定心卡盘后,工件由于弹性恢复,使已镗圆的内孔呈三棱形,如图 9-10(c)所示。为了减小夹紧变形,应使夹紧力均匀分布,可在工件外面加一个开口过渡环或增大卡爪的接触面积(专用卡爪),如图 9-10(d)和图 9-10(e)所示。

(a)第一次夹紧　　(b)镗内孔　　(c)松开后内孔变形　　(d)采用开口过渡环　　(e)采用专用卡爪

图 9-10　由于夹紧变形引起的加工误差

4)工艺系统有关零件、部件的重力对加工精度的影响

工艺系统中有关零件、部件的自重也会引起变形。例如,龙门铣床、龙门刨床刀架横梁的变形,镗床、镗杆伸长而下垂的变形等,都会造成加工误差。如图 9-11 所示为由龙门刨床刀架横梁的自重所引起的加工误差。

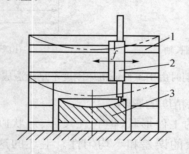

图 9-11　由龙门刨床刀架横梁的自重所引起的加工误差
1—横梁;2—刀架;3—工件

3. 减少工艺系统受力变形的措施

减少工艺系统受力变形,不仅可以提高零件的加工精度,而且有利于提高生产率,生产中可采取以下几种措施。

1)提高工件的刚度

有些工件因自身刚度较低,特别是加工叉类、细长轴等零件,非常容易变形而引起加工误差。在这种情况下,提高工件的刚度是提高加工精度的关键。其主要措施是缩小切削力作用点到工件支承面之间的距离,以增大工件加工时的刚度。例如,在车削细长轴时常采用中心架或跟刀架以增加工件的刚度。

2)合理装夹工件,减少夹紧变形

加工薄板工件时,由于工件刚度较低,解决夹紧变形是提高其加工精度的关键。夹紧时应选择适当的夹紧方法和夹紧部位。

机械加工中,经常遇到薄板工件需要在热处理淬硬后进行磨削的情况,如机床中的摩擦片、刀具中的锯片等。薄板工件的两个表面都有相当高的平面度要求,但是由于磨削前经过了淬火工序,已经产生了翘曲,如图 9-12(a)所示,因而磨削时在磁力吸盘的吸力下,薄板工件虽然被吸平和磨平了,如图 9-12(b)所示,但磨削后松开薄板工件,因弹性恢复,其又恢复了变形,如图 9-12(c)所示,结果使得产品的废品率升高。解决办法是在薄板工件和电磁吸盘之间垫入一层薄橡皮垫(小于 0.5 mm),如图 9-12(d)所示。当磁力吸盘吸紧时,薄橡皮垫被压缩,如图 9-12(e)所示,薄板工件变形减小,经几次反复磨削逐渐修正薄板工件的翘曲,可将薄板工件磨平,如图 9-12(f)所示。

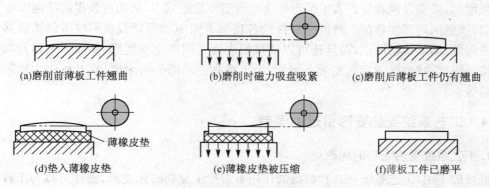

(a)磨削前薄板工件翘曲　　　(b)磨削时磁力吸盘吸紧　　　(c)磨削后薄板工件仍有翘曲

(d)垫入薄橡皮垫　　　(e)薄橡皮垫被压缩　　　(f)薄板工件已磨平

图 9-12　在平面磨床上磨削薄板工件

3)提高机床部件的刚度

机床部件的刚度在工艺系统中占有很大的比重,在切削加工中,机床部件刚度低容易产生变形和振动,影响工艺系统的加工精度和生产率,因此,常用一些辅助装置提高其刚度。如图 9-13(a)所示为在六角车床上采用固定导向支承套以提高机床部件的刚度。如图 9-13(b)所示为采用转动导向支承套,并用加强杆与其配合以提高机床部件的刚度。

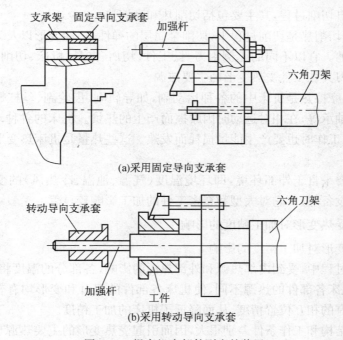

支承架　固定导向支承套　加强杆

六角刀架

(a)采用固定导向支承套

转动导向支承套　　　　　　　　六角刀架

加强杆　工件

(b)采用转动导向支承套

图 9-13　提高机床部件刚度的装置

4) 提高接触刚度

接触刚度是指相互接触的两个表面受外力后抵抗产生接触变形的能力。它一般都低于实体零件的刚度,因此,提高接触刚度是提高工艺系统刚度的关键。提高接触刚度常用的方法有:

(1) 改善工艺系统主要零件接触表面的配合质量。如机床导轨副、锥体与锥孔、顶尖与顶尖孔等配合面采用刮研与研磨,以提高接触表面的形状精度,降低表面粗糙度,使实际接触面积增加,微观表面和局部表面的弹性变形与塑性变形减小,从而有效提高接触刚度。

(2) 接触面间预加载荷。对机床部件的各接触表面施加预紧载荷不仅可以消除接触表面间的间隙,增加接触面积,而且还可以使接触表面之间产生预变形,从而大大提高接触表面的接触刚度,减少受力后的变形。例如,为了提高主轴部件的刚度,常对机床主轴轴承进行预紧等。

9.2.4　工艺系统受热变形引起的误差

1. 工艺系统受热变形的现象

机械加工中,工艺系统在各种热源的作用下常产生复杂的热变形,破坏刀具与工件的准确位置及运动关系,产生加工误差。特别是在现代高精密和自动化加工中,工艺系统受热变形问题更为突出。据统计,在某些精密加工中,受热变形引起的误差占总加工误差的一半以上。控制受热变形对精密加工的影响已成为一项重要的任务和研究课题。

2. 工艺系统的热源

加工过程中,工艺系统的热源主要有内部热源和外部热源两大类。

1) 内部热源

内部热源来自切削过程,其主要包括切削热和摩擦热。

(1) 切削热。切削热是切削过程中,切削金属层的弹性、塑性变形以及刀具和工件、切屑间的摩擦所产生的。它以不同的比例由刀具、工件、切屑、夹具、机床、切削液及周围的介质传出。切削热是刀具和工件受热变形的主要热源。

(2) 摩擦热。摩擦热是机床中的各种运动副,如导轨副、齿轮副、丝杠螺母副、蜗轮蜗杆副、摩擦离合器、轴承等,在相对运动时因摩擦而产生的热量。机床的各种动力源,如液压系统、电机、马达等,工作时也要产生能量损耗而发热。这些热量是机床热变形的主要热源。

2) 外部热源

外部热源主要来自于外部环境,即环境温度(气温、地温、冷热风)的变化和热辐射(阳光、照明灯、暖气设备等)。它对大型和精密工件的加工影响较显著。

3. 工艺系统受热变形对加工精度的影响

1) 机床受热变形对加工精度的影响

机床在工作过程中,受到内部热源和外部热源的影响,各部分的温度将逐渐升高。由于机床结构不同,机床各部件的热源不同,使机床各部件的温升和变形均有较大的差别,破坏了机床各部件原有的相互位置精度,从而降低了机床的加工精度。

由于机床的结构和工作条件差别很大,因而引起受热变形的主要热源也不大相同,大致可分为以下三种:

（1）车床、铣床、卧式镗床、钻床等的受热变形的主要热源来自机床的主传动系统（主轴箱）。

（2）龙门刨床、龙门铣床、导轨磨床等大型机床的受热变形，因床身较长，导轨面与底面稍有温差，就会产生较大的弯曲变形，其主要热源来自工作台运动时导轨面的摩擦热。

（3）各类磨床等的受热变形的主要热源来自液压系统和高速磨头的摩擦热。

如图 9-14 所示为几种机床的受热变形趋势，图中双点画线表示机床的受热变形。

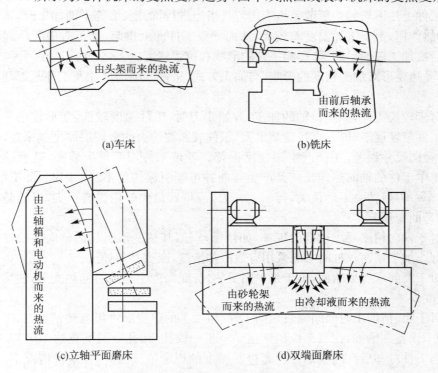

(a)车床　　　　　　　　　　　(b)铣床

(c)立轴平面磨床　　　　　　　(d)双端面磨床

图 9-14　几种机床的受热变形趋势

2）刀具受热变形对加工精度的影响

切削过程中，一部分切削热传给刀具，尽管这部分热量很少，但由于刀体较小，热容量较小且热量又集中在切削部分，因而刀具切削部分仍有较高的温升和变形。例如，高速钢车刀的工作表面温度可达 700～800 ℃，刀具的热伸长量一般情况下可达 0.03～0.05 mm，从而影响了加工精度。

在车削长轴或立车大端面时，刀具连续工作时间长，传给刀具的切削热随时间不断增加，刀具因此产生热变形而逐渐伸长，造成加工后的工件产生圆柱度误差或端面的平面度误差。当采用调整法成批生产小型工件时，由于每个工件切削时间较短，刀具断续工作，刀具的受热与冷却周期性交替进行，因而刀具的受热伸长比较缓慢。对每一个工件来说，产生的形状误差较小。

总体来说，刀具的磨损能与刀具的受热伸长进行部分性补偿，故刀具受热变形对加工精度影响较小。

3）工件受热变形对加工精度的影响

在切削加工中，工件受热变形主要是由切削热引起的，工件的受热变形与其受热是否均匀关系很大。

(1)工件受热均匀。所谓受热均匀是指工件的温度在沿其全长和圆周上比较一致,变形也较均匀。

加工盘类零件或较短的轴套类零件时,由于加工行程较短,可以近似认为沿工件轴向方向的温升相等,因而加工出的工件只产生径向尺寸误差而不产生形位误差。若工件精度要求不高,则可忽略受热变形的影响。

(2)工件受热不均匀。所谓受热不均匀是指当进行铣、刨、磨等平面加工时,工件只有单面受切削热作用,上下表面温度差较大,从而导致工件向上拱起,加工时中间凸起部分被切去,冷却后被加工表面呈凹形,影响工件的形状和位置精度。

工件受热变形对加工精度的影响,与加工方式、工件的结构尺寸及工件是否均匀受热等因素有关。

(1)对于较长工件,如细长轴的加工,开始走刀时,工件温度较低,变形较小。随着切削的进行,工件温度逐渐升高,直径逐渐增大,工件表面被切去的金属层厚度越来越大,冷却后不仅产生径向尺寸误差,还会产生圆柱度误差。若该工件用两顶尖装夹,且后顶尖固定锁紧,则加工中工件的轴向热伸长使其产生弯曲并可能引起切削不稳。因此,加工细长轴时,工人经常车一刀后转一下后顶尖,再车下一刀,或将后顶尖改用弹簧顶尖,目的是消除工件热应力和弯曲变形。

(2)对于轴向精度要求较高的工件,如精密丝杠,其热变形引起的轴向伸长将产生螺距误差。因此,加工精密丝杠时必须采用有效冷却措施,减少其热伸长。

(3)对于磨削床身导轨面,由于是单面受热,与底面产生温差引起热变形,使磨出的导轨产生直线度误差。

(4)对于粗、精加工时间间隔较短的工件,粗加工的热变形将影响到精加工,工件冷却后将产生加工误差。例如,在三工位机床上钻—扩—铰孔,钻孔后温度竟达 107 ℃,接着扩孔和铰孔,当工件冷却后孔的收缩量已超过其精度的规定值。因此,在这种情况下,一定要采取冷却措施,否则将出现废品。

(5)对于加工铜、铝等线膨胀系数较大的有色金属时,其热变形尤其明显,必须予以重视。

4. 减少工艺系统受热变形的措施

1)减少、隔离热源和强制冷却

减少、隔离热源和强制冷却的方法如下:

(1)要正确选用切削和磨削用量、刀具和砂轮,还要及时地刃磨刀具和修整砂轮。

(2)凡是可能分离出去的热源,如电动机、齿轮变速箱、液压系统、油池、冷却箱等热源,均应移出;凡是不能分离的热源,如轴承、丝杠螺母副、导轨副,应从机床的结构和润滑等方面改善其摩擦特性,减少发热。

(3)对于发热量大的热源,可采用有效的冷却措施,如增加散热面积或使用喷雾冷却、强制式风冷、大流量水冷、循环润滑等,加速系统热量的散出,有效地控制系统的热变形。

2)采用合理的机床部件结构减少受热变形的影响

在机床设计时,采用热对称结构和热补偿结构,使机床各个部分受热均匀,受热变形方向和大小趋于一致,或使受热变形方向为误差非敏感方向,以减小工艺系统受热变形对加工精度的影响。

3）加速达到工艺系统的热平衡状态

对于精密机床特别是大型机床，达到热平衡的时间较长，为了缩短这个时间，可预先高速空转机床或人为给机床加热，使之达到或接近热平衡状态后再进行加工。精密加工时，应尽量避免中途停车，以免破坏工艺系统的热平衡状态。

4）控制环境温度

精密加工一般应在恒温车间进行，恒温车间平均温度一般为 20 ℃。

9.2.5　提高加工精度的途径

保证和提高加工精度的途径和一般原则，大致可概括为直接减少误差法、误差补偿法、误差转移法、误差分组法、误差平均法以及就地加工法等。

1. 直接减少误差法

直接减少误差法在生产中应用较广，它是在查明产生加工误差的主要因素后，采取措施来消除或减少误差的方法。如细长轴的车削，由于工件刚度很差，在加工中工件受到径向切削分力、轴向切削分力的作用产生弯曲变形，以及在切削热的作用下，由于热伸长导致弯曲变形和振动。

生产实际中车削细长轴时常采取的措施如图 9-15 所示，即：

（1）采用跟刀架消除径向切削分力将工件顶弯的变形。

（2）采用大进给反向车削法可基本消除轴向切削分力引起的弯曲变形。

（3）同时应用弹簧顶尖（尾座顶尖），则可进一步消除由热变形而引起的热伸长。此外，增大刀具主偏角，可使切削更加平稳。

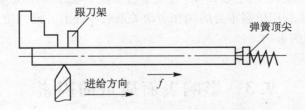

图 9-15　车削细长轴常采取的措施

2. 误差补偿法

误差补偿法是人为地造出一种新的误差（或利用一种原始误差）去抵消原来工艺系统中固有的原始误差。当原始误差为负值时，人为误差就取正值；反之，当原始误差为正值时，人为误差就取负值。因此，尽量使两者大小相等、方向相反，从而达到减少加工误差、提高加工精度的目的。

例如，数控机床的滚珠丝杠在装配时要加轴向预紧力，这样就会产生由弹性变形而带来的螺距误差。因此，在精磨时有意将丝杠螺距加工得小一点，以此来补偿装配预紧时的变形误差。

3. 误差转移法

误差转移法实质上是将工艺系统的几何误差、受力变形和热变形等，转移到新的工艺装置上或转移到不影响加工精度的方向上。当机床精度达不到零件加工要求时,应在工艺上或夹具上想办法,使机床的几何误差转移到不影响加工精度的方向上,这样可以在一般精度的机床上加工出精度较高的工件来。

例如,用镗模夹具来加工箱体零件的孔系,当机床主轴与镗杆之间采用浮动连接后,机床主轴的原始误差就被转移掉了,这样,镗孔的加工精度完全取决于镗杆和镗模的制造精度。制造夹具要比改造机床简单,容易保证精度。因此,误差转移法是一种经济可行的提高加工精度的方法。

4. 误差分组法

为了获得精密的轴孔配合,要求轴和孔加工得很精确,但可能用现有的设备加工很不经济,甚至无法加工。因此,可将轴和孔的公差范围扩大几倍进行加工,然后精密测量全部轴和孔,并将其分组,使组内轴和孔尺寸的公差范围都小于规定的公差要求,最后在各组内进行轴和孔的装配,以达到规定的配合精度。

5. 误差平均法

对配合精度要求很高的轴和孔,常采用研磨方法来达到。研具本身并不要求具有高精度,但它却能在和工件相对运动中对工件进行微量切削,使工件最终达到很高的精度。这种工件和研具表面间的相对摩擦和磨损的过程(互研的过程)就是误差不断减少的过程,即称为误差平均法,如内燃机进、排气阀门与阀座配合的最终加工,船用气、液阀座间配合的最终加工。此外,常用误差平均法来消除配合间隙。

6. 就地加工法

在加工和装配中有些加工精度问题牵扯到零件、部件间的相互关系,相当复杂,如果一味地提高零件、部件精度,有时不仅困难,甚至不可实现。就地加工法是指将零件装配到机器的确定部件上,然后利用机器本身的相互运动关系对零件上关键的定位表面进行加工,以消除装配时误差累积的影响。

9.3　影响表面质量的因素

9.3.1　影响表面粗糙度的因素

1. 切削加工中影响表面粗糙度的因素

1)几何因素

切削加工中,由于刀具切削刃的形状和进给量的影响,不可能把加工余量完全切除,而在工作表面上留下一定的残余面积,如图 9-16 所示。可以看出,残留面积高度越大,表面粗糙度越大,因此,减小进给量,减小刀具的主、副偏角以及增大刀尖圆弧半径都可减小表面粗糙度。

2)物理因素

切削加工中出现积屑瘤和鳞刺是加工塑性材料时影响表面粗糙度的主要因素。此外,切削加工时在工件与刀具之间经常发生振动,也会使工件的表面粗糙度增大。

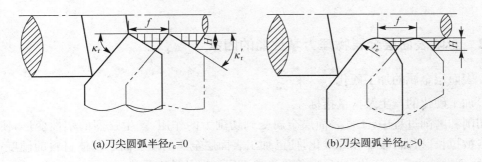

(a)刀尖圆弧半径r_ε=0　　　　　　　　　(b)刀尖圆弧半径r_ε>0

图 9-16　切削加工中影响表面粗糙度的几何因素

产生积屑瘤和鳞刺的主要影响因素有切削速度、刀具的几何形状和刃磨质量、被加工材料的性质及切削液的冷却润滑等。

2. 磨削加工中影响表面粗糙度的因素

磨削加工是由砂轮的微刃切削形成的加工表面,单位面积上刻痕越多且刻痕细密均匀,则表面粗糙度越小。磨削加工中影响表面粗糙度的因素如下。

1)砂轮的影响

砂轮粒度越细,单位面积上的磨粒数越多,就越能保证加工表面刻痕细密,使表面粗糙度减小。但砂轮粒度过细,容易堵塞砂轮,使砂轮失去切削能力,增大摩擦热,使表面粗糙度增大。

砂轮硬度应大小适宜,使磨粒在磨钝后及时脱落,露出新的磨粒来继续切削,即砂轮应具有良好的自锐性。砂轮太硬,磨粒钝化后不易脱落,使工件表面受到强烈摩擦和挤压,使磨削表面粗糙度增大(或使磨削表面产生烧伤);砂轮太软,磨粒钝化后易脱落,常会产生磨损不均匀的现象,使磨削表面粗糙度增大。

砂轮应及时修整,去除已钝化的磨粒,使磨粒切削刃锋利。修整出的砂轮上的切削微刃越多,等高性越好,就越能获得较小的表面粗糙度。砂轮修整得越好,磨出工件的表面粗糙度越小。

2)磨削用量的影响

磨削用量的影响包括砂轮速度的影响、磨削深度与进给速度的影响。

(1)砂轮速度的影响。砂轮速度对表面粗糙度的影响较大。砂轮速度增大时,参与切削的磨粒数增多,增加了工件单位面积上的刻痕数,由于高速磨削时工件表面塑性变形不充分,因而减小了表面粗糙度。

(2)磨削深度与进给速度的影响。磨削深度与进给速度增大时,将使工件表面塑性变形加剧,使表面粗糙度增大。为了提高磨削效率,通常在开始磨削时采用较大的磨削深度,而后采用较小的磨削深度或光磨,以减小表面粗糙度。

3)工件材料的影响

一般来说,工件材料的硬度高有利于减小磨削表面的粗糙度,但工件材料太硬,磨粒易钝化;工件材料太软,磨粒易堵塞,从而导致表面粗糙度增大。导热性差的工件材料会使磨粒早期崩落而破坏微刃的等高性,使表面粗糙度增大,且易产生磨削烧伤。

4)切削液的影响

切削液的冷却和润滑作用减少了磨削热和摩擦,可减小表面粗糙度,且能防止磨削烧伤。

9.3.2　影响表面层金属物理力学性能的因素

1. 表面层金属的加工硬化

1）加工硬化的产生及衡量指标

切削和磨削过程中，工件表面层金属受到切削力的作用，产生强烈的塑性变形，使金属的晶格被拉长、扭曲、破碎和纤维化，使已加工表面层金属的硬度高于基体材料的硬度，塑性降低，物理性能也有所变化，这种现象称为表面层金属的加工硬化。

衡量表面层金属加工硬化的指标有：

（1）表面层金属的显微硬度 HV。

（2）硬化层深度 h。

（3）硬化程度。一般硬化程度越大，硬化层深度也越大。

2）影响表面层金属加工硬化的因素

影响表面层金属加工硬化的因素如下：

（1）切削力越大，塑性变形越大，硬化层深度和硬化程度也越大。如切削时进给量增大、磨削时磨削深度增大，都会使切削力增大，塑性变形加剧，硬化程度增大；又如刀具的刃口钝圆和后刀面磨损量增大，使挤压作用增大，则表面层金属的显微硬度和硬化层深度也增大。

（2）切削温度越高，软化作用越大，使加工硬化作用减小。例如，切削速度增大，使切削温度升高，有助于加工硬化的恢复（软化），缩短刀具与工件的接触时间，使表面层金属塑性变形程度减小，显微硬度和硬化层深度降低。

（3）工件材料的硬度越低、塑性越大，切削时的塑性变形越大，加工硬化程度越严重。

2. 表面层金属产生残余应力

在切削加工和磨削加工中，工件表面层金属发生体积变化或组织改变时，在其与里层基体金属交界处的晶粒之间就会产生互相平衡的弹性应力，这种应力称为表面层金属的残余应力。一般来说，表面层金属体积膨胀而产生的残余应力为压应力；反之，表面层金属体积缩小而产生的残余应力为拉应力。

表面层金属产生残余应力的原因有以下三种：

（1）冷塑性变形引起的残余应力。在切削力作用下，已加工表面受到强烈的冷塑性变形，其中以刀具后刀面对已加工表面的挤压和摩擦产生的塑性变形最为突出，此时里层基体金属受到切削力影响而处于弹性变形状态。切削力除去后，里层基体金属趋向恢复，但受到已产生塑性变形的表面层金属的限制，恢复不到原状，因而在表面层金属产生压应力，在里层基体金属产生拉应力。

（2）热塑性变形引起的残余应力。切削加工时，大量的切削热会使加工表面产生热膨胀，由于里层基体金属的温度较低，会对表面层金属的膨胀产生阻碍作用，因而在表面层金属产生压应力。当切削过程结束后，温度下降，表面层金属要进行冷却收缩，但受到里层基体金属的阻止，从而在表面层金属产生拉应力，在里层基体金属产生压应力。

（3）金相组织变化引起的残余应力。切削或磨削过程中，若工件表面层温度超过其材料的相变温度，则工件表面层金属将产生金相组织变化。不同的金相组织有不同的密度。

当金相组织变化时,由于密度不同,体积会发生相应的变化,从而在表面层金属产生残余应力。

实际机械加工后表面层金属产生的残余应力是上述三方面原因作用的综合结果。在切削加工中,如果切削热不高,表面层金属中没有产生热塑性变形,而以冷塑性变形为主,此时表面层金属将产生压应力;如果切削热较高,当热塑性变形占主导地位时,表面层金属将产生拉应力;磨削时因磨削热较高,常以相变和热塑性变形占主导地位,表面层金属将产生拉应力。

工件经机械加工后,其表面层金属都存在残余应力。压应力可提高工件表面的耐磨性和受拉应力时的疲劳强度;拉应力的作用正好相反,若拉应力超过工件材料的疲劳强度极限,则使工件表面产生裂纹,加速工件的损坏。

3. 表面层金属的金相组织变化

机械加工过程中,在工件的加工区及附近,由于切削热使温度急剧升高,当温度超过表面层金属金相组织变化的临界点时,会导致表面层金属的金相组织发生变化。对于一般的切削加工,大部分切削热被切屑带走,加工表面温升不至于很高,故对工件表面层金属的金相组织的影响不严重。但对于磨削加工,磨削速度特别快,单位磨削面积的磨削力也特别大,在工件表面引起很大的摩擦和塑性变形,其单位磨削面积上产生的磨削热远大于一般切削加工,如果冷却不好,其中约 80% 的热量将传入工件表面。因此,磨削是一种典型的容易使加工表面产生金相组织变化(磨削烧伤)的加工方法。

磨削淬火钢时,磨削烧伤的形式可分为回火烧伤、淬火烧伤和退火烧伤。

(1)回火烧伤。磨削区温度超过马氏体转变温度,但未超过相变温度,则工件表面原来的马氏体组织将转变为硬度较低的回火组织。

(2)淬火烧伤。磨削区温度超过相变温度,再加上切削液的充分冷却,则工件表面将急冷形成硬度较原来的马氏体高,但很薄的二次淬火马氏体。由于其下层为硬度较低的回火组织,因而导致表面层金属总的硬度降低。

(3)退火烧伤。磨削区温度超过相变温度,如果这时无切削液冷却而进行干磨,由于工件冷却速度慢使磨削后表面硬度急剧下降,工件表面被退火烧伤。

磨削烧伤将使零件的物理力学性能大为降低,使用寿命也可能成倍下降,因此,工艺上必须采取措施,避免磨削烧伤的出现。

磨削热是造成磨削烧伤的根源,故改善磨削烧伤有两个途径:一是尽可能减少磨削热的产生;二是改善冷却条件,尽量使产生的热量少传入工件。

9.3.3　提高表面质量的途径

提高表面质量的途径可分为两类:一是采用精密加工与光整加工降低表面粗糙度,二是采用表面强化工艺改善物理力学性能。

1. 采用精密加工与光整加工降低表面粗糙度

1)精密加工

精密加工需具备一定的条件,它要求机床运动精度高、刚度好、有精确的微量进给装置;工作台有很好的低速稳定性;能有效消除各种振动对工艺系统的干扰等。常见的精密加工方法有：

(1)精密车削。

(2)高速精镗(金刚镗)。高速精镗可用于不适宜采用内圆磨削的各种零件的精密孔的加工。

(3)宽刃精刨。宽刃精刨是指采用宽切削刃(刃宽为 60～500 mm)进行精刨,适用于在龙门刨床上加工铸铁及钢件。

(4)高精度磨削。

2)光整加工

光整加工是用粒度很细的磨料对工件表面进行微量切削、挤压和刮擦的过程。它所使用的工具都是浮动的,由加工面自身导向;所使用的机床也不需要具有非常精确的成形运动。其主要作用是降低表面粗糙度,一般不能纠正形状和位置误差,加工精度主要由前面工序保证。

下面介绍几种常见的光整加工：

(1)研磨。研磨是在研具与工件加工表面之间加入研磨剂,在一定压力作用下使两个表面做复杂的相对运动,使磨粒在工件表面滚动或滑动,起切削、刮擦和挤压作用。研磨加工简单可靠,是出现最早、最为常用的一种光整加工方法。

(2)超精研磨。超精研磨的研具为粒度很细的油石磨条,对工件施加很小的压力,并沿工件轴向振动和低速进给,工件同时做慢速旋转,采用切削油作为切削液,如图 9-17 所示。

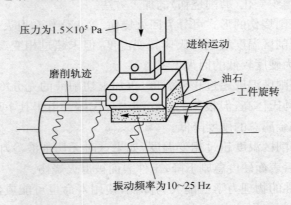

图 9-17　超精研磨

超精研磨常用于加工内外圆柱面、圆锥面和滚动轴承套圈的沟道。其表面加工纹理由波纹曲线相互交叉而成,这样的表面容易形成油膜,可提高润滑效果,因此,耐磨性好。

(3)珩磨。珩磨与超精研磨类似,只是使用的工具和运动方式不同。其所用的磨具是由几根粒度很细的油石所组成的珩磨头。油石靠机械或液压力的作用张开并紧压在工件表面上,珩磨头相对工件表面同时做旋转运动和直线往复运动,而工件不动,以实现对孔进行低速磨削、挤压和抛光,如图 9-18 所示。结果在工件表面上形成由螺旋线交叉而成的网状纹路,有利于获得表面粗糙度较小的加工表面,并存储润滑油。珩磨适用于大批量生产中精密孔的最终加工。

(4)抛光。抛光利用布轮、布盘等软的研具涂上抛光膏抛光工件的表面,靠抛光膏的机械刮擦和化学作用去掉表面粗糙度的封顶,使表面获得光泽镜面。抛光一般去不掉加工余量,所以不能提高工件的加工精度。

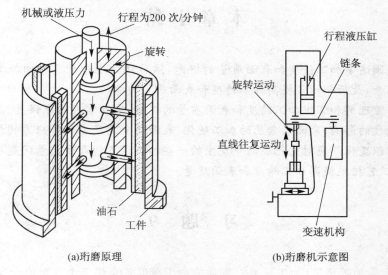

(a)珩磨原理　　　　　　　　　　　(b)珩磨机示意图

图 9-18　珩磨

2. 采用表面强化工艺改善物理力学性能

1)滚压加工

滚压加工是利用经过淬硬和精细研磨过、可自由旋转的滚压工具(滚轮或滚珠),在常温下对工件表面进行挤压,以提高其表面质量的一种机械强化加工工艺方法。滚压加工使工件表面产生塑性变形,将工件表面上原有的波峰挤压到相邻的波谷中,从而减小表面粗糙度,并在工件表面产生冷硬层和残余压应力,使工件的承载能力和疲劳强度得以提高。

滚压加工可以加工外圆、内孔和平面等,一般在普通车床上即可进行加工,使用简单、应用广泛。

2)喷丸强化

喷丸强化是利用压缩空气或离心力将大量直径细小(0.4~4 mm)的珠丸高速向工件表面喷射的方法。喷丸强化使工件表面层金属产生很大的塑性变形,造成工件表面层金属的加工硬化及残余应力,显著提高工件的疲劳强度。喷丸强化后工件的使用寿命可提高数倍至数十倍。

珠丸可由钢、玻璃、砂石、铝等材料制成,依据被加工工件的材料而定。喷丸强化主要用于强化形状复杂或不宜用其他方法强化的工件,如弹簧、连杆、齿轮、焊缝等。

3)液体磨料强化

液体磨料强化是利用液体和磨料的混合物高速喷射到工件表面,以强化工件表面,提高工件耐磨性、抗蚀性和疲劳强度的一种工艺方法。工件表面在高速磨料的冲击作用下,表面粗糙度波峰被磨平,并产生几十微米厚的塑性变形层,具有压应力。

液体磨料强化最适宜加工如汽轮机叶片、螺旋桨等工件的复杂型面。

本 章 小 结

　　本章首先阐述了加工精度和表面质量的概念,然后详细地分析了影响加工精度和表面质量的各种因素,最后介绍了提高加工精度和表面质量的途径。

　　本章应着重理解和掌握加工精度和表面质量的概念;重点掌握机床误差、工艺系统受力变形对加工精度的影响;表面层金属的加工硬化、表面层金属产生残余应力的机理和表面层金属的金相组织变化。应对生产现场中发生的一些加工误差和表面质量问题从理论上作出解释,并采取工艺措施提高加工精度和表面质量。

习 题 9

9-1 什么是加工精度、加工误差? 零件的加工精度包含哪三个方面的内容?

9-2 表面质量包含哪两个方面的内容? 它对零件使用性能有哪些影响?

9-3 主要有哪些因素影响加工精度?

9-4 机床误差有哪几项?

9-5 什么是机床主轴回转误差? 它包括哪几种基本形式?

9-6 什么是工艺系统的刚度?

9-7 工艺系统受力变形对加工精度有何影响?

9-8 什么是误差复映?

9-9 什么是接触刚度? 提高接触刚度常用的方法有哪些?

9-10 工艺系统受热变形对加工精度有何影响?

9-11 车削细长轴时常采取哪些措施来提高加工精度?

9-12 影响表面粗糙度的因素有哪些?

9-13 简述影响表面层金属加工硬化的因素。

9-14 什么是表面层金属的残余应力? 试述表面层金属产生残余应力的原因。

9-15 什么是回火烧伤? 什么是淬火烧伤? 什么是退火烧伤?

9-16 试分析比较超精研磨、珩磨的工艺特点及适用场合。

第 10 章　机械装配工艺

　　产品的装配是整个产品制造过程中的最后一个阶段。产品的质量最终是通过装配来保证的,因此,必须重视装配工作。

　　机械装配工艺要解决的主要问题是通过分析零件精度与产品精度的关系,选择合理的装配方法、装配组织形式和装配过程,制订合理的装配工艺规程。这对于保证产品的质量、提高生产效率和降低生产成本都有着十分重要的意义。

10.1　机械装配工艺概述

10.1.1　装配的概念

　　任何产品都是由若干零件、合件、组件和部件组成的。按规定的技术要求,将零件、组件和部件进行配合和连接,并对其进行调试和检测,使之成为半成品或成品的工艺过程称为装配。将若干个零件装配成部件的过程称为部件装配。将零件和部件装配成最终产品的过程称为总装配。

1.零件

　　零件是组成产品的最小单元,如车床的主轴、齿轮等。一般零件都是先装成合件、组件或部件。

2.合件

　　合件又称为套件,是在一个基准零件上装上一个或若干个零件构成的,是最小的装配单元。

3.组件

　　组件是在一个基准零件上装上若干个套件及零件构成的,如车床的主轴组件就是以主轴作为基准零件,装上若干齿轮、轴套、垫、键、轴承等零件的组件。

4.部件

　　部件是在一个基准零件上装上若干组件、套件及零件构成的,如车床主轴箱就是以箱体作为基准零件的部件。部件一般可以完成某种功能。

10.1.2　装配的内容

1.清洗

　　清洗是指用清洗剂清除产品或零件上的油污、灰尘等物的过程。清洗零件对保证产品质量、延长产品使用寿命有重要的意义,零件在装配前必须经过清洗。常用的清洗剂有煤油、汽油、碱液和各种化学清洗剂等,常用的清洗方法有擦洗、浸洗、喷洗和超声波清洗等。

2. 连接

连接在装配过程中占相当大的比重。常见的连接方式有两种:一种是可拆卸连接,如螺纹连接、键连接和销连接等,其中以螺纹连接应用最广;另一种是不可拆卸连接,如焊接、铆接和过盈连接等。

3. 校正

在装配过程中对相关零件、部件的相互位置要进行找正、找平和进行相应的调整。

4. 调整

在装配过程中对相关零件、部件的相互位置要进行具体调整,其中除了配合校正工作去调整零件、部件的位置精度外,还要调整运动副之间的间隙,以保证零件、部件的运动精度。

5. 配作

将已加工的零件作为基准,加工与其相配的另一个零件,或将两个(或两个以上)零件组合在一起进行加工的方法称为配作。配作的工作有配钻、配铰、配刮、配磨等,配作常与校正和调整工作结合进行。

6. 平衡

对转速较高、运动平稳性要求高的机械(如电动机、内燃机等),为防止在使用中出现振动,需要对有关的旋转零件、部件进行平衡。常用的平衡方法有静平衡法和动平衡法两种。

7. 检验、试验

产品装配完毕后,必须按规定的性能指标逐项检验,并进行试运转,合格后才能准许出厂。

10.1.3　装配的组织形式

装配的组织形式与产品的生产类型和结构特点密切相关,通常可分为固定式装配和移动式装配两种。

1. 固定式装配

固定式装配是将产品或部件的全部装配工作固定在一个工作场地上进行,产品的位置不变,装配过程中所需的零件、部件都汇集在固定场地的周围。工人进行专业分工,按装配顺序分工装配。这种组织形式多用于单件、小批量生产或重型产品的成批生产。

固定式装配的特点是避免了产品移动对精度的影响,可节省工序间的运输,但所占生产面积较大,零件、部件的运送、保管复杂,对工人的技术要求高,生产率较低。

2. 移动式装配

移动式装配是将产品或部件置于装配线上,通过连续或间歇的移动使其顺序经过各装配工作地,直至最后完成全部装配工作。连续移动装配时,装配线做连续缓慢的移动,工人在装配时随装配线走动,一个工位的装配工作完毕后工人立即返回原地;间歇移动装配时,装配线在工人进行装配时不动,到规定时间装配线带着被装配对象移动到下一工位,工人在原地不走动。这种组织形式多用于大批量生产。对于大批量的定型产品还可以采用自动装配生产线进行装配。

10.2　装配精度及装配尺寸链

10.2.1　装配精度

1. 装配精度的概念

机械产品的装配精度是指装配后实际达到的精度,是装配工艺的质量指标。正确地规定产品的装配精度是产品设计的重要环节之一,它不仅关系到产品质量,也影响产品制造的经济性。装配精度是制订装配工艺规程的主要依据,也是选择合理的装配方法和确定零件加工精度的依据。因此,应正确规定产品的装配精度。

产品的装配精度一般包括零件、部件间的尺寸精度、相互位置精度、相对运动精度及配合精度和接触精度。

(1)尺寸精度。尺寸精度是指装配后相关零件、部件间应该保证的距离和间隙。例如,车床床头和尾座两顶尖的等高度。

(2)相互位置精度。相互位置精度是指装配后零件、部件间应该保证的平行度、垂直度、同轴度和各种跳动等。

(3)相对运动精度。相对运动精度是指装配后有相对运动的零件、部件间在运动方向和运动准确性上应保证的精度,包括回转精度和传动链精度。

(4)配合精度和接触精度。配合精度是指配合表面间达到规定的间隙或过盈的要求,它影响配合性质和配合质量。接触精度是指配合表面、接触表面和连接表面达到规定的接触面积和接触点分布的情况,它影响接触刚度和配合质量。例如,齿轮啮合、锥体配合、移动导轨接触面间均有接触精度的要求。

各装配精度之间有密切的联系,相互位置精度是相对运动精度的基础,配合精度对尺寸精度、相互位置精度和相对运动精度的实现有一定的影响。

2. 装配精度与零件精度的关系

机器及其部件都是由零件组装而成的。显然零件精度,特别是关键零件的加工精度对装配精度有很大影响,是装配精度的基础。

一般而言,多数的装配精度与和它相关的若干个零件的加工精度有关,因此,应合理地规定和控制这些相关零件的加工精度。在加工条件允许时,它们的加工误差累积起来,仍能满足装配精度的要求,这样就能简化装配工作,使之成为简单的结合过程,对于大批量生产是很必要的。

当遇到有些要求较高的装配精度,如果完全靠相关零件的加工精度来直接保证,则零件的加工精度将会很高,给加工带来较大的困难,很不经济,甚至会因制造公差太小而无法加工。如图 10-1 所示,普通车床主轴箱和尾座两顶尖的等高度要求,主要取决于主轴箱 1、尾座 2、底板 3 和床身 4 等零件、部件的加工精度。其装配精度很难由相关零件、部件的加工精度直接保证。遇到这种情况,在生产中通常按经济加工精度来确定相关零件、部件的加工精度,使之易于加工,而在装配时应采用一定的工艺措施(如选择、修配、调整等措施),从而形成不同的装配方法来保证装配精度。采用修配底板 3 的工艺措施保证装配精度,虽然增加了装配的劳动量,但从整个产品制造的全局分析仍是经济可行的。

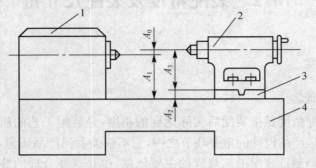

图 10-1　装配精度与零件精度的关系
1—主轴箱;2—尾座;3—底板;4—床身

由此可见,零件精度是保证装配精度的基础,但装配精度并不完全取决于零件精度。装配精度的保证应从产品的结构、机械加工和装配方法等方面进行综合考虑,而将装配尺寸链的基本原理应用到装配中,即建立装配尺寸链和解装配尺寸链是进行综合分析的有效手段。

10.2.2　装配尺寸链

1. 装配尺寸链的概念

机器的装配精度是由相关零件的加工精度和合理的装配方法共同保证的。因此,如何查找哪些零件对装配精度有影响,进而选择合理的装配方法和确定这些相关零件的加工精度,就是一个重要的课题。

装配尺寸链是指以全部组成环作为不同零件的设计尺寸所形成的尺寸链。建立装配尺寸链就是查找哪些相关零件的设计尺寸对装配精度有影响。解装配尺寸链就是选择合理的装配方法和确定这些相关零件的加工精度。

2. 装配尺寸链的建立

在装配尺寸链中,通常机器或部件的装配精度就是封闭环,对某项装配精度有影响的相关零件的设计尺寸即为组成环。建立装配尺寸链就是根据封闭环,查找组成环,画出装配尺寸链图,并判断组成环是增环还是减环。

1)封闭环与组成环的查找

(1)封闭环的查找。封闭环的查找是最关键的一步。一般取相应的装配精度要求作为封闭环。

(2)组成环的查找。从封闭环一端的那个零件为起点,沿着装配精度要求的方向,以相邻零件装配基准面间的关系为线索,按顺序逐个查明装配关系中影响本装配精度的相关零件及零件上的尺寸,直到封闭环的另一端为止。所有相关零件上直接连接两个装配基准面间的位置尺寸或位置关系,便是装配尺寸链的全部组成环。

2)建立装配尺寸链的注意事项

建立装配尺寸链的注意事项如下：

(1)按一定层次分别建立机器和部件的装配尺寸链。为便于装配和提高装配效率,整个机器多划分为若干个部件。因此,应分别建立机器总装配尺寸链和部件装配尺寸链。总装配尺寸链应以产品的装配精度作为封闭环,相关零件或部件上的有关尺寸作为组成环,且每一个相关零件或部件仅找出一个直接影响封闭环的尺寸。部件装配尺寸链应以部件装配精度作为封闭环,以相关零件的尺寸作为组成环。部件装配尺寸链中的封闭环只是总装配尺寸链的组成环,而不是封闭环,这称为封闭环的一次性。

(2)对封闭环影响很小的组成环可忽略不计。建立装配尺寸链时,在保证装配精度的前提下,为简化计算过程,一些对封闭环影响很小的组成环可忽略不计。但当装配精度要求较高时,还应考虑平面度、垂直度、平行度等形位公差环和配合间隙环。

(3)建立装配尺寸链时,应遵守组成环数最少的原则。根据装配尺寸链的基本理论可知,封闭环的公差等于各组成环公差之和。当封闭环公差一定时,组成环越少,每环分到的公差越大,越容易加工。

(4)多方向原则。在同一装配结构中,不同的位置方向都有装配精度的要求时,应按不同方向分别建立装配尺寸链。

下面通过实例介绍装配尺寸链的建立方法。

例 10-1　如图 10-2(a)所示,齿轮轴 2 在左滑动轴承 1 和右滑动轴承 5 中转动,两轴承又分别压入左箱体 3 和右箱体 4 的孔内。装配要求是齿轮轴 2 轴肩和轴承端面间的轴向间隙为 0.2~0.7 mm,试建立以轴向间隙作为装配精度的装配尺寸链。

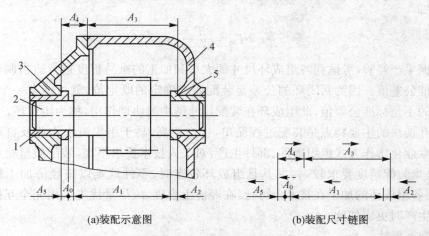

(a)装配示意图　　　　　　　　　　(b)装配尺寸链图

图 10-2　某减速器的齿轮轴组件

1—左滑动轴承；2—齿轮轴；3—左箱体；4—右箱体；5—右滑动轴承

解　建立装配尺寸链的一般步骤如下：

(1)确定封闭环。封闭环的装配精度 $A_0 = 0.2 \sim 0.7$ mm。

(2)查找组成环(查找相关零件)。相关零件是齿轮轴、左滑动轴承、左箱体、右箱体和右滑动轴承。

(3)确定相关零件上的相关尺寸。尺寸 A_1、A_2、A_3、A_4 和 A_5 都是相关尺寸,它们就是以

A_0 作为封闭环的装配尺寸链的组成环。

　　(4)画装配尺寸链图并确定组成环的性质。将封闭环和查找到的组成环画出装配尺寸链图,如图 10-2(b)所示。组成环中与封闭环箭头方向相同的环为减环,即 $\overrightarrow{A_1}$、$\overrightarrow{A_2}$ 和 $\overrightarrow{A_5}$ 为减环;组成环中与封闭环箭头方向相反的环为增环,即 $\overrightarrow{A_3}$ 和 $\overrightarrow{A_4}$ 为增环。

10.2.3　保证装配精度的方法

　　机械产品的精度要求最终要靠装配来实现。生产中保证产品装配精度的具体方法有许多种,经过归纳可分为互换法、选配法、修配法和调整法四大类。

1. 互换法

　　产品采用互换法时,装配精度主要取决于零件的加工精度。其实质就是用控制零件的加工误差来保证产品的装配精度。按互换程度的不同,互换法又分为完全互换法和大数互换法两种。

　　1)完全互换法

　　装配时,各零件不需挑选、修配或调整,拿来组装就能直接保证装配精度的装配方法称为完全互换法。选择完全互换法装配时,其装配尺寸链采用极值法公差公式计算,即各组成环公差之和小于或等于封闭环的公差,即

$$\sum_{i=1}^{m+n} T_i \leqslant T_0 \tag{10-1}$$

　　当遇到反计算形式时,先设各组成环的公差相等(称为等公差法),求出各组成环的平均公差 T_M,即

$$T_M = \frac{T_0}{m+n} \tag{10-2}$$

　　再根据生产经验,考虑到各组成环尺寸的大小和加工的难易程度进行适当调整,并使组成环取标准公差值。因为封闭环的公差是装配要求确定的既定值,就可能有一个组成环的公差值取的不是标准公差值,此组成环在装配尺寸链中起协调作用,称为协调环。

　　完全互换法的主要特点是装配过程简单,生产率高,易于组织流水作业及自动化装配,便于采用专业化协作方式组织零件、部件生产,对工人技术要求不高,装配质量稳定可靠,成本低,但是当装配精度要求较高,尤其是组成环较多时,零件就难以按经济加工精度制造。因此,只要各组成环的加工在技术上可行,在经济上合理,应尽量优先采用完全互换法,尤其是在成批生产时更应如此。

　　2)大数互换法

　　当装配精度要求较高而装配尺寸链的组成环又较多时,如用完全互换法装配,则会使各组成环的公差很小,造成加工困难。根据统计规律,装配时所有的零件同时出现极值的几率是很小的,而所有增环零件都出现最大值(最小值),所有减环零件都出现最小值(最大值)的几率就更小了。因此,可以舍弃这些情况,将组成环的公差适当增大,装配时有为数不多的组件、部件或产品装配精度不合格,留待以后再分别进行处理,这种装配方法称为大数互换法。

　　大数互换法装配尺寸链采用概率法公差公式计算,即当各组成环呈正态分布时,各组成环公差的平方之和的平方根小于或等于封闭环的公差,即

$$\sqrt{\sum_{i=1}^{m+n} T_i^2} \leqslant T_0 \tag{10-3}$$

若各组成环的公差相等,则可得各组成环的平均公差 T_M 为

$$T_M = \frac{T_0}{\sqrt{m+n}} = \frac{\sqrt{m+n}}{m+n} T_0 \tag{10-4}$$

将式(10-4)和式(10-2)相比,可知采用概率法公差公式计算与采用极值法公差公式计算相比,将各组成环的平均公差扩大了 $\sqrt{m+n}$ 倍。可见大数互换法的实质是使各组成环的平均公差比完全互换法各组成环的平均公差大,从而使组成环的加工比较容易,降低了加工成本。但是封闭环公差在正态分布下的取值范围为 6σ,对应此范围的概率为 0.997 3,其合格率并非 100%,因此,将有一小部分被装配的部件、产品不合格。这就需要考虑好补救措施,或者事先进行经济核算来论证可能产生废品而造成的损失小于因零件制造公差放大而得到的增益,才可能采用大数互换法装配。

从以上可知,大数互换法的特点和完全互换法的特点相似,只是互换程度不同。大数互换法采用概率法计算,因而扩大了各组成环的平均公差,对组成环的加工更为方便,但是会有少数产品超差。

2. 选配法

互换法达到封闭环的公差要求,是靠限制组成环的加工误差来保证的。对于装配精度要求很高的装配尺寸链,若采用互换法,则零件的公差会很小,使加工变得非常困难或很不经济。为此,对于组成环数少而装配精度要求很高的装配尺寸链,可采用选择装配法(又称为选配法)。该方法是将组成环的公差放大到经济可行的程度,然后选择合适的零件进行装配,以保证达到装配尺寸链规定的装配精度。选配法包括直接选配法和分组选配法。

(1)直接选配法。直接选配法由工人凭经验从待装配的零件中选择合适的零件进行装配,装配质量很大程度上决定于工人的技术水平和经验,因此,生产率低。

(2)分组选配法。分组选配法将组成环的公差按完全互换法装配计算出后放大数倍,使其能较经济地加工,零件加工后测量实际尺寸大小,并分成若干组,在各对应的组内进行完全互换法装配,以达到规定的装配精度。

下面举例说明采用分组选配法时装配尺寸链的计算方法。

如图 10-3 所示为发动机中活塞销与活塞销孔的装配关系。根据装配技术要求,活塞销与活塞销孔在冷态装配时应有 0.002 5～0.007 5 mm 的过盈,与此相应的配合公差仅为 0.005 0 mm。假若活塞销与活塞销孔采用完全互换法装配,活塞销与活塞销孔直径的公差按等公差分配时,则它们的公差仅有 0.002 5 mm,即活塞销直径 $d = \phi 28_{-0.002\,5}^{0}$ mm,相应的活塞销孔直径 $D = \phi 28_{-0.007\,5}^{-0.005\,0}$ mm。显然制造这样精确的活塞销和活塞销孔都是很困难的,也是很不经济的。

实际生产中采用的办法是先将上述公差值放大四倍,这时活塞销直径 $d = \phi 28_{-0.010}^{0}$ mm,相应的活塞销孔直径 $D = \phi 28_{-0.015}^{-0.005}$ mm。这样活塞销外圆可用无心磨,活塞销孔可用金刚镗等高效率加工方法。加工后用精密仪器对零件进行测量,并按尺寸大小分成四组,分别涂上不同的颜色加以区别(或装入不同的容器内),具体分组见表 10-1,并在对应组内按互换法进行装配(同样颜色的活塞销与活塞销孔),即大的活塞销配大的活塞销孔,小的活塞销配小的

活塞销孔,装配后仍能保证过盈量的要求。

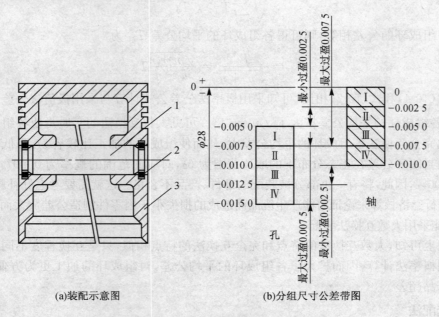

(a)装配示意图　　　　　　　　　(b)分组尺寸公差带图

图 10-3　发动机中活塞销与活塞销孔的装配关系

1—活塞销;2—挡圈;3—活塞

表 10-1　活塞销和活塞销孔的分组尺寸

组　　别	标志颜色	活塞销直径 d/mm	活塞销孔直径 D/mm	配合情况	
				最小过盈量/mm	最大过盈量/mm
Ⅰ	白	$\phi 28^{0}_{-0.0025}$	$\phi 28^{-0.0050}_{-0.0075}$	0.002 5	0.007 5
Ⅱ	红	$\phi 28^{-0.0025}_{-0.0050}$	$\phi 28^{-0.0075}_{-0.0100}$		
Ⅲ	绿	$\phi 28^{-0.0050}_{-0.0075}$	$\phi 28^{-0.0100}_{-0.0125}$		
Ⅳ	黄	$\phi 28^{-0.0075}_{-0.0100}$	$\phi 28^{-0.0125}_{-0.0150}$		

采用分组选配法时,关键要保证分组后各对应组的配合性质和配合公差满足设计要求,因此,应注意以下几点:

(1)分组数不宜多,多了会增加零件的测量和分组工作量,从而使装配成本提高。分组数要使零件的制造精度达到经济加工精度。

(2)配合件的公差应当相等,公差要向同方向增大,增大的倍数应等于分组数。这样分组后,各组的配合精度与配合性质才能符合原来的要求。

(3)零件分组后,应保证装配时组内相配合的零件在数量上能够匹配,否则各对应组零件差别太多而不能配套。对于不能匹配的零件当积累到一定数量后,可专门加工一批零件与其相匹配。

分组选配法的特点是能达到很高的装配精度要求,而又可降低对组成环的加工要求。但是分组选配法增加了测量、分组和配套工作,当组成环较多时,这种工作就会变得非常复杂。因此,分组选配法适用于装配精度要求高而相关零件只有两三个的大量生产。例如,滚动轴承的装配。

3. 修配法

在成批生产时，若封闭环公差要求较严，组成环又较多，用完全互换法装配则势必要求组成环的公差很小，使得加工变得非常困难或很不经济，即使采用大数互换法，也由于公差值放大不多而无济于事。用分组选配法装配，又因组成环数多而使得测量、分组变得困难复杂，甚至造成装配混乱。在单件、小批量生产时，若封闭环公差要求严，即使组成环数很少，也会因零件生产数量少而不能采用分组选配法装配。此时，常采用修配法达到封闭环的公差要求。

修配法是在装配过程中，通过修配装配尺寸链中某一环的尺寸，使封闭环达到规定装配精度要求的一种装配方法。

采用修配法时，装配尺寸链中各组成环尺寸均按经济加工精度制造。这样各组成环在装配时累积在封闭环上的误差势必超过规定的公差，即装配精度。为了达到规定的装配精度，必须对某一组成环进行修配，从而保证其装配精度。要进行修配的组成环称为修配环。

修配环的选择应注意以下原则：

(1)要便于装拆，易于修配。一般应选形状比较简单、修配面较小的零件。

(2)一般不选公共组成环。公共组成环是指同属于几个装配尺寸链的组成环，它的变化会牵连几个装配尺寸链中封闭环的变化。

(3)不能选择已进行表面处理的零件，以免破坏表面处理层。

修配法可降低对组成环的加工要求，利用修配法可获得很高的装配精度，尤其是装配尺寸链中组成环数较多时，其优点更为明显。但是修配法一般要在现场进行修配，修配工作需要技术熟练的工人，且大多是手工操作，逐个修配，生产率低，没有一定节拍，不易组织流水装配。因此，在大批量生产中很少采用修配法，只在单件、小批量生产中广泛采用修配法。

4. 调整法

调整法与修配法的实质相似，也是将零件按经济加工精度制造，对产生的累积误差进行补偿，但具体补偿方法不同。修配法用补充加工来补偿，而调整法是采用更换不同尺寸大小的某个零件(如垫片、垫圈、套筒等)，或用一个可调整的零件，在装配时调整它在机器中的位置，来达到装配精度的要求。上述两种零件都起到补偿其他组成环由于公差放大后所产生的累计误差的作用，称为调整件或补偿件。这两种调整方法分别称为固定补偿件调整法和可动补偿件调整法。

如图 10-4(a)所示为齿轮在轴上的装配关系，要求保证轴向间隙为 0.05～0.2 mm，即 $A_0 = 0^{+0.2}_{+0.05}$ mm。已知 $A_1 = 115$ mm，$A_2 = 8.5$ mm，$A_3 = 95$ mm，$A_4 = 2.5$ mm。画出装配尺寸链图，如图 10-4(b)所示。

若采用完全互换法，则各组成环的平均公差为

$$T_M = \frac{T_0}{m+n} = \frac{0.2 - 0.05}{5} \text{ mm} = 0.03 \text{ mm}$$

显然由于组成环的平均公差太小，加工困难，因而不宜采用完全互换法，现采用固定补偿件调整法。

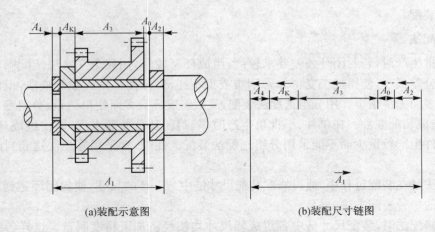

(a)装配示意图　　　　　　　　　(b)装配尺寸链图

图 10-4　固定补偿件调整法

组成环 A_K 为套筒,由于它形状简单、制造容易、装拆方便,因而将其作为调整环。根据装配后的实际间隙大小选择装入,即间隙大的装上厚一些的套筒,间隙小的装上薄一些的套筒。

如图 10-5(a)所示为用调节螺钉来调节滚动轴承的游隙的示意图。如图 10-5(b)所示为通过调节螺钉调节楔块的上下位置来调节丝杠与螺母轴向间隙的示意图。

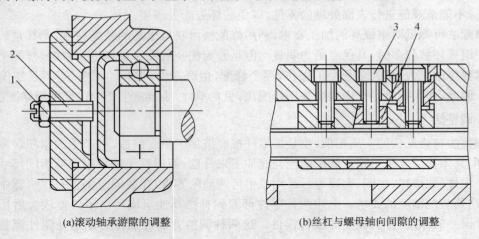

(a)滚动轴承游隙的调整　　　　　　(b)丝杠与螺母轴向间隙的调整

图 10-5　可动补偿件调整法
1—螺母;2、3—螺钉;4—楔块

1)调整法的优点

调整法的优点如下:

(1)能获得很高的装配精度,而且可以随时调整由于磨损、热变形或弹性变形等原因所引起的误差。

(2)零件可按经济加工精度制造,装配比较方便。

2)调整法的缺点

调整法的缺点如下:

(1)采用固定补偿件调整法,调整零件是按一定尺寸间隔制成一组零件,根据需要选用其中某一尺寸的零件来作补充,这就增加了零件的数量和制造成本。例如,用调整垫片时,垫片应准备几挡不同的规格。

(2)采用可动补偿件调整法需要一定的移动空间。

(3)装配工作依赖工人的技术水平,且大多属于手工操作,所以生产率低,不易组织流水装配。

调整法一般多用于大量生产,且封闭环要求较严的多组成环数装配尺寸链中。

各装配方法的总结见表 10-2。

表 10-2　各装配方法的总结

装配方法		特　　　点		互 换 性	组成环数	生产类型	对工人技术要求
		零件精度要求	适用装配精度				
互换法	完全互换法	经济加工精度	不太高	完全互换	少	成批	低
	大数互换法		较高	不完全互换	较多	成批	低
选配法			高	组内互换	少	大量	低
修配法			高	无互换	多	单件、小批量	高
调整法			高	无互换	多	大量	高

一般来说,当组成环的加工比较经济可行时,就要优先采用完全互换法。当成批生产、组成环又较多时,若事先进行经济核算来论证可能产生废品,且造成的损失小于因零件制造公差放大而得到的增益,可考虑采用大数互换法。

当封闭环公差要求较严时,若采用互换法会使组成环加工比较困难或不经济,则应采用其他方法。大量生产时,组成环数少的装配尺寸链采用选配法,组成环数多的装配尺寸链采用调整法。单件、小批量生产时,则常用修配法。

同一种产品的同一装配精度要求,在不同的生产类型和生产条件下,可能采用不同的装配方法。因此,工艺人员必须掌握各种装配方法的特点及其装配尺寸链的计算方法。

10.3　装配工艺规程的制订

装配工艺规程是指用文件、图表的形式将装配内容、顺序、操作方法和检验项目等规定下来,作为指导装配工作和组织装配生产的依据。它对保证产品的装配质量,提高装配生产效率,缩短装配周期,减轻工人劳动强度,缩小装配车间面积,降低生产成本等方面都有重要作用。

10.3.1　制订装配工艺规程的基本原则及原始资料

1. 制订装配工艺规程的基本原则

制订装配工艺规程的基本原则是在保证产品装配质量的前提下,尽量提高劳动生产率和降低成本,具体有以下几点:

(1)保证产品的装配质量,争取最大的精度储备,以延长产品的使用寿命。

(2)尽量减少手工装配工作量,降低劳动强度。

(3)合理安排装配顺序和工序,缩短装配周期,提高装配效率。

(4)尽量减少装配成本,减少装配占地面积。

2. 制订装配工艺规程的原始资料

制订装配工艺规程的原始资料包括以下几点:

(1)产品的装配图和验收技术标准。在装配图上可以看到所有零件的相互连接情况和技术要求,零件明细表和数量,装配时应保证的尺寸,配合性质和精度等。

(2)产品的生产纲领。产品的生产纲领决定了装配的生产类型,如装配组织形式、装配方法、装配过程划分、工艺装配、手工劳动比例等。

(3)现有的生产条件。现有的生产条件主要包括装配车间面积、工艺装备和工人技术水平等。

(4)国内外同类产品的有关资料。

10.3.2 制订装配工艺规程的步骤

1. 研究产品的装配图和验收技术条件

研究产品的装配图和验收技术条件包括审核产品图样的完整性、正确性,分析产品的结构工艺性,审核产品装配技术要求及检查验收的内容与方法,研究设计人员所确定的装配方法,分析、计算装配尺寸链等。

2. 确定装配方法与装配组织形式

选择合理的装配方法是保证装配精度的关键。装配方法和装配组织形式的选择主要取决于产品的结构特点(包括尺寸、质量和复杂程度等)和生产纲领,并应考虑现有的生产技术条件和设备。

3. 划分装配单元,确定装配顺序

1)划分装配单元

任何产品都是由零件、合件、组件、部件等组成的。将产品划分为上述可以独立进行装配的单元是制订装配工艺规程中最重要的一个步骤,这对于大批量生产结构复杂的产品尤为重要。只有划分好装配单元,才能合理安排装配顺序和划分装配工序,组织平行流水作业。

2)选择装配基准件

上述各装配单元都要首先选择某一零件或低一级的单元作为装配基准件。装配基准件通常是产品的基体或主干件,其应当满足体积(或质量)较大,有足够的支承面,以及陆续装入零件、部件时的作业要求和稳定性要求。如主轴是主轴组件的装配基准件,主轴箱体是主轴箱部件的装配基准件,床身部件是整台机床的装配基准件等。

3)确定装配顺序

划分好装配单元并选定装配基准件后,就可安排装配顺序。安排装配顺序的原则有以下几点:

(1)先安排工件的预处理,如倒角、去毛刺、清洗、涂漆等。

(2)先下后上、先内后外、先难后易,以保证装配顺利进行。

（3）位于基准件同一方位的装配工作和使用同一工艺装备的工作尽量集中进行。

（4）易燃、易爆等有危险性的工作,尽量放在最后进行。

装配顺序可用装配系统图来表示。如图 10-6 所示为部件装配系统图。如图 10-7 所示为产品装配系统图。

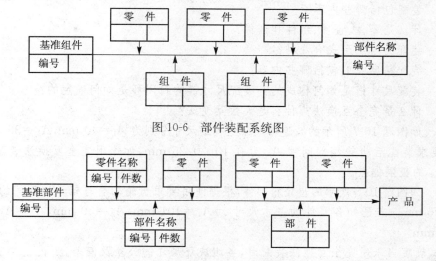

图 10-6　部件装配系统图

图 10-7　产品装配系统图

4. 划分装配工序,设计工序内容

装配顺序确定后,根据工序集中与工序分散的程度将装配工艺过程划分为若干工序,并进行工序内容的设计。工序内容设计包括制订各工序的操作规范,制订各工序装配质量要求与检测方法,选择设备和工艺装备,确定时间定额,平衡各工序节拍等。

5. 填写工艺文件

单件、小批量生产时,通常只绘制部件装配系统图,装配时可按部件装配系统图结合产品装配系统图进行装配;成批生产时,除需绘制装配系统图外,还需编写装配工艺卡,在其上写明工序次序、简要工序内容、所需设备和工装名称、工人技术等级和时间定额等项;大量生产时,不仅要编写装配工艺卡,而且应编写装配工序卡,以便能直接指导工人进行装配。此外,还应按产品装配系统图的要求,制订装配检验及试验卡片。

本 章 小 结

产品的装配是整个产品制造过程中的最后一个阶段,产品的质量最终通过装配来保证。本章主要介绍了装配的内容、装配精度的概念、装配精度与零件精度的关系、装配尺寸链的建立、保证装配精度的方法及装配工艺规程的制订等。本章的重点是理解保证装配精度而采取的四种装配方法及其各自的特点和使用场合,掌握互换法和选配法的装配尺寸链计算方法。

习　题　10

10-1　装配包括哪些内容?

10-2　什么是零件、合件、组件和部件?

10-3　装配的组织形式有几种?

10-4　装配精度一般包括哪些内容?

10-5　装配尺寸链是如何构成的? 装配尺寸链的封闭环是如何确定的?

10-6　什么是完全互换法? 什么是大数互换法?

10-7　如图题 10-7 所示的减速器某轴结构的尺寸分别为 $A_1 = 40$ mm,$A_2 = 36$ mm,$A_3 = 4$ mm。要求装配后齿轮端部间隙 A_0 为 0.10~0.25 mm,如选用完全互换法装配,试确定 A_1、A_2、A_3 的极限偏差。

10-8　如图题 10-8 所示的齿轮箱部件,根据使用要求齿轮轴肩与轴承端面间的轴向间隙为 1~1.75 mm。若已知各零件的基本尺寸为 $A_1 = 101$ mm,$A_2 = 50$ mm,$A_3 = A_5 = 5$ mm,$A_4 = 140$ mm。

(1)试确定当采用完全互换法装配时,各组成环尺寸的公差及偏差。

(2)试确定当采用大数互换法装配时,各组成环尺寸的公差及偏差。

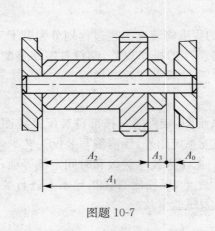

图题 10-7

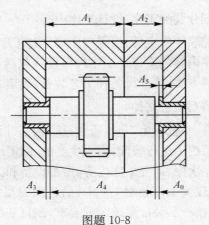

图题 10-8

10-9　某轴与孔的设计与配合为 $\phi 12H6/h5$ mm,为降低加工成本,两零件按加工精度 IT9 制造。试计算采用分组选配法时的分组数及每组的尺寸和偏差。

10-10　为什么要把产品划分成许多独立的装配单元?

10-11　试述制订装配工艺规程的步骤。

第11章 数控机床

现代数控机床是综合应用计算机、自动控制、自动检测以及精密机械等高新技术的产物,是典型的机电一体化产品,是完全新型的自动化机床。

随着科学技术的迅速发展,机械产品性能、结构、形状和材料的不断改进,精度不断提高,生产类型由大批量(如汽车)生产向多品种、小批量生产转化,因此,对零件加工质量和加工精度的要求越来越高。由于产品变化频繁,目前在一般机械加工中,单件、小批量的产品约占70%以上。为有效地保证产品质量,提高劳动生产率和降低成本,对机床提出了高精度、高柔性与高度自动化的要求,即要求机床不仅具有较好的通用性和灵活性,而且要求加工过程实现自动化。

在通用机械、汽车、拖拉机等工业生产部门中大多采用自动机床、组合机床和自动生产线,但这些设备的一次投资费用大,生产准备时间长,不适于频繁改型和多种产品的生产,同时也与精度要求高、零件形状复杂的宇航、船舶等其他国防工业产品的要求不相适应。如果采用仿形机床,首先需要制造靠模,不仅生产周期长,精度也将受到影响。数控机床就是在这种情况下发展起来的一种自动化机床。

11.1 数控机床概述及分类

11.1.1 数控机床概述

数字控制(numerical control,简称为 NC)是数字程序控制的简称,可通过特定处理后的数字信息去自动控制机械装置进行动作,这种采用数字化信息实现自动化控制的技术称为数控技术,简称为数控。数控机床是装备了数控技术系统的机床。它适于加工形状复杂、精度要求高或是普通机床难以加工的各类零件。

数控机床的出现以及它所带来的巨大效益,引起世界各国科技界和工业界的普遍重视。几十年来,其在品种、数量、加工范围和加工精度等方面有了惊人的发展,随着电子元件的发展,其经历了使用电子管、分立元件、集成电路的过程。特别是使用了小型计算机和微处理机以来,其性能价格比日趋合理,可靠性日益提高。

在工业发达的国家,数控机床在工业、国防等领域的应用已相当普遍,已从开始阶段的解决单件、小批量复杂形状的零件加工,发展到为减轻劳动强度、提高劳动生产率、保证质量、降低成本等的小批量甚至大批量生产中的应用。现在认为,即使是对批量为 500~5 000 件的不复杂的零件用数控机床加工也是经济的。随着经济发展和科学的进步,我国在数控机床方面的开发、研制、生产等将得到迅速发展。发展数控机床是当前机械制造业技术改造的必由之路，是未来工厂自动化的基础。

当今数控机床已经广泛应用于宇航、汽车、船舶、机床、轻工、纺织、电子、通用机械和工程机械等几乎所有的制造行业。

11.1.2　数控机床分类

1. 按工艺用途分

1）切削加工类

切削加工类数控机床包括数控车床、数控铣床、数控钻床、数控磨床、数控齿轮加工机床和加工中心。

2）成形加工类

成形加工类数控机床包括数控液压机、数控折弯机、数控弯管机和数控冲床。

3）电加工类

电加工类数控机床包括数控电火花加工机床、数控线切割机床、数控激光加工机床、数控火焰切割机、数控超声波加工机床和加工中心。

2. 按控制的运动轨迹分

1）点位控制

点位控制数控机床的特点是机床的运动部件只能够实现从一个位置到另一个位置的精确运动，在运动和定位过程中不进行任何加工工序，数控系统只需要控制行程的起点和终点的坐标值，而不需控制运动部件的运动轨迹，因为运动轨迹不影响最终的定位精度。因而点位控制的几个坐标轴之间的运动不需要保持任何的联系。例如，数控钻床、数控冲床、数控点焊机和数控测量机等。

2）直线控制

直线控制数控机床的特点是机床的运动部件不仅要实现一个坐标位置到另一个坐标位置的精确位移和定位，而且能实现平行于坐标轴的直线进给运动或控制两个坐标轴实现斜线进给运动，但不能加工复杂的工件轮廓。例如，数控车床、数控铣床和数控磨床等。

3）轮廓控制

轮廓控制数控机床的特点是机床的运动部件能够实现两个坐标轴同时进行联动控制，它不仅要求控制机床运动部件的起点与终点的坐标位置，而且要求控制整个加工过程每一点的速度和位移，即要求控制运动轨迹，将零件加工成在平面内的直线、曲线表面或在空间的曲面。轮廓控制要比直线控制更为复杂，需要在加工过程中不断进行多坐标轴之间的插补运算，实现相应的速度和位移控制。很显然，轮廓控制包含了实现点位控制和直线控制，如加工中心。

11.2　数控机床的工作过程及工作原理

11.2.1　数控机床的工作过程

数控机床的工作过程如图 11-1 所示。

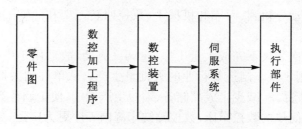

图 11-1　数控机床的工作过程

数控机床的工作过程如下：

(1)根据零件图给出各项内容(形状、尺寸、材料及技术要求等)，编制出零件的数控加工程序。

(2)零件的数控加工程序通过存储介质输送给数控装置，也可通过输入键盘将零件的数控加工程序直接输送给数控装置。

(3)数控装置将所接收的信号进行处理，再将处理结果以电信号形式向伺服系统发出执行的命令。

(4)伺服系统接到执行指令后，驱动机床进给机构严格按照指令要求运动，完成相应零件的自动加工。

11.2.2　数控机床的工作原理

数控装置又是数控系统的核心，数控装置有两种类型：一是完全由硬件逻辑电路构成的专用硬件数控装置，即 NC 装置；二是由计算机硬件和软件构成的计算机数控装置，即 CNC 装置。NC 装置是数控技术发展早期普遍采用的数控装置，但由于 NC 装置本身存在缺点，故随着计算机技术的迅猛发展，现在 NC 装置已基本被 CNC 装置所取代。

CNC 装置在其硬件环境支持下，按照系统监控软件的控制逻辑，对输入、译码、刀具补偿、速度规划、插补运算、位置控制、I/O 口处理、显示和诊断等方面进行控制。

数控机床工作时，数控装置根据接受输入装置的数字化信息，经过数控装置的控制软件和逻辑电路进行译码、运算和逻辑处理后，将各种指令信息输出给伺服系统，控制机床主运动的变速、启停，进给运动的方向、速度和位移大小以及其他如刀具选择，工件夹紧、松开和冷却润滑的启、停等动作。与此同时由检测反馈装置对数控机床的实际运动速度、方向、位移量以及加工状态加以检测，把检测结果转化为电信号反馈给数控装置，通过比较计算出实际位置与指令位置之间的偏差，并发出纠正误差的指令，使刀具与工件及其他辅助装置严格地按照数控程序给定的顺序、轨迹和参数进行工作，从而加工出符合要求的零件。

11.3　机 械 结 构

11.3.1　总体布局

数控机床通常由存储介质、输入装置、输出装置、数控系统、伺服系统、主轴单元(含电主轴)、滚珠丝杠副和滚动导轨副、刀库和机械手、数控回转刀架和回转工作台、高速防护部件和机床床身等组成。

数控机床可在一次装夹下完成大量工序，重调又方便，故适用于中、小批量生产。近年来，数控机床已开始用于汽车制造等行业的大批量生产。从单件到大批量都可充分发挥数控机床高生产率、低废品率、减少半成品储备、缩短生产周期、便于调整等优点。

数控机床已经从简单的数控车床、数控镗铣床等向工序更为广泛、更为集中的数控车削加工中心、数控镗铣削加工中心等进一步发展。在很多情况下，数控机床的工序内容包括铣、钻、镗、攻螺纹、铰、挤压、装配、检查。随着生产的发展，数控机床品种会越来越多，工艺范围会越来越广。

11.3.2　主传动系统

数控机床的主传动系统包括主轴电动机、传动系统和主轴组件。它比普通机床的主传动系统的结构简单，这是因为其变速功能全部或大部分由主轴电动机的无级调速来承担，省去了繁杂的齿轮变速结构。有些数控机床只有二级或三级齿轮变速系统用以扩大电动机无级调速的范围。

数控机床要求主轴调速范围大，不但有低速、大转矩功能，而且还要有较快的速度。其主传动系统要求有较高的旋转精度和运动精度，对于主轴的静刚度、耐磨性和抗振性要求较高。此外，低温升和减小热变形也是对主传动系统要求的重要指标。

11.3.3　进给系统

一个典型数控机床闭环控制的进给系统，通常由放大单元、驱动单元、机械传动装置及反馈元件等部分组成。这里所说的机械传动装置是将驱动源的旋转运动变为工作台的直线运动的整个机械传动链，包括减速装置、转动变移动的丝杠螺母副及导向元件等。为了确保数控机床进给系统的传动精度、灵敏度和工作稳定性，对机械部分设计总的要求是消除间隙，减小摩擦，减小运动惯量，提高传动精度和刚度。

11.3.4　床身

床身是机床的主体，是整个机床的基础支承件，一般用来放置导轨、主轴箱等重要部件。其结构对机床的性能和布局有很大的影响。

数控机床是高精度、高生产率和高可靠性的自动化加工设备。与普通机床床身相比，数控机床床身应该具有更好的抗振性和静、动刚度，要求相对运动面的摩擦系数小，进给传动部件间的间隙小。所以其设计要求比通用机床更加严格，加工制造精密度高，并需采用加强刚性、减小热变形、提高精度的设计措施。

为了满足上述要求，数控机床一般采用低摩擦的传动副，如减磨滑动导轨、滚动导轨及静压导轨、滚动丝杠等；采用合理的预紧，合理的支承形式以保证传动元件的加工精度，提高传动系统的刚度；尽量消除传动间隙，减小反向死区误差，提高位移精度等。

11.4 典型数控机床

11.4.1 数控车床

数控车床是车削加工功能齐全的数控机床。它可以把车削、螺纹加工、钻削等功能集中在一台设备上,使其具有多种工艺手段。数控车床设有旋转刀架或旋转刀盘,在加工过程中由程序自动选用刀具和更换刀位。采用数控车床进行加工可以大大提高产品质量,保证加工零件的精度,减轻劳动强度,为新产品的研制和改型换代节省大量的时间和费用,提高企业产品的竞争力。

数控车床与普通车床一样,主要用于完成轴类或盘套类回转体零件的加工。此外,它还可以自动完成内外圆柱面、圆锥面、圆弧面、端面、螺纹等工序的切削加工,以及切槽、钻、扩、铰孔等加工。尤其是高级数控车削中心和数控车铣中心,可在一次装夹中完成更多的加工工序,从而提高了加工质量和效率。

数控车床是一种机电一体化的产品。它主要由车床主体、数控装置和伺服装置构成。数控车床的组成如图 11-2 所示。

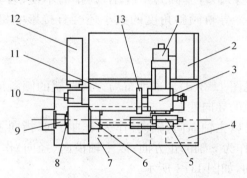

图 11-2 数控车床的组成

1—x 轴伺服电动机;2—NC 装置;3—往复台;4—控制面板;5—尾架;6—卡爪;7—防护门;
8—主电动机;9—夹具;10—z 轴伺服电动机;11—床身;12—液压装置;13—刀架

典型数控车床的机械结构系统包括主轴传动机构、进给传动机构、刀架、床身、辅助装置(刀具自动交换机构、润滑与切削液装置、排屑装置、过载限位装置)等部分。

数控车床床身导轨与水平面的相对位置如图 11-3 所示。它有四种布局形式,即水平床身、水平床身斜滑板、斜床身和立床身。

1. 水平床身

水平床身的布局方式见图 11-3(a)。这种布局方式的工艺性好,便于导轨面的加工。给它配上水平放置的刀架可提高刀架的运动精度。它一般可用于大型数控车床或小型精密数控车床的布局。但是水平床身由于下部空间小,因而排屑困难。从结构尺寸上看,刀架水平放置使得水平配置滑板的横向尺寸较长,从而增大了数控车床宽度方向的结构尺寸。

2. 水平床身斜滑板

水平床身斜滑板的布局方式见图 11-3(b)。这种布局方式配置了倾斜式导轨防护罩,因此,被中、小型数控车床所普遍采用。其特点是排屑容易(热铁屑不会堆积在导轨上,便于安装自动排屑器),操作方便,易于安装机械手,以实现单机自动化,机床占地面积小,外形简单、美观,容易实现封闭式防护。

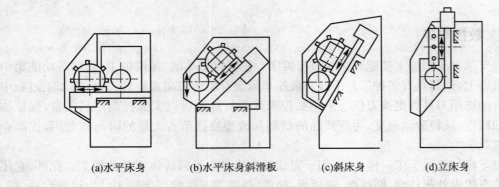

　　(a)水平床身　　　　(b)水平床身斜滑板　　　　(c)斜床身　　　　(d)立床身

图 11-3　数控车床床身导轨与水平面的相对位置

3. 斜床身

斜床身的布局方式见图 11-3(c)。这种布局方式导轨的倾斜角度分别为 30°、45°、60°、75°和 90°(称为立床身)。若其倾斜角度小,则排屑不便;若其倾斜角度大,则导轨的导向性差,受力情况也差。导轨倾斜角度的大小还会直接影响机床外形尺寸高度与宽度的比例。

4. 立床身

立床身的布局方式见图 11-3(d)。这种布局方式导轨的倾斜角度为 90°,为导轨最大倾斜角度,排屑方便,但导轨的导向性差。

数控车床的坐标系是以主轴纵向(轴向)作为 z 轴方向,指向主轴箱的方向作为 z 轴的负方向,指向尾架的方向作为 z 轴的正方向;以主轴横向(径向)作为 x 轴方向,刀具离开工件的方向作为 x 轴正方向,如图 11-4 所示。

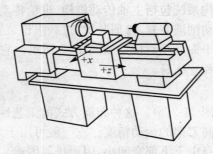

图 11-4　数控车床的坐标系

在编程时,根据编程方法的不同,采用不同的坐标指令。若按绝对坐标编程,则坐标指令使用代码 X 和 Z;若按相对坐标编程,则坐标指令使用代码 U 和 W。

刀架是数控车床的重要功能部件,其结构形式很多,主要取决于数控车床的形式、工艺范围以及刀具的种类和数量等。

如图 11-5 所示的数控车床盘型刀架是一种典型的刀架结构。该刀架采用端齿盘作为分度定位元件,刀架转位由三相异步电动机驱动,电动机内部带有制动机构,刀位由二进制绝对编码器识别,并可双向转位和任意刀位就近选刀。动力刀具由交流伺服电动机驱动,通过同步齿形带、传动轴、传动齿轮、端面齿离合器将动力传递到动力刀夹上,再通过动力刀夹内部的齿轮传动使刀具回转,实现主动切削。

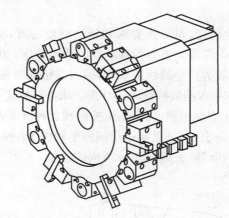

图 11-5　数控车床盘型刀架

11.4.2　数控铣床

数控铣床也是机械和电子技术相结合的产物,它的机械结构随着电子控制技术在铣床上的普及应用,以及对铣床性能提出的技术要求,而逐步发展变化。从数控铣床发展史看,早期的数控铣床是对普通铣床的进给系统进行革新、改造,而后逐步发展成一种全新的加工设备。

1952 年,美国研制的世界第一台三坐标数控铣床,其特点是用三个数控伺服系统替代了传统的机械进给系统。早期的数控铣床同普通铣床相比,除进给系统是数控伺服系统外,外形和结构基本相同。我国现生产的经济型数控铣床就属于这种类型,因为这些产品是在普通铣床的总体结构基础上经局部改进而发展起来的。

1. 数控铣床的结构组成

数控铣床的结构除铣床基础部件外,由下列各部分组成:

(1)主传动系统。

(2)进给系统。

(3)实现工件回转、定位的装置和附件。

(4)实现某些部件动作和辅助功能的系统和装置,如液压、气动、润滑、冷却等系统和排屑、防护等装置。

(5)刀架或自动换刀装置。

(6)自动托盘交换装置。

(7)特殊功能装置,如刀具破损监控、精度检测和监控装置。

（8）为完成自动化控制功能的各种反馈信号装置及元件。

铣床基础部件称为铣床大件，通常是指床身、底座、立柱、横梁、滑座、工作台等。它是整台铣床的基础和框架。铣床的其他零件、部件，有的固定在基础部件上，有的工作时在其导轨上运动。铣床其他机械结构的组成则按其功能进行选用。

一般的数控铣床除基础部件外，还有主传动系统、进给系统以及液压、润滑、冷却等其他辅助装置。它们是数控铣床机械结构的基本构成。加工中心则至少还应有 ATC，有的还有双工位 APC 等。柔性制造单元 FMC 除 ATC 外还带有工位数较多的 APC，有的还配有用于上下料的工业机器人。

数控铣床可根据自动化程度、可靠性要求和特殊功能需要，选用各类破损监控、铣床与工件精度检测、补偿装置和附件等。有些特殊功能的数控铣床，如电加工数控铣床和激光切割机，其主轴部件不同于一般数控金属切削铣床，但对进给伺服系统的要求是一样的。

如图 11-6 所示为 XK5040A 型数控铣床的外形。床身 6 固定在底座 1 上，用于安装与支承机床各部件。操纵台 10 上有显示器、机床操作按钮和各种开关及指示灯。纵向工作台 16、横向溜板 12 安装在升降台 15 上，通过纵向进给伺服电动机 13、横向进给伺服电动机 14 和垂直升降进给伺服电动机 4 的驱动，完成 x、y、z 方向的进给。

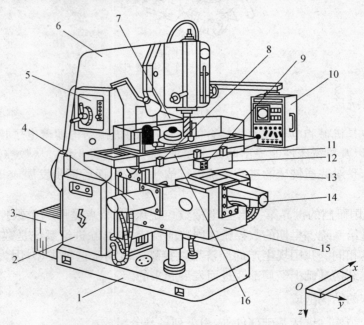

图 11-6　XK5040A 型数控铣床的外形

1—底座；2—强电柜；3—变压器箱；4—垂直升降进给伺服电动机；5—主轴变速手柄和按钮板；6—床身；7—数控柜；
8，11—保护开关；9—挡铁；10—操纵台；12—横向溜板；13—纵向进给伺服电动机；
14—横向进给伺服电动机；15—升降台；16—纵向工作台

强电柜 2 中装有机床电气部分的接触器、继电器等。变压器箱 3 安装在床身 6 支柱的后面。数控柜 7 内装有机床数控系统。保护开关 8、11 可控制纵向行程硬限位，挡铁 9 作为纵向参考点设定挡铁。主轴变速手柄和按钮板 5 用于手动调整主轴的正转、反转、停止及切削液的开、停等。

数控立式铣床是数控铣床中数量最多的一种,应用范围也最为广泛。小型数控铣床一般都采用工作台移动、升降及主轴转动方式,与普通立式升降台铣床结构相似;中型数控立式铣床一般采用纵向和横向工作台移动方式,且主轴沿垂直溜板上下运动;大型数控立式铣床因要考虑到扩大行程、缩小占地面积及刚性等技术问题而选用龙门架移动方式,其主轴可以在龙门架的横向与垂直溜板上运动,而龙门架则沿床身做纵向运动。

2. 数控铣床的主传动系统及主轴部件

1)主传动系统

数控铣床主传动系统是指将主轴电动机的原动力通过该传动系统变成可供切削加工用的切削力矩和切削速度。为了适应各种不同材料的加工及各种不同的加工方法,要求数控铣床的主传动系统要有较宽的转速范围及相应的输出转矩。

此外,由于主轴部件将直接装夹刀具对工件进行切削,因而对加工质量(包括加工粗糙度)及刀具寿命有很大的影响,即对主传动系统的要求是很高的。为了能高效率地加工出高精度、低粗糙度的工件,必须要有一个具有良好性能的主传动系统和一个具有高精度、高刚度、振动小、热变形及噪声均能满足需要的主轴部件。

2)主传动系统的结构特点

数控铣床的主传动系统一般采用直流或交流主轴电动机,通过带传动和主轴箱的变速齿轮带动主轴旋转。由于主轴电动机调速范围广,又可实现无级调速,使得主轴箱的结构大为简化。主轴电动机在额定转速时输出全部功率和最大转矩,随着转速的变化,功率和转矩将发生变化。在调压范围内(从额定转速调到最低转速)为恒转矩,功率随转速减小成正比例减小。在调速范围内(从额定转速调到最高转速)为恒功率,转矩随转速增大成反比例减小。这种变化规律是符合正常加工要求的,即低速切削所需转矩大,高速切削消耗功率大。

同时也可以看出主轴电动机的有效转速范围并不一定能完全满足主轴的工作需要。所以主轴箱仍需要设置几挡变速(2~4 挡)。机械变挡一般采用液压缸推动滑移齿轮来实现,这种方法结构简单,性能可靠,一次变速只需 1 s。有些小型的或者调速范围不需太大的数控铣床,也常采用由主轴电动机直接带动主轴或用带传动使主轴旋转。

为了满足主传动系统的高精度、高刚度和低噪声的要求,主轴箱的传动齿轮都要经过高速滑移齿轮,一般都用花键传动,采用内径定心。侧面定心的花键对降低噪声更为有利,因为这种定心方式传动间隙小,接触面大,但加工需要专门的刀具和花键磨床。带传动容易产生振动,在传动带长度不一致的情况下更为严重。因此,在选择传动带时,应尽可能缩短传动带的长度。如因结构限制、传动带的长度无法缩短时,可增设压紧轮,将其张紧,以减少振动。

3)主传动系统的分类

为了适应不同的加工要求,目前主传动系统大致分为以下三类:

(1)二级以上变速的主传动系统。变速装置多采用齿轮变速结构。如图 11-7(a)所示为使用滑移齿轮实现二级变速的主传动系统。滑移齿轮的移位大都采用液压缸和拨叉或直接由液压缸带动齿轮来实现。因数控铣床使用可调无级变速交流、直流电动机,所以经齿轮变速后,可实现分段无级变速,使调速范围增加。其优点是能够满足各种切削运动的转矩输出,且具有大范围调节速度的能力。但由于结构复杂,需要增加润滑及温度控制装置,因而成本较高。此外,这种主传动系统制造和维修比较困难。

（2）一级变速器的主传动系统。目前多采用带（同步齿形带）传动装置，如图 11-7（b）所示。其优点是结构简单，安装调试方便，且在一定条件下能满足转速与转矩的输出要求。但这种主传动系统的调速范围与主轴电动机一样，受主轴电动机调速范围的约束。此外，其还可以避免齿轮传动时引起的振动与噪声，适用于低转速特性要求的主轴。

（3）调速电动机直接驱动的主传动系统。如图 11-7（c）所示为调速电动机直接驱动的主传动系统。其优点是结构紧凑，占用空间小，转换频率高，但是主轴转速的变化及转矩的输出和电动机的输出特性完全一致，因此，使用受到限制。

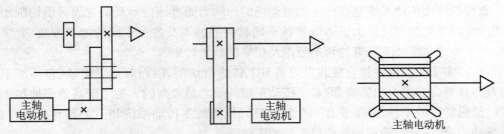

(a)使用滑移齿轮实现二级变速的主传动系统　　(b)一级变速器的主传动系统　　(c)调速电动机直接驱动的主传动系统

图 11-7　数控铣床主传动系统的分类

4）主轴部件的结构

数控铣床的主轴部件是其重要的组成部分之一。普通铣床要求主轴部件具有良好的旋转精度、静刚度、抗振性、热稳定性及耐磨性。数控铣床由于在加工过程中不进行人工调整，且要求的转速更高、功率更大，因而其主轴部件在旋转精度、静刚度、抗振性、热稳定性及耐磨性这几方面要求得更高、更严格。

对精密、超精密铣床主轴、数控磨床主轴，可采用液体静压轴承和动压轴承；对要求更高转速的主轴，可采用空气静压轴承，这种轴承可达每分钟几万转的转速，并具有非常高的回转精度。

为提高主轴部件的刚度，数控铣床经常采用三支承主轴部件。采用三支承可有效减少主轴弯曲变形，辅助支承通常采用深沟球轴承，安装后在径向要留好适当的游隙，以避免由于主轴安装轴承处、轴径和箱体安装轴承处孔的制造误差（主要是同轴度误差）产生干涉。

11.4.3　加工中心

加工中心（machining center，简称为 MC）是适应省力、省时和节能的时代要求而迅速发展起来的自动换刀数控机床。它是综合了机械技术、电子技术、计算机软件技术、气动技术、拖动技术、现代控制理论、测量及传感技术以及通信诊断、刀具和编程技术的高技术产品。它是集铣床、镗床和钻床三种机床的功能于一体，增加了自动换刀装置，由计算机来控制的高效、高自动化程度的机床。因此，加工中心又称为多工序自动换刀数控机床。它把铣削、镗削、钻削、攻螺纹和切削螺纹等功能集中在一台设备上，使其具有多种工艺手段，使工件经一次装夹后，能对两个以上的表面自动完成加工。此外，加工中心还有多种换刀或选刀功能及自动工作台交换装置，可使生产效率和自动化程度大大提高。

1. 加工中心的结构组成

加工中心在机械制造领域承担精密、复杂的多任务加工,可按给定的工艺指令自动加工出所需几何形状的工件,完成大量人工直接操作普通设备所不能胜任的加工工作,尤其对于形状复杂、精度要求高的单件加工或中、小批量生产更为适用,并且还节省了工装时间和夹具,使调换工艺时能体现出相对的柔性。

加工中心控制系统功能较多,机床运动至少用三个运动坐标轴,多的达十几个。其控制功能最少需要两轴联动控制,以实现刀具运动直线插补和圆弧插补,多的可进行五轴联动,以完成更复杂曲面的加工。如图 11-8 所示为典型的多工位加工中心。

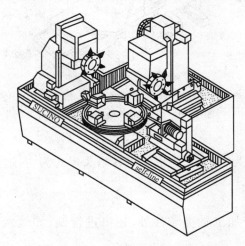

图 11-8　典型的多工位加工中心

加工中心的突出特征是设有刀库,刀库中存放着各种刀具或检具,在加工过程中由程序自动选用和更换,这是它与数控铣床、数控镗床的主要区别。

此外,加工中心还具有各种辅助机能,如加工固定循环、刀具半径自动补偿、丝杠间隙补偿、故障自动诊断、丝杠螺距误差补偿、刀具破损报警、刀具寿命管理、过载超程自动保护、工件与加工过程图形显示、人机对话、工件在线检测、后台编辑等,这些对提高设备的加工效率、对产品的加工精度和加工质量都起到了保证作用。

加工中心的造价较高,使用成本也较高。在正常情况下加工中心能创造高产值。但无论是设备自身原因造成的意外停机还是人为原因的事故停机,都会造成较大的浪费。因此,为使加工中心高效地生产运行,培养出一大批具有较高素质的操作人员尤为重要。

2. 加工中心的分类

加工中心按使用功能和加工特征可分为镗铣加工中心、钻削加工中心、车削加工中心和复合加工中心。

1)镗铣加工中心

镗铣加工中心主要用于镗削、铣削、钻孔、扩孔、铰孔、攻螺纹等工序,适用于箱体、壳体加工以及各种复杂零件的特殊曲线和曲面轮廓的多工序加工,适用于多品种、小批量、零件加工工序集中的生产方式。如图 11-9 所示为可实现多轴控制的(X、Y、Z、B、C、W 轴向控制)镗铣床(一般将此类机床简称为加工中心)。

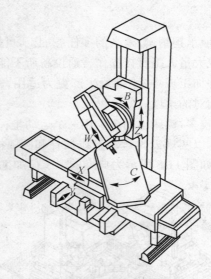

图 11-9　可实现多轴控制的镗铣床

2)钻削加工中心

钻削加工中心以钻削为主,其刀库形式以转塔头形式为主,适用于中、小批量攻螺纹及连续轮廓铣削等多工序加工。

3)车削加工中心

车削加工中心除用于加工轴类零件外,还可进行铣(如铣六角)、钻(如钻横向孔)等工序。

4)复合加工中心

复合加工中心主要指五面复合加工,可自动回转主轴头,进行立、卧加工。主轴自动回转后,在水平面和垂直面可实现刀具的自动交换。如图 11-10 所示为五坐标联动的复合加工中心。

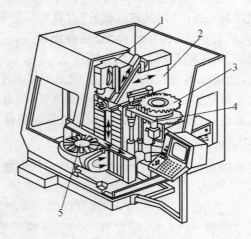

图 11-10　五坐标联动的复合加工中心
1—立轴主轴箱；2—卧轴主轴箱；3—刀库；4—机械手；5—工作台

11.5 自动化制造系统简介

自动化制造是人类在长期的生产活动中不断追求的主要目标。随着科学技术的不断进步,自动化制造的水平也越来越高。采用自动化技术不仅可以大大降低劳动强度,而且还可以提高产品质量,改善制造系统响应市场变化的能力,从而提高企业的市场竞争能力。

制造业是所有与制造有关的企业机构的总体,是国民经济的支柱产业,它一方面创造价值,产生物质财富;另一方面为国民经济各个部门包括国防和科学技术的进步与发展提供先进的手段和装备。在工业化国家中,约有 1/4 的人口从事各种形式的制造活动,在非制造业部门中,约有半数人的工作性质与制造业密切相关。纵观世界各国,如果一个国家的制造业发达,它的经济必然强大。大多数国家和地区的经济腾飞,制造业功不可没。

广义地讲,自动化制造系统(automatic manufacturing system,简称为 AMS)是由一定范围的被加工对象、一定柔性和自动化水平的各种设备和高素质的人组成的一个有机整体。它接受外部信息、能源、资金、配套件和原材料等,在人和计算机控制系统的共同作用下,实现一定程度的柔性自动化制造,最后输出产品、文档资料和废料。

如图 11-11 所示为人机一体化的自动化制造系统的概念模式。可以看出,自动化制造系统具有以下五个典型组成部分:

(1)具有一定技术水平和决策能力的人。

(2)一定范围的被加工对象。

(3)信息流及其控制系统。

(4)能量流及其控制系统。

(5)物料流及其处理系统。

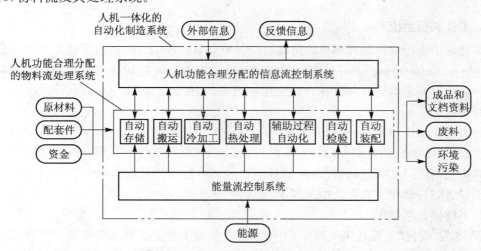

图 11-11 人机一体化的自动化制造系统的概念模式

11.5.1 自动化制造系统的常见类型

自动化制造系统在较少的人工直接或间接干预下,将原材料加工成零件或产品,并在加工过程中实现工艺过程自动化。工艺过程涉及的范围很广,包括工件的装卸、储存和输送,刀具的装配、调整、输送和更换,工件的切削加工、排屑、清洗和测量,切屑的输送、切削液的净化处理等。

1. 刚性自动线

刚性自动线一般由自动化加工设备、工件输送装置、切屑输送装置、控制系统和刀具等组成。

1)自动化加工设备

组成刚性自动线的自动化加工设备有组合机床和专用机床。它们只针对某一种或某一组零件的加工工艺而设计、制造,由于采用多面、多轴、多刀同时加工,因而自动化程度和生产率均很高。自动化加工设备应按工件的加工工艺顺序依次排列。

2)工件输送装置

刚性自动线中的工件输送装置以一定的生产节拍将工件从一个工位输送到下一个工位。工件输送装置包括工件装卸工位、自动上下料装置、中间贮料装置、输送装置、随行夹具返回装置、升降装置和转位装置。此外,其可采用各种传送带,如步伐式传送带、链条式传送带、辊道式传送带等。

3)切屑输送装置

刚性自动线常采用集中排屑方式。切屑输送装置有刮板式、螺旋式等。

4)控制系统

刚性自动线的控制系统可对全线机床、工件输送装置、切屑输送装置进行集中控制。其采用的是传统的电气控制(继电器—接触器),目前倾向于用可编程控制器。

5)刀具

加工机床上的切削刀具可由人工安装、调整,以实行定时强制换刀。如果出现刀具破损、折断,应及时进行换刀。

2. 柔性制造系统

柔性是指生产组织形式和自动化制造设备对加工任务(工件)的适应性。柔性制造系统(flexible manufacturing system,简称为 FMS)是在加工自动化的基础上实现物料流和信息流的自动化。其基本组成部分有自动化加工设备、工件储运系统、刀具储运系统、多层计算机控制系统等。

1)自动化加工设备

组成 FMS 的自动化加工设备有数控机床、加工中心、车削中心等。这些加工设备都是由计算机控制的,加工零件的改变一般只需要改变数控程序,因此,具有很高的柔性。自动化加工设备是自动化制造系统中最基本、最重要的设备。

2)工件储运系统

FMS 的工件储运系统由工件库、工件运输设备和工件更换装置等组成。工件库包括自动化立体仓库和托盘。工件运输设备包括各种传送带、运输小车、机器人或机械手等。工件更换装置包括各种机器人或机械手、托盘交换装置等。

3)刀具储运系统

FMS 的刀具储运系统由刀具库、刀具输送装置和刀具交换装置等组成。刀具库有中央刀具库和机床刀具库。刀具输送装置有不同形式的运输小车、机器人或机械手。刀具交换装置通常是指机床上的换刀机构，如换刀机械手。

4）多层计算机控制系统

FMS 的多层计算机控制系统采用多层计算机控制单元层、工作站层和设备层。

除了上述四个基本组成部分外，FMS 还可以加以扩展。其扩展部分有自动清洗工作站、自动去毛刺设备、自动测量设备、集中切屑运输系统和集中冷却润滑系统等。

如图 11-12 所示为一个具有柔性装配功能的柔性制造系统。柔性加工系统包括镗铣加工中心 10、车削加工中心 8、多坐标测量仪 9、立体仓库 7 和装夹站 14；柔性装配系统包括装载机器人 12、紧固机器人 3、装配机器人 4、小件装配站 13、双臂机器人 5、手工工位 2 和传送带。柔性加工系统和柔性装配系统由一个自动导引小车 15 作为运输系统连接。

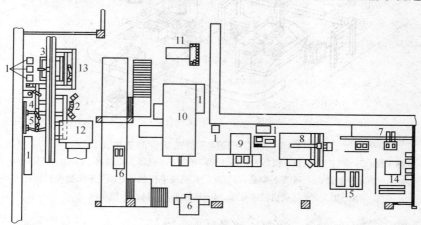

图 11-12　具有柔性装配功能的柔性制造系统

1—控制柜；2—手工工位；3—紧固机器人；4—装配机器人；5—双臂机器人；6—清洗站；7—立体仓库；
8—车削加工中心；9—多坐标测量仪；10—镗铣加工中心；11—刀具预调站；12—装载机器人；
13—小件装配站；14—装夹站；15—自动导引小车（AGV）；16—控制区

柔性制造系统的主要特点如下：

(1)柔性高，适用于多品种中、小批量生产。

(2)柔性制造系统内的机床在工艺能力上是相互补充和相互替代的。

(3)可混流加工不同的零件。

(4)系统局部调整或维修不中断整个系统的运作。

(5)多层计算机控制，可以和上层计算机联网。

(6)可进行第三班无人干预生产。

3. 柔性制造单元

柔性制造单元（flexible manufacturing cell，简称为 FMC）由 1～3 台数控机床或加工中心，工件自动输送及更换系统，刀具存储、输送及更换系统，设备控制器和单元控制器等组成。其内的机床在工艺能力上通常是相互补充的，可混流加工不同的零件，具有单元层和设备层两级计算机控制，对外具有接口，可组成柔性制造系统。

如图 11-13 所示为加工回转体零件的柔性制造单元。运输小车 12、14 用于在工件装卸工位 1、数控车床 13 和加工中心 2 之间的输送，龙门式机械手 11 用来为数控车床 13 装卸工件和更换刀具，机器人 3 进行加工中心刀具库和机外刀库 4 之间的刀具交换。控制系统由车床数控装置 10、龙门式机械手控制器 9、小车控制器 8、加工中心控制器 6、机器人控制器 5 和单元控制器 7 等组成。单元控制器 7 可负责对单元组成设备的控制、调度、信息交换和监视。

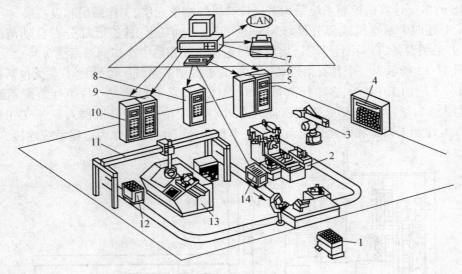

图 11-13　加工回转体零件的柔性制造单元

1—装卸工位；2—加工中心；3—机器人；4—机外刀库；5—机器人控制器；6—加工中心控制器；

7—单元控制器；8—小车控制器；9—龙门式机械手控制器；10—车床数控装置；

11—龙门式机械手；12、14—运输小车；13—数控车床

如图 11-14 所示为加工多面体零件的柔性制造单元。单元主机是一台卧式加工中心，刀具库容量为 70 把，采用双机械手换刀，配有 8 工位自动交换托盘库。托盘库为环形转盘，其台面支承在圆柱环形导轨上，由内侧的环链拖动而回转，链轮由电动机驱动。它旁边设有工件装卸工位，机床两侧设有自动排屑装置。托盘的选择和定位由可编程控制器控制。托盘库具有正反向回转、随机选择及跳跃分度等功能。托盘的交换由设在环形台面中央的液压推送机构来实现。

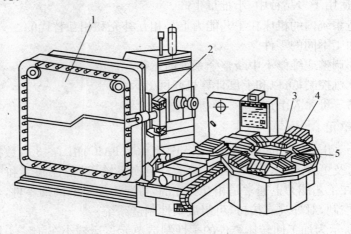

图 11-14　加工多面体零件的柔性制造单元

1—刀具库；2—换刀机械手；3—托盘库；4—装卸工位；5—托盘交换机构

4. 柔性制造线

柔性制造线（flexible manufacturing line，简称为 FML）由自动化加工设备、工件输送系统和刀具等组成。

1）自动化加工设备

组成 FML 的自动化加工设备包括数控机床、可换主轴箱机床。可换主轴箱机床是介于加工中心和组合机床之间的一种中间机型。其周围有主轴箱库，可根据加工工件的需要来更换主轴箱。可换主轴箱机床的主轴箱通常是多轴的，可对工件进行多面、多轴、多刀同时加工，是一种高效机床。

2）工件输送系统

FML 的工件输送系统和刚性自动线类似，采用各种传送带输送工件，工件的流向与加工顺序一致，可依次通过各加工站。

3）刀具

可换主轴箱上装有多把刀具，主轴箱本身起着刀具库的作用，刀具的安装、调整一般由人工进行，可采用定时强制换刀。

如图 11-15 所示为加工箱体零件的柔性制造线。它由两台面对面布置的数控铣床、两台面对面布置的转塔式换箱机床和一台循环式换箱机床组成。该柔性制造线采用辊子传送带输送工件，看起来和刚性自动线没有什么区别，但它具有一定的柔性。

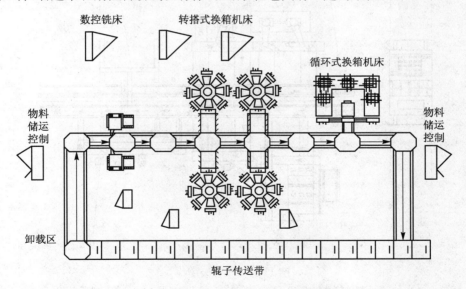

图 11-15　加工箱体零件的柔性制造线

FML 同时具有刚性自动线和 FMS 的某些特征，即在柔性上接近 FMS，在生产率上接近刚性自动线。

5. 柔性装配线

柔性装配线（flexible assembly line，简称为 FAL）通常由装配站、物料输送装置和控制系统等组成。

1）装配站

FAL 中的装配站可以是可编程的装配机器人、不可编程的自动装配装置和人工装配工位等。

2）物料输送装置

FAL 上的输入是组成产品或部件的各种零件，输出是产品或部件。根据装配工艺流程，物料输送装置将不同的零件和已装配成的半成品送到相应的装配站中。物料输送装置由传送带和换向机构等组成。

3）控制系统

FAL 的控制系统对全线进行调度和监控，主要是控制物料的流向、自动装配站和装配机器人。

如图 11-16 所示为柔性装配线。它由无人驾驶输送装置 1、传送带 2、双臂装配机器人 3、装配机器人 4、拧螺纹机器人 5、自动装配站 6、人工装配工位 7 和投料工作站 8 等组成。投料工作站 8 中有料库和取料机器人。料库有多层重叠放置的盒子，这些盒子可以抽出，因此，称为抽屉。待装配的零件存放在抽屉中。取料机器人有各种不同的夹爪，可以自动地将零件从抽屉中取出，摆放到一个托盘中。盛有零件的托盘由传送带 2 自动地送往装配机器人 4 或人工装配工位 7。

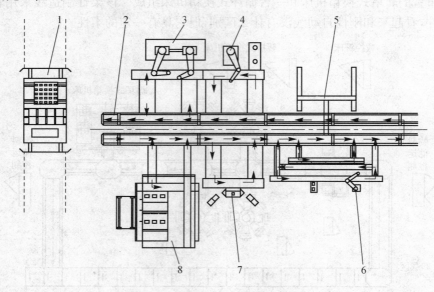

图 11-16　柔性装配线

1—无人驾驶输送装置；2—传送带；3—双臂装配机器人；4—装配机器人；

5—拧螺纹机器人；6—自动装配站；7—人工装配工位；8—投料工作站

6. 计算机集成制造系统

计算机集成制造（computer integrated manufacturing，简称为 CIM）这一概念最早由美国的约瑟夫·哈林顿博士于 1973 年提出。哈林顿强调了两点：一是整体观点，即系统观点；二是信息观点。这两个观点都是信息时代组织、管理生产最基本、最重要的观点，可以说 CIM 是信息时代组织、管理企业生产的一种哲理，是信息时代新型企业的一种生产模式。按照这一哲理和技术组成的实际系统便是计算机集成制造系统(computer integrated manu-facturing system,简称为 CIMS)。

CIMS 对传统产业的改造和带动起到了十分重要的作用,是信息技术与传统工业结合的一个切入点,是传统工业实现信息化、现代化的有效途径和必由之路。

CIMS 通常由经营管理与决策分系统、设计自动化分系统、制造自动化分系统、质量保证分系统和支撑分系统等五个部分有机组成,即 CIMS 由四个应用分系统和一个支撑分系统组成。

1)经营管理与决策分系统

经营管理与决策分系统具有预测、经营决策、生产计划、生产技术准备、销售、供应、财务、成本、设备、工具和人力资源等管理信息功能,通过信息集成可达到缩短产品生产周期、降低流动资金占用、提高企业应变能力的目的。

2)设计自动化分系统

设计自动化分系统包括计算机辅助产品设计、工艺设计、制造准备及产品性能测试等,即 CAD/CAM/CAPP 系统。其目的是使产品开发活动更高效、更优质地进行。

3)制造自动化分系统

制造自动化分系统是 CIMS 中信息流和物流的结合点。对于离散型制造业可以由数控机床、加工中心、清洗机、测量机、运输小车、立体仓库、多级分布式控制(管理)计算机等设备及相应的支持软件组成;对于连续型生产过程可以由分布式控制系统 DCS 控制下的制造装备组成。通过对该系统进行管理与控制,达到提高生产率、优化生产过程、降低成本和能耗的目的。

4)质量保证分系统

质量保证分系统包括质量决策、质量检测与数据采集、质量评价、控制与跟踪等功能。该系统可保证从产品设计、制造、检测到后勤服务整个过程的质量,以实现产品的高质量和低成本,从而提高企业竞争力。

5)支撑分系统

支撑分系统包括计算机网络子系统、数据库子系统、集成平台框架子系统和协同工作子系统。

随着市场竞争的加剧和信息技术的飞速发展,CIMS 已从企业内部的 CIMS 发展到更开放、范围更大的企业间的集成,以及在因特网或其他广域网上实现电子商务、供需链管理、异地制造。这样企业的内、外部资源可得到更充分的利用,有利于以更大的竞争优势响应市场。

11.5.2　自动化制造系统的组成

自动化制造系统的组成可以用如图 11-17 所示的树形结构图表示。

可以看出一个典型的自动化制造系统主要由毛坯制备自动化子系统、热处理过程自动化子系统、储运过程自动化子系统、机械加工自动化子系统、装配过程自动化子系统、辅助过程自动化子系统、质量控制自动化子系统和系统控制自动化子系统组成。人作为自动化制造系统的基本要素,可以与任何自动化子系统相结合。另外,良好的组织管理机构和机制对于设计及优化运行自动化制造系统是必不可少的。

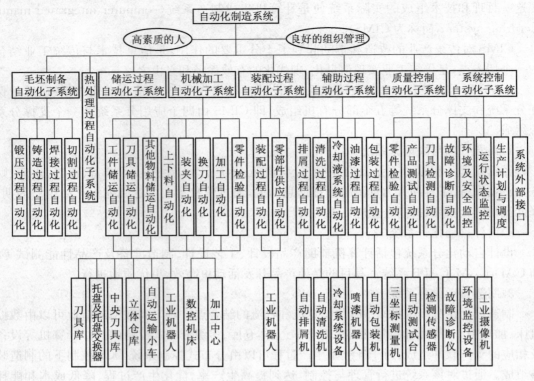

图 11-17　自动化制造系统的树形结构图

　　本书中涉及的主要是机械加工自动化子系统,仅包括与机械加工相关的内容,并不包括毛坯制备自动化子系统、热处理过程自动化子系统及装配过程自动化子系统等。其主要原因在于装配过程自动化子系统要比机械加工自动化子系统复杂得多,但其研究成果和实际应用比机械加工自动化子系统要少得多。需要指出的是,刚性自动线、柔性制造系统、柔性制造单元、柔性制造线、柔性装配线和计算机集成制造系统均是由若干个子系统组成的,它们只是自动化制造系统的一种类型,因此,没有将它们列入自动化制造系统的树形结构图中。

本 章 小 结

　　数控机床是现代制造系统中的重要组成部分,自动化制造设备在各个加工制造企业的设备占有比例中不断增加。本章主要介绍了数控机床的分类、工作原理、机械结构和典型数控机床的结构原理以及自动化制造系统的常见类型等。本章的重点内容是数控机床的工作原理、机械结构和数控车床、数控铣床的工作原理。

习 题 11

11-1 简述数控机床的概念。

11-2 简述数控机床的分类。

11-3 简述数控机床的工作过程。

11-4 列举出适合数控车床加工的零件类型。

11-5 数控铣床的结构组成有哪些?

11-6 数控铣床主传动系统分为几类?

11-7 简述加工中心的结构组成。

11-8 加工中心可分为哪几类?

11-9 简述自动化制造系统的概念。

11-10 简述自动化制造系统的常见类型。

11-11 简述自动化制造系统的组成。

第 12 章　特 种 加 工

　　传统的机械加工已有很久的历史,它对人类的生产和物质文明起了极大的作用。但是从第一次产业革命到第二次世界大战前,这长达 150 多年都靠机械切削加工的漫长年代里,并没有产生对特种加工的迫切需求,也没有发展特种加工的充分条件,人们的思想还一直局限于传统的用机械能量和切削力来加工去除多余的金属。随着生产发展和科学实验的要求,零件形状越来越复杂,材料越来越难以加工,加工精度和表面粗糙度等技术要求也越来越高,于是人们开始探索用软的工具加工硬的材料,以及不仅用机械能而且还采用电、化学、光、声等能量来进行加工。

12.1　特种加工概述

12.1.1　特种加工的产生和发展

　　二战时期,苏联拉扎连科夫妇研究电器开关触点遭受电火花放电腐蚀损坏的现象和原因,发现电火花的瞬时高温可使局部的金属熔化、汽化而被蚀除掉,于是发明了电火花加工方法,即用铜丝在淬硬钢上加工出小孔,可用软的工具加工任何硬度的金属材料,首次摆脱了传统的切削加工方法,直接利用电能和热能来去除金属,以获得以柔克刚的效果。

　　传统的切削加工是靠比工件更硬的刀具材料和机械能把工件上多余的材料切除。一般情况下这是行之有效的方法,但是在工件材料越来越硬、零件结构越来越复杂的情况下,原来有效的方法已成为限制生产率和影响加工质量的不利因素。

　　常用特种加工方法见表 12-1。

表 12-1　常用特种加工方法

特种加工方法		能量来源及形式	加工原理
电火花加工	电火花成形加工	电能、热能	熔化、汽化
	电火花线切割加工	电能、热能	熔化、汽化
电化学加工	电解加工	电化学能	金属离子阳极溶解
	电解磨削	电化学能、机械能	阳极溶解、磨削
	电解研磨	电化学能、机械能	阳极溶解、研磨
	电铸	电化学能	金属离子阴极沉积
	涂镀	电化学能	金属离子阴极沉积

特种加工方法		能量来源及形式	加工原理
激光加工	激光切割、打孔	光能、热能	熔化、汽化
	激光打标记	光能、热能	熔化、汽化
	激光处理、表面改性	光能、热能	熔化、相变
超声波加工	切割、打孔、雕刻	声能、机械能	磨料高频撞击
电子束加工	切割、打孔、焊接	电能、热能	熔化、汽化
离子束加工	蚀刻、镀覆、注入	电能、动能	原子撞击
等离子弧加工	切割(喷镀)	电能、热能	熔化、汽化(涂覆)
化学加工	化学铣削	化学能	腐蚀
	化学抛光	化学能	腐蚀
	光刻	光能、化学能	光化学腐蚀

到目前为止已经找到了多种加工方法,为区别现有的金属切削加工,这类方法统称为特种加工,国外称为非传统加工(non-traditional machining,简称为 NTM)或非常规加工(non-conventional machining,简称为 NCM)。

特种加工的特点如下:

(1)特种加工不是主要依靠机械能而是主要依靠其他能量(如电、化学、光、声、热等)来去除金属材料的。

(2)工具的硬度可以低于被加工材料的硬度。

(3)特种加工过程中工具和工件之间不存在显著的机械切削力。

总体而言,特种加工可以加工任何硬度、强度、韧性、脆性的金属材料或非金属材料,且专长于加工复杂、微细表面和低刚度零件。同时,在特种加工范围内还有一些属于减小表面粗糙度或改善表面性能的工艺,前者如电解抛光、化学抛光、离子抛光等,后者如电火花表面强化、镀覆、刻字、激光表面处理、改性、电子束曝光和离子束注入、掺杂等。

12.1.2 特种加工对机械制造加工工艺的影响

特种加工是一门多学科的综合高级技术,要获得高精度和高质量的加工表面,不仅需考虑加工方法本身,而且涉及被加工的工件材料、加工设备及工艺装备、检测方法、工作方法和人的技术水平等。特种加工技术与系统论、方法论、计算机技术、信息技术、传感器技术、数字控制技术的结合,促进了特种加工系统工程的形成。

随着特种加工的迅速兴起,不仅出现了许多新的加工机理,而且出现了各种复合加工技术,将几种加工方法融合在一起,发挥各自所长,相辅相成,具有很大的潜力,因此,提高了加工精度、表面质量和加工效率,并且扩大了加工应用范围。特种加工技术逐渐被广泛应用,引起了机械制造领域内的许多变革。例如,对材料的可加工性、零件的典型工艺路线的安排、新产品的试制周期、产品零件的结构设计、零件结构工艺性好坏的衡量标准等产生了一系列的影响。

1. 提高了材料的可加工性

一般情况下认为金刚石、硬质合金、淬火钢、石英、玻璃、陶瓷等是很难加工的,现在可以采用电火花、电解、激光等多种方法来加工。对电火花成形加工、电火花线切割加工等技术而言,淬火钢比未淬火钢更容易加工。

2. 改变了零件的典型工艺路线

在传统的加工领域,除了磨削加工外,其他的切削加工、成形加工等都必须安排在淬火热处理工序之前。特种加工技术的出现,改变了这种传统的程序格式。最为典型的是电火花成形加工、电火花线切割加工、电解加工都必须先进行淬火处理后再加工。

3. 缩短了新产品的试制周期

新产品试制时,采用特种加工技术可以直接加工出各种标准和非标准的直齿轮,各种特殊、复杂的二次曲面体零件,可以省去设计和制造相应的刀具、夹具、量具、模具以及二次工具的时间,大大缩短了新产品的试制周期。

4. 对产品零件的结构设计产生很大影响

特种加工的出现不但使一些复杂的零件一次加工成形,而且使产品零件的结构设计有很多新的变化。例如,由于电解加工技术的出现,喷气发动机蜗轮可采用整体式结构。对于一些复杂的冲压模具,过去由于不易制造而采用拼镶结构,采用电火花线切割之后,即使是硬质合金材料的模具,也可以做成整体结构了。

5. 对零件结构工艺性好坏的衡量标准产生重要影响

以往普遍认为方孔、小孔、弯孔、窄缝等是工艺性差的典型,是设计人员和工艺人员非常忌讳的。对于电火花穿孔加工、电火花线切割加工来说,加工方孔和加工圆孔的难易程度是一样的。

12.2　电火花加工

电火花加工是基于在绝缘的工作液中工具和工件(正、负电极)之间脉冲性电火花放电局部、瞬时产生的高温,使工件表面的金属熔化、汽化、抛离工件表面的原理。利用这一电腐蚀现象来蚀除多余的金属,以达到对零件的尺寸、形状及表面质量预定的加工要求。

12.2.1　电火花加工原理

研究结果表明,电火花腐蚀的主要原因是电火花放电时,电火花通道中瞬时产生大量的热,足以使任何金属材料局部熔化、汽化而被蚀除掉,形成放电凹坑。这样人们在研究耐腐蚀方法的同时,开始研究利用电腐蚀现象对金属材料进行尺寸加工的方法。

如图 12-1 所示为电火花加工原理图。工具 4 与工件 1 分别与脉冲电源 2 的两个输出端相连接。自动进给调节装置 3(此处为电动机及丝杠螺母机构)使工具 4 和工件 1 之间经常保持一个很小的放电间隙。当脉冲电压加到两极之间时,便在当时条件下相对这一间隙最小处或绝缘强度最低处击穿介质,在该局部产生电火花放电,瞬时高温使工具 4 和工件 1 表面都蚀除掉一部分金属而各自形成一个小凹坑。

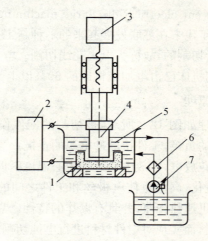

图 12-1　电火花加工原理图

1—工件；2—脉冲电源；3—自动进给调节装置；4—工具；

5—工作液；6—过滤器；7—工作液泵

1. 电火花加工的特点

1）属于不接触加工

工具和工件之间并不直接接触,而是存在一个电火花放电间隙(0.01~0.1 mm),该间隙中充满了煤油工作液。

2）加工过程中没有宏观切削力

电火花放电时,局部、瞬时爆炸力的平均值很小,不足以引起工件的变形和位移。

3）可以以柔克刚

由于电火花加工可直接利用电能和热能来去除金属材料,与工件材料的强度和硬度等关系不大,因而可以用软的工具加工硬的工件,实现以柔克刚。

2. 电火花加工的适用范围

1）可以加工任何难以加工的金属材料和导电材料

由于加工中材料的去除是靠放电时的电热作用实现的,材料的可加工性主要取决于材料的导电性及热学特性。

2）可以加工形状复杂的表面

由于可以简单地将工具的形状复制到工件上,因而电火花加工特别适用于复杂表面形状工件的加工。数控技术的采用使得用简单的电极加工复杂形状的零件成为可能。

3）可以加工有特殊要求的零件

由于加工中工具和工件不直接接触,没有机械加工的切削力,因而适用于加工低刚度工件和进行微细加工。在小深孔方面,可以加工出直径为 0.8~1 mm、深为 500 mm 的小孔,也可以加工出圆弧形的弯孔。

12. 2. 2　电火花线切割机床

电火花线切割加工(wire cut electrical discharge machining,简称为 WEDM)是在电火花加工基础上于 20 世纪 50 年代末在苏联发展起来的一种新工艺,是用线状电极(钼丝或铜丝)靠电火花放电对工件进行切割的,故称为电火花线切割。电火花线切割机床已获得广泛的应用,目前国内外的线切割机床已占电加工机床的 60%以上。

1. 电火花线切割加工的原理

电火花线切割加工的原理如图 12-2 所示,被切割的工件作为工件电极,电极丝作为工具电极。电极丝接脉冲电源的负极,工件接脉冲电源的正极。当电脉冲到来时,在电极丝和工件之间可能产生一次电火花放电,在放电通道的中心温度瞬时可达 5 000 ℃,高温使工件局部金属熔化,甚至有少量汽化,高温也使电极丝和工件之间的工作液产生汽化,这些汽化后的金属蒸气和工作液瞬间迅速热膨胀,并具有爆炸的特性。靠这种热膨胀和局部微爆炸,抛出熔化和汽化了的金属材料而实现对工件材料进行电蚀切割加工。

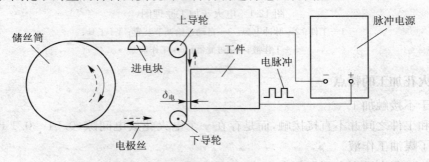

图 12-2　DK7725 高速走丝微机控制电火花线切割加工的原理

2. DK7725 高速走丝微机控制电火花线切割机床

DK7725 高速走丝微机控制电火花线切割机床由机床本体、脉冲电源、微机控制装置、工作液循环系统等部分构成,如图 12-3 所示。

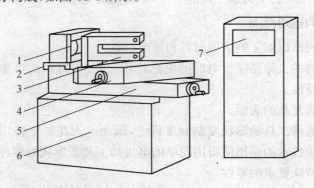

图 12-3　DK7725 高速走丝微机控制电火花线切割机床的结构
1—储丝筒；2—走丝滑板；3—丝架；4—上工作台；5—下工作台；
6—床身；7—脉冲电源及微机控制柜

1）机床本体

机床本体由床身、运丝机构、工作台和丝架等组成。

（1）床身。床身用于支承和连接工作台、运丝机构等部件。其内部用于安放机床电器和工作液循环系统。

（2）运丝机构。电动机通过联轴器带动储丝筒交替做正、反转动，电极丝整齐地排列在储丝筒上，并经过丝架导轮做往复高速移动（线速度约为 9 m/s）。

（3）工作台。工作台用于安装并带动工件在水平面内做 x、y 两个方向的移动。工作台分上下两层，分别与 x、y 向丝杠相连，由两个步进电动机分别驱动。步进电动机每接收到计算机发出的一个脉冲信号，其输出轴就旋转一个步距角，再通过一对变速齿轮带动丝杠转动，从而使工作台在相应的方向上移动 0.001 mm。

（4）丝架。丝架的主要功用是在电极丝按给定线速度运动时，对电极丝起支承作用，并使电极丝工作部分与工作台平面保持一定的几何角度。

2）脉冲电源

脉冲电源又称为高频电源，其作用是把普通的 50 Hz 交流电转变为高频率的单向脉冲电。

3）微机控制装置

微机控制装置的主要功用是轨迹控制和加工控制。电火花线切割机床的轨迹控制系统现已普遍采用数字程序控制，并已发展到微型计算机直接控制阶段。加工控制包括进给控制、短路回退、间隙补偿、图形缩放、旋转和平移、适应控制、信息显示、自诊断功能等。

4）工作液循环系统

工作液循环系统由工作液、工作液箱、工作液泵和循环导管组成。工作液起绝缘、排屑和冷却的作用。每次脉冲放电后，工件与电极丝之间必须迅速恢复绝缘状态，否则脉冲放电就会转变为稳定持续的电弧放电，影响加工质量。在加工过程中工作液可把加工过程中产生的金属颗粒迅速从电极间冲走。此外，工作液还可冷却受热的电极丝和工件，防止工件变形。

12.2.3　电火花穿孔成形机床

电火花穿孔成形加工是利用电火花放电腐蚀金属的原理，用工具对工件进行加工的工艺方法。其加工范围如图 12-4 所示。

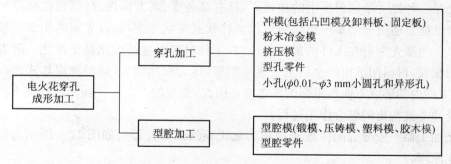

图 12-4　电火花穿孔成形机床的加工范围

最常见的电火花穿孔成形机床如图 12-5 所示。它包括主机、电源箱、工作液循环过滤系统。

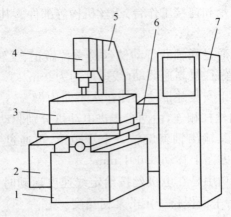

图 12-5　电火花穿孔成形机床
1—床身；2—液压油箱；3—工作液槽；4—主轴头；5—立柱；6—工作液箱；7—电源箱

主机主要由床身、立柱、主轴头、工作台及润滑系统等组成，用于支承工具及工件，保证它们之间的相对位置，并实现电极在加工过程中稳定的进给运动。电源箱包括脉冲电源、自动进给控制系统和其他电气系统。工作液循环过滤系统包括液压泵、过滤器、各种控制阀和管道等。

12.3　激 光 加 工

光的产生与光源内部原子运动状态有关。原子内的原子核与核外电子之间存在着吸引和排斥的矛盾。电子按一定半径的轨道围绕原子核运动，当原子吸收一定的外来能量或向外释放一定的能量时，核外电子的运动轨迹半径将发生变化，即产生能级变化，并发出光。激光是由处于激发状态的原子、离子或分子受激辐射而发出的光。

12.3.1　激光加工原理

激光是一种经受激辐射产生的加强光，具有高亮度、高方向性、高单色性和高相干性的四大综合性能。通过光学系统聚焦后可得到柱状或带状光束，而且光束的粗细可根据加工需要调整。当激光照射在工件的加工部位时，工件材料迅速被熔化甚至汽化。随着激光能量不断被吸收，材料凹坑内的金属蒸气迅速膨胀，压力突然增大，熔融物爆炸式地高速喷射出来，在工件内部形成方向性很强的冲击波。因此，激光加工是工件在光热效应下产生高温熔融和受冲击波抛出的综合作用过程。

激光加工器一般分为固体激光器和二氧化碳气体激光器。如图 12-6 所示为固体激光器的工作原理。

当激光工作物质钇铝石榴石受到光泵（激励脉冲氙灯）的激发后，吸收具有特定波长的光,在一定条件下可导致工作物质中的亚稳态粒子数大于低能级粒子数,这种现象称为粒子数反转。此时一旦有少量激发粒子产生受激辐射跃迁,就会造成光放大,再通过谐振腔内的全反射镜和部分反射镜的反射作用产生振荡,最后由谐振腔的一端输出激光。激光通过透镜聚焦形成高能光束照射在工件表面上,即可进行加工。固体激光器中常用的工作物质除钇铝石榴石外,还有红宝石和钕玻璃等材料。

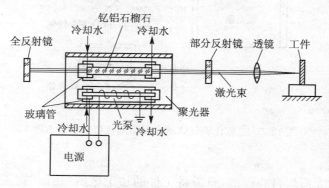

图 12-6　固体激光器的工件原理

12.3.2　激光加工特点

激光加工特点如下:

(1)激光加工属于高能束流加工,功率密度可高达 $10^8 \sim 10^{10}$ W/cm^2,几乎可以加工任何金属材料和非金属材料。

(2)激光加工无明显机械力,不存在机械损耗、加工速度快、热影响区小的缺点,易实现加工过程自动化。

(3)激光可通过玻璃等透明材料进行加工,如对真空管内部的器件进行焊接等。

(4)激光可通过聚焦形成微米级的光斑,输出功率的大小可以调节,因此,可进行精密微细加工。最高加工精度可达 0.01 mm,表面粗糙度可达 $Ra0.4 \sim 0.1 \mu m$。

(5)激光加工的主要参数为激光的功率密度、激光的波长和输出的脉宽、激光照在工件上的时间及工件对能量的吸收等。只要对主要参数进行合理选用,激光便可以进行多种类型的加工。

12.3.3　激光加工应用

激光加工的应用范围很广,除可进行打孔、切割、焊接、表面处理、雕刻及微细加工外,还可进行打标以及对电阻和动平衡进行微调等。下面介绍几种常用的激光加工实例。

1. 激光打孔

激光打孔主要应用于在特殊零件或特殊材料上加工孔,如火箭发动机和柴油机的喷油嘴,化学纤维的喷丝板、钟表上的宝石轴承和聚晶金刚石拉丝模等零件上的微细孔加工等。

2. 激光切割

激光切割可以切割金属材料,也可以切割非金属材料,还可以透过玻璃切割真空管内的灯丝。固体激光器输出的脉冲式激光常用于半导体硅片的切割和化学纤维喷丝头异型孔的加工等,而大功率二氧化碳气体激光器输出的连续激光不但广泛用于切割钢板、钛板、石英和陶瓷,而且用于切割塑料、木材、纸张和布匹等。如图 12-7 所示为二氧化碳气体激光器切割钛合金的示意图。

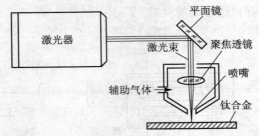

图 12-7　二氧化碳气体激光器切割钛合金的示意图

3. 激光焊接

激光焊接一般无需焊料和焊剂,只需将工件的加工区域"热熔"在一起即可,如图 12-8 所示。激光焊接过程迅速、热影响区小、焊接质量高,既可焊接同种材料,也可焊接异种材料,还可透过玻璃进行焊接。

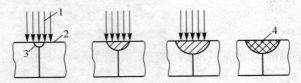

图 12-8　激光焊接过程示意图

1—激光;2—被焊接零件;3—被熔化金属;4—已冷却的熔池

4. 激光表面处理

激光可实现对铸铁、中碳钢甚至低碳钢等材料进行激光表面淬火。淬火层深度一般为 0.7～1.1 mm,淬火层硬度比常规淬火约高 20%。激光淬火变形小,还能解决低碳钢的表面淬火强化问题。如图 12-9 所示为激光表面淬火处理的应用实例。

(a)圆锥表面　　　(b)铸铁凸轮轴表面　　　(c)齿形表面

图 12-9　激光表面淬火处理的应用实例

激光表面淬火能得到超高硬度,是由于马氏体本身硬度增高、马氏体细化和具有很高的位错密度所致。

激光表面合金化是在工件基体表面采用沉积法预先涂一层合金,然后用激光束照射涂层表面。当激光转化为热量后,涂层表面和工件基体表面被熔化,使其混合而形成合金。采用这种工艺方法能使贵重金属,如铬、钴和镍等熔入低级而廉价的钢表面。

表面激光熔覆是当激光对工件基体表面进行处理时,用气动喷注法把粉末注入熔池中,连同工件基体表面一起熔化形成表面熔覆层。除了用气动喷注法把粉末注入熔池外,还可以在工件基体表面预先放置松散的粉末涂层,然后用激光熔化。表面激光熔覆可在低熔点工件基体表面熔覆一层高熔点的合金,并能局部覆盖,具有良好的接触性。此外,它还具有微观结构细致、热影响区小、表面熔覆层均匀无缺陷的特点。

12.4　超声波加工

人耳能感受的声波频率为 16～16 000 Hz,声波频率超过 16 000 Hz 称为超声波。超声波加工(ultrasonic machining,简称为 USM)有时也称为超声加工,是近几十年发展起来的一种加工方法,它弥补了电火花加工和电化学加工的不足。电火花加工和电化学加工都只能加工金属导电材料,不易加工不导电的非金属材料,而超声加工不仅能加工硬质合金、淬火钢等脆硬金属材料,而且更适于加工玻璃、陶瓷、半导体锗和硅片等不导电的非金属脆硬材料,同时还可以用于清洗、焊接和探伤等。

12.4.1　超声波加工原理

超声波加工是磨粒在超声频振动作用下,产生机械撞击、抛磨以及超声空化的结果。超声波加工的原理如图 12-10 所示,超声波发生器 7 产生的超声频电振荡通过换能器 6 产生 16 000 Hz 以上的超声频纵向振动,借助于变幅杆 4、5 把振幅扩大到 0.05～0.1 mm,从而使工具 1 的端面做超声频振动,在工具 1 和工件 2 之间注入磨料悬浮液 3,当工具 1 端面迫使磨料悬浮液 3 中的磨粒以很大的速度和加速度不断地撞击和抛磨被加工表面时,被加工表面的材料被粉碎成很细的微粒,从工件上剥落下来。虽然每次剥落下来的材料很少,但由于每秒钟撞击的次数多达 16 000 次以上,因而仍有一定的加工速度。

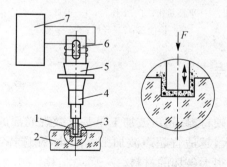

图 12-10　超声波加工的原理

1—工具；2—工件；3—磨料悬浮液；4、5—变幅杆；6—换能器；7—超声波发生器

与此同时,当工具端面以很大的加速度离开工件表面时,加工间隙内形成负压和局部真空,在工作液内形成很多微空腔;当工具端面又以很大的加速度接近工件表面时,空腔闭合,引起极强的液压冲击波,从而强化加工过程。

12.4.2　超声波加工装置

超声波加工装置一般包括超声波发生器（超声电源）、超声波振动系统（包括超声换能器、变幅杆和工具）、机床本体（包括工作头、加压机构及工作进给机构、工作台及位置调整机构）、工作液循环系统和换能器冷却系统。超声波发生器的作用是将工频交流电转变为有一定功率输出的超声频电振荡，以提供工具端面往复振动和去除加工材料的能量。

普通超声波加工机床的结构比较简单，其包括支承超声波振动系统的支架、安装工件的工作台、使工具以一定压力作用在工件上的进给机构以及床身等部分，如图 12-11 所示为 CSJ-2 型超声波加工机床。超声波振动系统安装在能上下移动的导轨 7 上，导轨 7 由上下两组滚动导轮定位，使导轨 7 能灵活、精密地上下移动。工具 4 的向下进给以及对工件施加的压力是靠超声波振动系统的自重来实现的。为了调节压力大小，在机床后可加平衡重锤 2，也可以采用弹簧进行平衡。

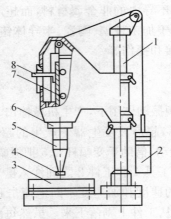

图 12-11　CSJ-2 型超声波加工机床

1—支架；2—平衡重锤；3—工作台；4—工具；5—振幅扩大棒；
6—换能器；7—导轨；8—标尺

12.4.3　超声波加工特点

超声波加工的特点如下：

（1）适合于加工各种脆硬材料，超声波加工是基于微观局部的撞击作用，材料越脆硬，受撞击作用所遭受的破坏越大，越适宜超声波加工。因此，在选择工具材料时，应选择既能撞击磨粒，又不能使自身受到很大破坏的材料。

（2）工具可用较软的材料做成较复杂的形状，不需要使工具和工件做比较复杂的相对运动，因此，普通超声波加工机床的结构比较简单，只需一个方向进给，操作、维修方便。

（3）由于去除加工材料是靠极小磨料瞬时局部的撞击作用，因而工件表面的宏观切削力很小，切削应力、切削热很小，不会引起变形及烧伤，表面粗糙度也较好，加工精度可达 0.01～0.02 mm，而且可以加工薄壁、窄缝和低刚度零件。

（4）生产率低，这是超声波加工的一大缺点。

12.4.4 超声波加工应用

超声波加工虽然比电火花加工、电解加工效率低,但其加工精度与它们相比较高,表面粗糙度与它们相比较小,而且能加工非导体、半导体等脆硬材料,如玻璃、石英、宝石、锗、硅甚至金刚石等。即使是电火花加工后的一些淬火钢、硬质合金冲模、拉丝模、塑料模都常采用超声波抛磨法进行光整加工。

1. 超声波孔、腔和套料加工

超声波加工目前在工业部门中主要用于对脆硬材料进行圆孔、型腔、异形孔、套料和微细孔等加工,如图 12-12 所示。

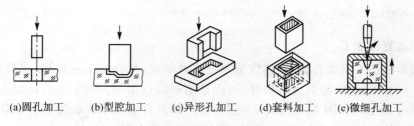

(a)圆孔加工 (b)型腔加工 (c)异形孔加工 (d)套料加工 (e)微细孔加工

图 12-12 超声波孔、腔和套料加工

2. 超声波切割加工

用普通机械加工切割脆硬的半导体材料很困难,采用超声波切割则较为有效。如图 12-13 所示为超声波切割加工单晶硅片的示意图。用锡焊或铜焊将工具(薄钢片或磷青铜片)焊接在变幅杆的端部,加工时注意喷注磨料悬浮液,一次可切割 10～20 片。

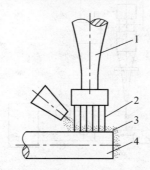

图 12-13 超声波切割加工单晶硅片的示意图
1—变幅杆;2—工具(薄钢片);3—磨料悬浮液;4—工件(单晶硅)

如图 12-14 所示为成批切块刀具。它采用了一种多刃刀具,即包括一组厚度为 0.127 mm 的软钢刀片 5,每个刀片间隔 1.14 mm,用铆钉 3 铆合在一起后焊接在变幅杆 1 上。软钢刀片伸出的高度应足够在磨钝后做几次重磨。最外边的刀片应比其他刀片高出 0.5 mm,切割时插入坯料的导向槽中,起定位作用。

加工时喷注磨料悬浮液,将坯料片先切割成 1 mm 宽的长条,然后将刀具旋转 90°,使导向片插入另一导向槽中,进行第二次切割,以完成对模块的切割加工。如图 12-15 所示为已切成的陶瓷模块。

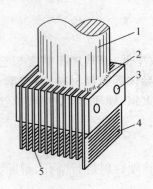

图 12-14　成批切块刀具
1—变幅杆；2—焊缝；3—铆钉；4—导向片；5—软钢刀片

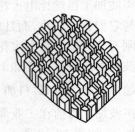

图 12-15　已切成的陶瓷模块

3. 超声波复合加工

利用超声波加工硬质合金、耐热合金等金属材料时，存在加工速度慢、工具损耗大等问题。为了提高加工速度，降低工具损耗，可以把超声波加工与其他加工方法结合起来，这就是所谓的复合加工。如图 12-16 所示为超声波电解复合加工小孔和深孔的示意图。工件 5 接直流电源 6 的正极，工具 3（钢丝、钨丝或铜丝）接直流电源 6 的负极，在工件 5 和工具 3 之间加 6～18 V 的直流电压，采用浓度为 20% 的硝酸钠溶液等钝化性电解液混加磨料作为电解液。工件被加工表面在电解液中产生阳极溶解，电解产物阳极钝化膜被超声频振动的工具和磨料损坏，由于超声频振动引起的空化作用加速了钝化膜和磨料电解液的循环更新，因而使其加工速度和加工质量大大提高。

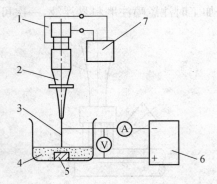

图 12-16　超声波电解复合加工小孔和深孔的示意图
1—换能器；2—变幅杆；3—工具；4—磨料电解液；
5—工件；6—直流电源；7—超声波发生器

在光整加工中，利用导电油石或镶嵌金刚石颗粒的导电工具，对工件表面进行电解超声波复合抛光加工，更有利于改善表面粗糙度。如图 12-17 所示，用一套超声波振动系统使工具手柄产生超声频振动，并在变幅杆上接直流电源负极，在被加工工件上接直流电源正极。电解液由外部导管导入工作区，于是在工具和工件之间产生电解反应，使工件表面发生电化学阳极溶解，电解产物和阳极钝化膜不断地被高频振动的工具手柄刮除并被电解液冲走。这种方法，由于有超声波的作用、电解液在超声波作用下的空化作用，因而使得工件表面的钝化膜去除加快,增加了工件表面的金属活性,使工件表面凸起部分优先溶解,从而达到表面平整的效果。

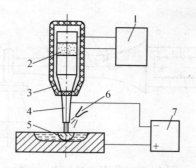

图 12-17 手携式电解超声波复合抛光的原理图
1—超声波发生器；2—压电陶瓷换能器；3—工具手柄；4—变幅杆；
5—导电油石；6—电解液喷嘴；7—直流电源

4. 超声波清洗

超声波清洗的原理主要是利用超声频振动在液体中产生的交变冲击波和空化作用。超声波在清洗液(汽油、煤油、酒精、丙醇或水等)中传播时,液体分子往复高频振动形成正负交变的冲击波。当超声波声强达到一定数值时,液体中产生微小空化气泡并瞬时强烈闭合,造成的微冲击波使被清洗物表面的污物脱落下来。

即使污物在深孔、弯孔中,也能被清洗干净。虽然每个空化气泡的作用并不大,但每秒钟有上亿个空化气泡作用,仍可获得很好的清洗效果。因此,超声波广泛应用于对喷油嘴、喷丝板、微型轴承、仪表齿轮、手表整体机芯、印制电路板、集成电路微电子器件的清洗。如图 12-18 所示为超声波清洗装置的示意图。

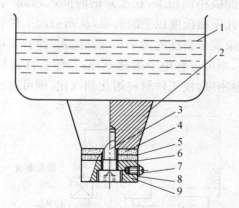

图 12-18 超声波清洗装置的示意图
1—清洗槽；2—硬铅合金；3—压紧螺钉；4—压电陶瓷换能器；5—镍片(＋)；
6—镍片(一)；7—接线螺钉；8—垫圈；9—铜垫块

5. 超声波焊接

超声波焊接的原理是利用超声频振动作用去除工件表面的氧化膜,暴露出新的工件基体表面,通过两个新的工件基体表面在一定压力下相互剧烈摩擦、发热面亲和而黏结在一起。它不仅可以焊接尼龙、塑料以及表面易生成氧化膜的铝制品等,还可以在陶瓷等非金属表面挂锡、挂银、涂覆熔化的金属薄层等。如图 12-19 所示为超声波焊接的示意图。

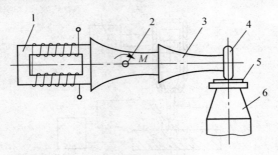

图 12-19　超声波焊接的示意图
1—换能器;2—固定轴;3—变幅杆;4—焊接工具头;5—被焊工具;6—反射体

此外,利用超声波的定向发射、反射等特性,还可以测距和探伤等。

12.5　电子束加工

电子束加工(electron beam machining,简称为 EBM)是近年来得到较大发展的新兴特种加工。它主要用于打孔、焊接等精加工和电子束光刻加工。

12.5.1　电子束加工原理

如图 12-20 所示,电子束加工是在真空条件下,利用聚焦后能量密度极高的电子束,以极快的速度冲击到工件表面极小面积上,在极短的时间内,其能量大部分转变为热能,使被冲击部分的工件材料达到几千摄氏度以上的高温,从而引起工件材料的局部熔化和汽化,被真空系统抽走。控制电子束能量密度的大小和能量注入时间,就可以达到不同的加工目的。若只使工件材料局部加热,则可进行电子束热处理;若使工件材料局部熔化,则可进行电子束焊接;若提高电子束能量密度,使工件材料熔化和汽化,则可进行打孔、切割等加工。

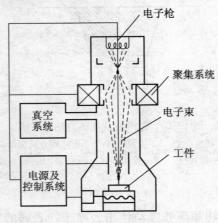

图 12-20　电子束加工原理及设备组成

12.5.2　电子束加工装置

电子束加工装置主要由电子枪、真空系统、控制系统等部分组成。

1.电子枪

电子枪是获得电子束的装置。它包括电子发射阴极、控制栅极和加速阳极等。发射阴极经电流加热发射电子,带负电荷的电子高速飞向带高电位的阳极,在飞向阳极的过程中,经电磁透镜把电子束聚焦成很小的束斑。

2.真空系统

真空系统的作用是保证在电子束加工时维持 $1.33 \times 10^{-4} \sim 1.33 \times 10^{-2}$ Pa 的真空度。因为只有在高真空中电子才能高速运动。此外,加工时的金属蒸气会影响电子发射,产生不稳定现象,因此,也需要不断地把加工中产生的金属蒸气抽出去。

3.控制系统

电子束加工装置的控制系统包括束流聚焦控制、束流位置控制、束流强度控制以及工作台位移控制等。束流聚焦控制是为了提高电子束的能量密度,使电子束聚焦成很小的束斑,它基本上决定着加工点的孔径或缝宽。

12.5.3　电子束加工特点

电子束加工特点如下:

(1)由于电子束能够极其微细地聚焦,甚至能聚焦到 0.1 μm,因而其加工面积可以很小,是一种精密微细的加工方法。

(2)能量密度很高的电子束,使工件照射部分的温度超过工件材料的熔化和汽化温度,瞬时蒸发去除多余的工件材料。工件不受机械力作用,不产生宏观应力和变形,是一种非接触式加工。工件材料范围很广,对脆性、韧性、导体、非导体及半导体材料都可加工。

(3)电子束的能量密度高,因此,加工生产率高。例如,每秒可以在 2.5 mm 厚的钢板上钻 50 个直径为 0.4 mm 的孔。

(4)可以通过磁场或电场对电子束的强度、位置、聚焦等进行直接控制,因此,整个加工过程便于实现自动化。特别是在电子束曝光中,从加工位置找准到加工图形的扫描都可实现自动化。在电子束打孔和切割时,可以通过电气控制加工异形孔,以实现曲面弧形切割等。

(5)由于电子束加工是在真空中进行的,因而污染少,加工表面不氧化,特别适用于加工易氧化的金属及合金材料,以及纯度要求极高的半导体材料。

(6)电子束加工需要一整套专用设备和真空系统,价格较贵,生产应用有一定局限性。

12.5.4　电子束加工应用

1.电子束高速打孔

电子束高速打孔已在生产中得到实际应用,目前其所打出孔的最小直径可达 ϕ0.003 mm。例如,喷气发动机套上的冷却孔可用电子束高速打孔,不仅孔的密度可以连续变化,孔的数量可达数百万个,而且有时还可以改变孔径。在人造革、塑料上用电子束高速打孔,可使其具有如真皮一样的透气性。

2. 电子束加工型孔及特殊表面

电子束可以用来切割各种复杂型面,切口宽度为 $6.3~\mu m$。离心过滤机、造纸化工过滤设备中钢板上的小孔均为锥孔,这样可以防止堵塞,并便于反冲清洗。用电子束在 1 mm 厚的不锈钢板上打 $\phi 0.13$ mm 的锥孔,每秒可打 400 个孔;用电子束在 3 mm 厚的不锈钢板上打 $\phi 1$ mm 的锥孔,每秒可打 20 个孔。

3. 电子束刻蚀

在微电子器件的生产中,为了制造多层固体组件,可利用电子束对陶瓷或半导体材料刻出许多微细沟槽和孔,如在硅片上刻出宽为 $2.5~\mu m$、深为 $0.25~\mu m$ 的细槽;在混合电路电阻的金属镀层上刻出宽为 $40~\mu m$ 的线条;还可在加工过程中对电阻值进行测量校准,这些都可用计算机自动控制完成。

4. 电子束焊接

电子束焊接是利用电子束作为热源的一种焊接工艺。当高能量密度的电子束轰击焊件表面时,使焊件接头处的金属熔融,在电子束连续不断的轰击下,形成一个被熔融金属环绕着的毛细管状的熔池,如果焊件按一定速度沿着焊件接缝与电子束做相对移动,则接缝上的熔池由于电子束的离开而重新凝固,使焊件的整个接缝形成一条焊缝。

由于电子束的能量密度高,焊接速度快,因而其焊缝深而窄,焊件热影响区小、变形小。电子束焊接一般不用焊条,焊接过程在真空中进行,因此,焊缝化学成分纯净,焊件接头的强度高于母材电子束焊接,可以焊接难熔金属,如钽、铌、钼等,也可焊接钛、锆、铀等化学性能活泼的金属。

5. 电子束热处理

电子束热处理也是把电子束作为热源,适当控制电子束的功率密度,使金属表面加热而不熔化,达到热处理的目的。其加热速度和冷却速度都很快,在相变过程中,奥氏体花费的时间很短,只有几分之一秒乃至千分之一秒,奥氏体晶粒来不及长大,从而能获得一种超细晶粒组织,可使工件获得用常规热处理方法不能达到的硬度(硬化深度可达 $0.3 \sim 0.8$ mm)。

如果用电子束加热金属达到表面熔化,可在熔化区添加元素,使金属表面形成一层很薄的新的合金层,从而获得更好的物理力学性能。铸铁的熔化处理可以产生非常细的莱氏体结构,其优点是抗滑动磨损强。铝、钛、镍的各种合金几乎全可进行添加元素处理,从而得到很好的耐磨性能。

6. 电子束光刻

电子束光刻是先利用低功率密度的电子束照射电致抗蚀剂的高分子材料,由入射电子与高分子相碰撞,使高分子链被切断或重新聚合而引起分子量的变化,这一步骤称为电子束曝光。如果按规定图形进行电子束曝光,就会在电致抗蚀剂中留下潜像,然后将它浸入适当的溶剂中,则由于分子量不同而导致溶解度不同,就会使潜像显影出来。将电子束光刻与离子束刻蚀或蒸镀工艺结合,就能在金属掩模或材料表面上制出图形来。

12.6   离子束加工

离子束加工(ion beam machining,简称为 IBM)是近年来在精密、精细加工方面,尤其是在微电子学领域中得到较多应用的特种加工。离子束加工可用于离子束刻蚀、离子束镀膜和离子束注入等加工。

12.6.1   离子束加工原理

离子束加工原理和电子束加工原理基本类似,也是在真空条件下,将离子束经过加速聚焦,使其以极快的速度冲击到工件表面极小面积上。不同的是离子带正电荷,其质量比电子大数千、数万倍,如氩离子的质量是电子的 7.2 万倍,因此,一旦离子加速到较快速度,离子束比电子束具有更大的撞击能量。

离子束加工的物理基础是离子束射到工件表面时所发生的撞击效应、溅射效应和注入效应。具有一定动能的离子斜射到工件表面时,可以将工件表面的原子撞击出来,这就是离子的撞击效应和溅射效应。如果将工件直接作为离子轰击的靶材,工件表面就会受到离子刻蚀(也称为离子铣削)。如果将工件放置在靶材附近,靶材原子就会溅射到工件表面,而被溅射原子趁机吸附,使工件表面镀上一层靶材原子的薄膜。如果离子能量足够大并垂直工件表面撞击,离子就会钻进工件表面,这就是离子的注入效应。

12.6.2   离子束加工特点

离子束加工特点如下:

(1)由于离子束可以通过电子光学系统进行聚焦扫描,离子束轰击材料采用逐层去除原子,离子束流密度及离子能量可以精确控制,因而离子刻蚀可以达到毫微米级的加工精度,离子镀膜可以控制在亚微米级精度,离子注入的深度和浓度也可极精确地控制。可以说,离子束加工是所有特种加工方法中最精密、最微细的加工方法,是当代毫微米级加工技术的基础。

(2)由于离子束加工是在高真空中进行,因而污染少,特别适用于对易氧化的金属、合金材料和高纯度半导体材料进行加工。

(3)离子束加工是靠离子轰击工件表面的原子来实现的。它是一种微观作用,宏观压力很小,所以加工应力、热变形等极小,加工质量高,适合于对各种材料和低刚度零件进行加工。

(4)离子束加工设备费用大、成本高、加工效率低,因此,其应用范围受到一定限制。

12.6.3   离子束加工应用

1. 离子束刻蚀

离子束刻蚀是从工件上去除材料,是一个撞击溅射过程。当离子束轰击工件,入射离子的动量传递到工件表面的原子,传递的作用力超过了原子间的键合力时,原子就从工件表面撞击溅射出来,达到刻蚀的目的。

离子束刻蚀的另一个方面是刻蚀高精度的图形。如集成电路、声表面波器件、磁泡器件、光电器件和光集成器件等微电子学器件的亚微米图形。

2. 离子束镀膜

离子束镀膜有溅射沉积和离子镀两种。离子镀时工件不仅接受靶材溅射来的原子，同时还受到离子的轰击，这使离子镀具有许多独特的优点。

离子束镀膜附着力强，膜层不易脱落。这首先是由于镀膜前离子以足够高的动能冲击基体表面，清洗掉基体表面的氧化物，从而提高了工件表面的附着力。其次是镀膜开始时由工件表面溅射出来的基材原子，有一部分会与工件周围气体中的原子和离子发生碰撞而返回工件表面。这些返回工件的基材原子与镀膜的膜材原子同时到达工件表面，形成了膜材原子和基材原子的共混离子镀膜层。

3. 离子束注入

离子束注入是向工件表面直接注入离子，它不受热力学限制，可以注入任何离子，且注入量可以精确控制，注入的离子固溶在工件材料中，含量可达 $10\% \sim 40\%$，注入深度可达 $1~\mu\mathrm{m}$ 甚至更深。

离子束注入改善金属表面性能方面的应用正在形成一个新兴的领域。利用离子束注入可以改变金属表面的物理性能和化学性能，可以制成新的合金，从而改善金属表面的耐腐蚀性能、抗疲劳性能、润滑性能和耐磨性能等。

本 章 小 结

总体而言，特种加工可以加工任何硬度、强度、韧性、脆性的金属材料或非金属材料，且专长于加工复杂、微细表面和低刚度零件。本章主要介绍了特种加工中电火花加工、激光加工、超声波加工和电子束加工等加工方法。目前，特种加工已成为制造领域不可缺少的方面，在难切削材料、复杂型面、精细零件、低刚度零件、模具加工、快速原型制造以及大规模集成电路等领域发挥着越来越重要的作用。

习 题 12

12-1 特种加工与传统切削加工的主要区别有哪些方面？

12-2 特种加工在哪些方面改变了机械制造加工工艺？

12-3 简述电火花加工的原理。

12-4 简述电火花线切割的加工原理。

12-5 电火花线切割机床的主要部件有哪些？

12-6 激光是如何产生的？

12-7 简述激光加工的原理。

12-8 激光加工有哪些特点？

12-9　激光加工的应用范围有哪些?

12-10　简述超声波加工的原理。

12-11　超声波加工有哪些特点?

12-12　超声波加工有哪些应用?

12-13　简述电子束加工的特点。

12-14　电子束加工有哪些应用?

12-15　离子束加工有哪些应用?

参考文献

[1] 周同玉. 机械制造技术与设备[M]. 北京:机械工业出版社,2006.

[2] 刘登平. 机械制造工艺及机床夹具设计[M]. 北京:北京理工大学出版社,2008.

[3] 卢秉恒. 机械制造技术基础[M]. 3版. 北京:机械工业出版社,2008.

[4] 张贻摇. 机械制造基础技能训练[M]. 北京:北京理工大学出版社,2007.

[5] 任家隆. 机械制造基础[M]. 2版. 北京:高等教育出版社,2009.

[6] 王丽英. 机械制造技术[M]. 2版. 北京:中国计量出版社,2009.

[7] 吴拓. 现代机床夹具设计[M]. 北京:化学工业出版社,2009.

[8] 倪小丹,杨继荣,熊运昌. 机械制造技术基础[M]. 北京:清华大学出版社,2007.

[9] 蔡安江. 机械制造技术基础[M]. 北京:机械工业出版社,2007.

[10] 朱淑萍. 机械加工工艺及装备[M]. 2版. 北京:机械工业出版社,2007.

[11] 李名望. 机床夹具设计实例教程[M]. 北京:化学工业出版社,2009.

[12] 王雪红,罗永新. 机械制造工艺与装备[M]. 北京:化学工业出版社,2008.

[13] 冯之敬. 机械制造工程原理[M]. 2版. 北京:清华大学出版社,2008.

[14] 吴祖育,秦鹏飞. 数控机床[M]. 3版. 上海:上海科学技术出版社,2009.

[15] 李宏胜. 机床数控技术及应用[M]. 北京:高等教育出版社,2008.